国防科技图书出版基金

“十三五”国家重点出版物出版规划项目

现代电子战技术丛书

# 欠定盲源分离理论与技术

## Theory and Technology on Underdetermined Blind Source Separation

黄知涛　王翔　彭耿　陆凤波　著

U0235178

国防工业出版社

·北京·

**图书在版编目(CIP)数据**

欠定盲源分离理论与技术 / 黄知涛等著. —北京：国防工业出版社，2018.9
(现代电子战技术丛书)
ISBN 978-7-118-11641-0

Ⅰ. ①欠… Ⅱ. ①黄… Ⅲ. ①盲信号处理 Ⅳ. ①TN911.7

中国版本图书馆 CIP 数据核字(2018)第 117691 号

※

国防工業出版社 出版发行
(北京市海淀区紫竹院南路 23 号 邮政编码 100048)
三河市腾飞印务有限公司印刷
新华书店经售

*

**开本** 710×1000 1/16 **印张** 12¼ **字数** 190 千字
2018 年 9 月第 1 版第 1 次印刷 **印数** 1—2000 册 **定价** 89.00 元

---

**(本书如有印装错误,我社负责调换)**

国防书店:(010)88540777 发行邮购:(010)88540776
发行传真:(010)88540755 发行业务:(010)88540717

# 致 读 者

本书由中央军委装备发展部**国防科技图书出版基金**资助出版。

为了促进国防科技和武器装备发展，加强社会主义物质文明和精神文明建设，培养优秀科技人才，确保国防科技优秀图书的出版，原国防科工委于 1988 年初决定每年拨出专款，设立国防科技图书出版基金，成立评审委员会，扶持、审定出版国防科技优秀图书。这是一项具有深远意义的创举。

**国防科技图书出版基金**资助的对象是：

1. 在国防科学技术领域中，学术水平高，内容有创见，在学科上居领先地位的基础科学理论图书；在工程技术理论方面有突破的应用科学专著。

2. 学术思想新颖，内容具体、实用，对国防科技和武器装备发展具有较大推动作用的专著；密切结合国防现代化和武器装备现代化需要的高新技术内容的专著。

3. 有重要发展前景和有重大开拓使用价值，密切结合国防现代化和武器装备现代化需要的新工艺、新材料内容的专著。

4. 填补目前我国科技领域空白并具有军事应用前景的薄弱学科和边缘学科的科技图书。

国防科技图书出版基金评审委员会在中央军委装备发展部的领导下开展工作，负责掌握出版基金的使用方向，评审受理的图书选题，决定资助的图书选题和资助金额，以及决定中断或取消资助等。经评审给予资助的图书，由中央军委装备发展部国防工业出版社出版发行。

国防科技和武器装备发展已经取得了举世瞩目的成就，国防科技图书承担着记载和弘扬这些成就，积累和传播科技知识的使命。开展好评审工作，使有限的基金发挥出巨大的效能，需要不断摸索、认真总结和及时改进，更需要国防科技和武器装备建设战线广大科技工作者、专家、教授，以及社会各界朋友的热情支持。

让我们携起手来，为祖国昌盛、科技腾飞、出版繁荣而共同奋斗！

**国防科技图书出版基金**

评审委员会

# 国防科技图书出版基金
# 第七届评审委员会组成人员

主 任 委 员　潘银喜

副主任委员　吴有生　傅兴男　赵伯桥

秘　书　长　赵伯桥

副 秘 书 长　许西安　谢晓阳

委　　　员　才鸿年　马伟明　王小谟　王群书
（按姓氏笔画排序）

甘茂治　甘晓华　卢秉恒　巩水利

刘泽金　孙秀冬　芮筱亭　李言荣

李德仁　李德毅　杨　伟　肖志力

吴宏鑫　张文栋　张信威　陆　军

陈良惠　房建成　赵万生　赵凤起

郭云飞　唐志共　陶西平　韩祖南

傅惠民　魏炳波

# “现代电子战技术丛书”编委会


**编委会主任** 杨小牛

**院士顾问** 张锡祥 凌永顺 吕跃广 刘泽金 刘永坚

王沙飞 陆 军

**编委会副主任** 刘 涛 王大鹏 楼才义

**编委会委员**

（排名不分先后）

许西安 张友益 张春磊 郭 劲 季华益 胡以华

高晓滨 赵国庆 黄知涛 安 红 甘荣兵 郭福成

高 颖

**丛书总策划** 王晓光

# 丛书序

## 新时代的电子战与电子战的新时代

广义上讲，电子战领域也是电子信息领域中的一员或者叫一个分支。然而，这种“广义”而言的貌似其实也没有太多意义。如果说电子战想用一首歌来唱响它的旋律的话，那一定是《我们不一样》。

的确，作为需要靠不断博弈、对抗来“吃饭”的领域，电子战有着太多的特殊之处——其中最为明显、最为突出的一点就是，从博弈的基本逻辑上来讲，电子战的发展节奏永远无法超越作战对象的发展节奏。就如同谍战片里面的跟踪镜头一样，再强大的跟踪人员也只能做到近距离跟踪而不被发现，却永远无法做到跑到跟踪目标的前方去跟踪。

换言之，无论是电子战装备还是其技术的预先布局必须基于具体的作战对象的发展现状或者发展趋势、发展规划。即便如此，考虑到对作战对象现状的把握无法做到完备，而作战对象的发展趋势、发展规划又大多存在诸多变数，因此，基于这些考虑的电子战预先布局通常也存在很大的风险。

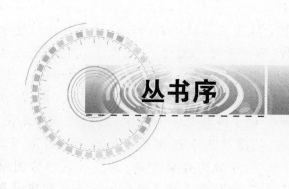

总之，尽管世界各国对电子战重要性的认识不断提升——甚至电磁频谱都已经被视作一个独立的作战域，电子战（甚至是更为广义的电磁频谱战）作为一种独立作战样式的前景也非常乐观——但电子战的发展模式似乎并未由于所受重视程度的提升而有任何改变。更为严重的问题是，电子战发展模式的这种“惰性”又直接导致了电子战理论与技术方面发展模式的“滞后性”——新理论、新技术为电子战领域带来实质性影响的时间总是滞后于其他电子信息领域，主动性、自发性、仅适用

于本领域的电子战理论与技术创新较之其他电子信息领域也进展缓慢。

凡此种种,不一而足。总的来说,电子战领域有一个确定的过去,有一个相对确定的现在,但没法拥有一个确定的未来。通常我们将电子战领域与其作战对象之间的博弈称作"猫鼠游戏"或者"魔道相长",乍看这两种说法好像对于博弈双方一视同仁,但殊不知无论"猫鼠"也好,还是"魔道"也好,从逻辑上来讲都是有先后的。作战对象的发展直接能够决定或"引领"电子战的发展方向,而反之则非常困难。也就是说,博弈的起点总是作战对象,博弈的主动权也掌握在作战对象手中,而电子战所能做的就是在作战对象所制定规则的"引领下"一次次轮回,无法跳出。

然而,凡事皆有例外。而具体到电子战领域,足以导致"例外"的原因可归纳为如下两方面。

**其一,"新时代的电子战"。**

电子信息领域新理论新技术层出不穷、飞速发展的当前,总有一些新理论、新技术能够为电子战跳出"轮回"提供可能性。这其中,颇具潜力的理论与技术很多,但大数据分析与人工智能无疑会位列其中。

大数据分析为电子战领域带来的革命性影响可归纳为**"有望实现电子战领域从精度驱动到数据驱动的变革"**。在采用大数据分析之前,电子战理论与技术都可视作是围绕"测量精度"展开的,从信号的发现、测向、定位、识别一直到干扰引导与干扰等诸多环节,无一例外都是在不断提升"测量精度"的过程中实现综合能力提升的。然而,大数据分析为我们提供了另外一种思路——只要能够获得足够多的数据样本(样本的精度高低并不重要),就可以通过各种分析方法来得到远高于"基于精度的"理论与技术的性能(通常是跨数量级的性能提升)。因此,可以看出,大数据分析不仅仅是提升电子战性能的又一种技术,而是有望改变整个电子战领域性能提升思路的顶层理论。从这一点来看,该技术很有可能为电子战领域跳出上面所述之"轮回"提供一种途径。

人工智能为电子战领域带来的革命性影响可归纳为**"有望实现电子战领域从功能固化到自我提升的变革"**。人工智能用于电子战领域则催生出认知电子战这一新理念,而认知电子战理念的重要性在于,它不仅仅让电子战具备思考、推理、记忆、想象、学习等能力,而且还有望让认知电子战与其他认知化电子信息系统一起,催生出一种新的战法,即,

“智能战”。因此,可以看出,人工智能有望改变整个电子战领域的作战模式。从这一点来看,该技术也有可能为电子战领域跳出上面所述之“轮回”提供一种备选途径。

总之,电子信息领域理论与技术发展的新时代也为电子战领域带来无限的可能性。

**其二,“电子战的新时代”。**

自 1905 年诞生以来,电子战领域发展到现在已经有 100 多年历史,这一历史远超雷达、敌我识别、导航等领域的发展历史。在这么长的发展历史中,尽管电子战领域一直未能跳出“猫鼠游戏”的怪圈,但也形成了很多本领域专有的、与具体作战对象关系不那么密切的理论与技术积淀,而这些理论与技术的发展相对成体系、有脉络。近年来,这些理论与技术已经突破或即将突破一些“瓶颈”,有望将电子战领域带入一个新的时代。

这些理论与技术大致可分为两类:一类是符合电子战发展脉络且与电子战发展历史一脉相承的理论与技术,例如, 网络化电子战理论与技术(网络中心电子战理论与技术)、软件化电子战理论与技术、无人化电子战理论与技术等;另一类是基础性电子战技术,例如,信号盲源分离理论与技术、电子战能力评估理论与技术、电磁环境仿真与模拟技术、测向与定位技术等。

总之,电子战领域 100 多年的理论与技术积淀终于在当前厚积薄发,有望将电子战带入一个新的时代。

本套丛书即是在上述背景下组织撰写的,尽管无法一次性完备地覆盖电子战所有理论与技术,但组织撰写这套丛书本身至少可以表明这样一个事实——有一群志同道合之士,已经发愿让电子战领域有一个确定且美好的未来。

一愿生,则万缘相随。

愿心到处,必有所获。

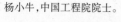

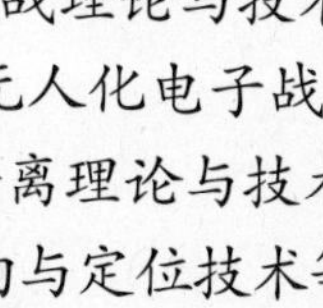

2018 年 6 月

杨小牛,中国工程院院士。

# PREFACE

# 前言

随着雷达、通信、导航、数据链等多类型宽频段电子信息系统的广泛应用，现代战场电磁环境呈现出时域高度密集、频谱严重混叠、空间相互交错、时间动态变化等特点，必然对合作/非合作电子信息系统的正常工作带来巨大挑战。特别是对于覆盖范围大的星载/机载信号接收平台，其接收到时频混叠的多个信号的概率大大增加。传统的信号处理方法在应对混叠信号上存在明显不足，已经成为制约系统性能的主要瓶颈。

盲源分离是解决上述问题的一种有效方法，它能够在未知混合过程及源信号的条件下，仅利用较少的假设条件（源信号的独立性、稀疏性等），从观测到的混合信号中恢复出源信号。经典的盲源分离重点关注接收通道数目不少于源信号数目的超定/适定盲源分离情况。然而在实际情况中，由于系统成本、规模等限制，接收通道数目往往小于混合信号中的源信号数目，此时的盲源分离问题称为欠定盲源分离。欠定盲源分离作为病态问题，已经成为盲信号处理领域的热点和难点问题。

目前，国内外没有专门针对欠定盲源分离的专著，已有的盲源分离相关书籍主要以超定/适定盲源分离理论与方法为主要论述内容，欠定盲源分离仅是其中部分内容。本书在总结国内外研究人员在欠定盲源分离领域研究成果的基础上，以作者所在团队多年研究成果为依托，以雷达通信类无线电信号为对象，对欠定盲源分离问题进行专门阐述。

本书适合广大从事雷达、通信、电子对抗等方向的研究人员，以及电子通信领域内从事盲源分离、抗干扰、复杂电磁环境特性分析相关工作的研究人员及工程师参考，也可作为相关专业研究生、学者的参考用书。

全书共分为7章。

第1章介绍盲源分离的基本概念、处理理论框架和研究现状。

第2章介绍欠定盲源分离理论中涉及的数学和信号处理基础知识。

第3章针对稀疏信号的混合矩阵估计问题展开阐述，主要介绍基于单源检测的欠定混合盲辨识方法的基本原理和算法过程。

第4章针对非稀疏信号的混合矩阵估计问题展开阐述，主要介绍基于维数扩展的欠定混合盲辨识方法的基本原理和算法过程。

第5章针对混合矩阵已知条件下的欠定源信号恢复问题展开阐述，主要介绍欠定源信号恢复的基本原理，以及基于改进子空间投影、基于联合对角化以及基于空间时频分布的三类欠定源信号恢复算法。

第6章针对单通道盲源分离问题展开讨论。主要介绍基于循环频域滤波的源信号分离方法。

第7章对雷达通信类信号欠定盲源分离理论与技术进行总结和展望。

作者所在研究团队长期从事雷达通信类信号盲源分离方面的研究，具有多年的科研实践经验和解决实际问题的能力。本书是在团队多年研究成果的基础上整理而成，充分反映了欠定盲源分离领域的新理论、新方法。本书第1、7章由黄知涛教授撰写，第2、3、6章由王翔撰写，第5章由陆凤波撰写，第4章由彭耿撰写。全书由黄知涛教授统稿。

在本书的撰写过程中，得到了国防科技大学电子科学学院领导和同事们的关心和帮助，尤其是电子信息系统复杂电磁环境效应国家重点实验室副主任柳征副研究员、认知侦察研究室主任王丰华讲师对本书的撰写给予了大力支持，郭福成教授、冯道旺副研究员、刘章孟副教授、张敏讲师、朱守中博士后、杨凯博士、蔡昕博士等都为作者提供了不少帮助，在此一并表示衷心感谢。

作者在此特别感谢周一宇教授多年来在综合电子战信息战技术领域给予的理论指导和帮助。

特别感谢中国工程院张锡祥院士和中南大学信息科学与工程学院施荣华副院长在百忙之中认真阅读了书稿，给予了详细的指导并撰写了出版推荐意见。

本书为读者呈现的仅仅是当前的研究成果与认知水平，主要目的也是引起同行的关注与研究交流。鉴于作者水平有限，书中观点、引述的资料或内容难免有疏漏，诚挚希望相关研究领域的研究人员能够给予指点与提出建议，不胜感激。

作者

2017年10月27日于长沙

CONTENTS

# 目录

# Contents

# 第 1 章 欠定盲源分离概述

## 1.1 问题的提出与发展

随着信息技术的发展，各种电子信息系统的使用日益广泛，形成时域高度密集、频谱严重混叠、空间相互交错、时间动态变化的复杂电磁环境，主要表现在以下四个方面：一是辐射源数量多，飞机/舰船等不同平台上大量装备雷达、通信、导航、敌我识别等各类型辐射源且工作频段不断扩展；二是为了提高电子信息系统的抗干扰性能，以跳频、直接序列扩频为代表的复杂体制辐射源广泛应用；三是辐射源工作模式复杂多变；四是传播环境影响复杂。

上述复杂电磁环境已经对合作/非合作电子信息系统的正常工作带来了巨大的影响和挑战，主要表现为：一是导致系统工作信噪比低；二是使得系统面临时频混叠多信号的概率大大增加；三是多径效应影响大。尤其是第二点，使得传统的电子信息系统中的信号处理方法难以精确识别并分离出感兴趣的目标信号，进而提取出或利用所需要的信息。对于传统的雷达或通信等电子信息系统，将面临更多有意或无意的同频段干扰信号，其接收到的目标信号叠加上多个干扰信号的概率将大大增加。例如：在无线通信网络中，遵循 IEEE 802.11 的无线局域网信号和蓝牙信号同时工作在 2.4GHz 频段[1]；美国的 GPS 系统与欧洲的 Galieo 系统在 1176MHz 和 1575MHz 两个频点上均存在信号[2]；蜂窝通信中采用的频分复用技术使得当前小区用户会受到临近同频小区信号的干扰[3]；等等。此外，美国 ViaSat 公司 Dankberg Mark[4] 提出的一种用于双向卫星通信的成对载波多址（PCMA）技术，它是卫星通信领域一种新的复用方式，两个不同的卫星地面站同时使用完全相同的上下行链路，双方的地面终端可以同时使用完全相同的频率、时隙和扩频码。对于非合作系统，由于接收机波束宽、带宽覆盖范围广，截获到的多个信号往往在时域、频域甚至空域都是相互交叠的。例如，利用机载或者星载平台实施信号接收时，由于瞬时覆盖范围大，接收机接收到时频重叠的混合信号的概率也将大大提高。

这一点在国内外的星载船舶自动识别系统(AIS)中已经遇到,由于卫星瞬时覆盖范围可达上千海里,能同时接收到来自多个 AIS 自组织时分多址接入(SOTDMA)小区的 AIS 信号[5,6]。

应对这些挑战的一类重要方法就是盲源分离(BSS)。BSS 能够在未知混合过程及源信号的条件下,从观测到的混合信号中恢复出源信号的波形。它最早起源于对“鸡尾酒会”问题的研究,即在喧哗嘈杂的环境中,不同的说话者发出的语音源信号,经过空间传播混杂在一起,人耳能够准确地捕获到所关心和感兴趣的语音。BSS 只需源信号满足极少的假设条件(如非高斯性、独立性、稀疏性等),利用每个阵元的观测数据就可以恢复出源信号,这些源信号:既可以异频,也可以同频;既可以是同类调制,也可以是不同类调制;既可以是定频信号,也可以是跳频信号。在语音信号处理、生物医学以及无线通信等领域有着广泛的应用。

在经典的 BSS 应用中,多通道是常用的混合信号接收结构。在雷达、通信、导航等电子信息系统中,多通道阵列接收结构也已经广泛应用。例如:测向系统中广泛使用的多基线干涉仪;第三代移动通信系统中大量采用的“智能天线”,即各种类型的自适应阵列以提高系统的抗干扰性能;卫星通信系统在地面终端或空间部分采用的相控阵列;等等。上述采用了特定阵列的电子信息系统,本身已经满足 BSS 所需要的硬件条件,如果能在后端增加基于 BSS 方法的处理模块,就能够有效分离各源信号的波形,大幅提升现有系统对复杂电磁环境的适应能力。

根据接收传感器数目大于/等于/小于源信号数目,BSS 问题可以分为超定盲源分离(OBSS)、适定盲源分离(DBSS)和欠定盲源分离(UBSS)。在实际情况中,由于潜在的源信号数目未知,且系统受成本规模等限制,观测通道数目不能无限增加,欠定盲源分离问题更为常见。和超定/适定盲源分离问题不同,欠定盲源分离是一个病态问题,即使混合过程已知,源信号的解也不唯一,是盲信号处理领域的一个研究热点和极具挑战性的难题。

## 1.2 盲源分离基本概念

### 1.2.1 盲源分离处理模型

所谓盲源分离,是指从观测到的混合信号中恢复出无法直接观测到的源信号的过程。术语“盲”包含两方面的含义:一是指源信号是未知的,二是指混合过程也是事先未知的。

假设 $N$ 个源信号矢量为 $\boldsymbol{s}(t)=[s_1(t),s_2(t),\cdots,s_N(t)]^{\mathrm{T}}\in\mathbb{R}^{N\times 1}$，观测到的 $M$ 个混合信号矢量为 $\boldsymbol{x}(t)=[x_1(t),x_2(t),\cdots,x_M(t)]^{\mathrm{T}}\in\mathbb{R}^{M\times 1}$，则信号的混合模型可以表示为

$$\boldsymbol{x}(t)=F(\boldsymbol{s}(t))+\boldsymbol{v}(t) \tag{1.1}$$

式中：$F(\cdot)$ 为混合系统；$\boldsymbol{v}(t)=[v_1(t),v_2(t),\cdots,v_M(t)]^{\mathrm{T}}\in\mathbb{R}^{M\times 1}$ 为噪声矢量。通用的盲源分离处理模型如图 1.1 所示。

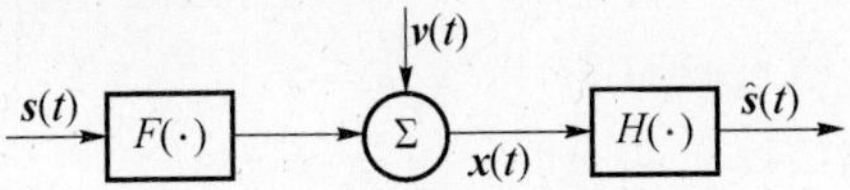


图 1.1　盲源分离处理模型

从图中可以看出，BSS 是在未知 $F(\cdot)$ 和 $\boldsymbol{s}(t)$ 的情况下，寻找一个解混系统 $H(\cdot)$，使得输出 $\hat{\boldsymbol{s}}(t)=[\hat{s}_1(t),\hat{s}_2(t),\cdots,\hat{s}_N(t)]^{\mathrm{T}}$ 是真实源信号的估计或近似，即满足下式

$$\hat{\boldsymbol{s}}(t)=H(\boldsymbol{x}(t))\approx\boldsymbol{DEs}(t) \tag{1.2}$$

式中：$\boldsymbol{D}$ 为任意非奇异的对角矩阵，$\boldsymbol{E}$ 为任意交换矩阵，$\boldsymbol{D}$ 和 $\boldsymbol{E}$ 分别反映了 BSS 存在的两个固有的模糊性——幅度模糊性和顺序模糊性。幅度模糊性是指无法确定各源信号的能量。对于源信号 $s_i(t)$ 任意标量乘积 $\alpha_i s_i(t)$，都能通过混合矩阵 $\boldsymbol{A}$ 中对应的混合矢量 $\boldsymbol{a}_i$ 除以对应的标量而抵消[7]，即

$$\boldsymbol{x}(t)=\sum_{i=1}^{N}\left(\frac{1}{\alpha_i}\boldsymbol{a}_i\right)(\alpha_i\boldsymbol{s}_i(t)) \tag{1.3}$$

因此，幅度模糊性并不影响源信号波形的恢复。实际求解时，可以通过调整混合矩阵 $\boldsymbol{A}$ 的方式实现源信号 $\boldsymbol{s}_i(t)$ 的归一化，即 $\boldsymbol{E}\{\boldsymbol{s}_i^2(t)\}=1$。不失一般性，假设源信号均值为零，如果实际情况不满足此假设，则可以对观测信号先进行中心化处理，即

$$\boldsymbol{x}(t)=\boldsymbol{x}(t)-E\{\boldsymbol{x}(t)\} \tag{1.4}$$

而顺序模糊性指的是无法确定所恢复的源信号对应哪一个真实的源信号。

### 1.2.2　盲源分离问题分类

根据不同的分类标准，盲源分离问题有不同的分类方式。

#### 1.2.2.1　根据混合系统类型分类

当 $F(\cdot)$ 是线性系统时，混合模型为线性混合模型，对应的盲源分离称为线性盲源分离；当 $F(\cdot)$ 是非线性系统时，混合模型为非线性混合模型，对应的盲源分离称为非线性盲源分离。对于非线性混合，如果没有源信号和混合模型的先验

知识，很难从混合信号中恢复出源信号。同时，绝大多数应用场合面临的都是线性混合过程。因此，目前对盲源分离问题的研究绝大多数都是针对线性混合模型。

对于线性混合模型，$F(\cdot)$可以描述为混合矩阵$\boldsymbol{A}$。此时，模型（式(1.1)）可以简化为

$$\boldsymbol{x}(t)=\boldsymbol{A}\boldsymbol{s}(t)+\boldsymbol{v}(t) \tag{1.5}$$

根据是否考虑源信号到达不同传感器的时间延迟以及是否存在多个传播路径，线性混合可以进一步分为线性瞬时混合、线性延迟混合和线性卷积混合。下面分别介绍这三种线性混合模型以及相应的应用场合。

1）线性瞬时混合

线性瞬时混合模型是最经典的线性混合，其不考虑每个源信号到达每个传感器的时间延迟而仅考虑信号的幅度衰减。此时，混合矩阵$\boldsymbol{A}\in\mathbb{R}^{M\times N}$，其中第$(i,k)$个元素为$a_{ik}$，则第$i$个传感器接收到的信号表达式为

$$x_i(t)=\sum_{k=1}^{N}a_{ik}s_k(t)+v_i(t)\qquad 1\leqslant i\leqslant M \tag{1.6}$$

2）线性延迟混合

线性延迟混合模型同时考虑了源信号到达每个传感器的时间延迟和幅度衰减。此时，第$i$个传感器接收到的信号表达式为

$$x_i(t)=\sum_{k=1}^{N}a_{ik}s_k(t-\tau_{ik})+v_i(t)\qquad 1\leqslant i\leqslant M \tag{1.7}$$

式中：$a_{ik}$和$\tau_{ik}$分别为第$k$个源信号到达第$i$个阵元的幅度衰减和时间延迟。

如果源信号为宽带信号，为便于分析，对式(1.7)两边分别进行傅里叶变换，可得

$$X_i(f)=\sum_{k=1}^{N}a_{ik}S_k(f)\mathrm{e}^{-\mathrm{j}2\pi f\tau_{ik}}+V_i(f)\qquad 1\leqslant i\leqslant M \tag{1.8}$$

将式(1.8)表示成矩阵形式，可得

$$\boldsymbol{X}(f)=\boldsymbol{A}(f)\boldsymbol{S}(f)+\boldsymbol{V}(f) \tag{1.9}$$

式中：$\boldsymbol{X}(f)=[X_1(f),X_2(f),\cdots,X_M(f)]^{\mathrm{T}}$、$\boldsymbol{S}(f)=[S_1(f),S_2(f),\cdots,S_N(f)]^{\mathrm{T}}$和$\boldsymbol{V}(f)=[V_1(f),V_2(f),\cdots,V_N(f)]^{\mathrm{T}}$分别为混合信号、源信号和噪声的傅里叶变换结果。混合矩阵$\boldsymbol{A}(f)\in\mathbb{C}^{M\times N}$，其中第$(i,k)$个元素为$a_{ik}\mathrm{e}^{-\mathrm{j}2\pi f\tau_{ik}}$。易知，此时的混合矩阵$\boldsymbol{A}(f)$是随频率$f$变化的。

如果源信号是中心频率为$f_k$的窄带信号，为便于分析，对式(1.7)两边分别进行希尔伯特变换，可得信号的解析形式为

$$\tilde{x}_i(t) = \sum_{k=1}^{N} a_{ik}\tilde{s}_k(t)\mathrm{e}^{-\mathrm{j}2\pi f_k \tau_{ik}} + \tilde{v}_i(t) \tag{1.10}$$

式(1.10)可以表示为形如式(1.5)的矩阵形式，即

$$\tilde{\boldsymbol{x}}(t) = \boldsymbol{A}\tilde{\boldsymbol{s}}(t) + \tilde{\boldsymbol{v}}(t) \tag{1.11}$$

式中：$\tilde{\boldsymbol{x}}(t) = [\tilde{x}_1(t), \tilde{x}_2(t), \cdots, \tilde{x}_M(t)]^{\mathrm{T}}$、$\tilde{\boldsymbol{s}}(t) = [\tilde{s}_1(t), \tilde{s}_2(t), \cdots, \tilde{s}_N(t)]^{\mathrm{T}}$和$\tilde{\boldsymbol{v}}(t) = [\tilde{v}_1(t), \tilde{v}_2(t), \cdots, \tilde{v}_M(t)]^{\mathrm{T}}$分别表示混合信号、源信号和噪声的解析信号形式。此时混合矩阵$\boldsymbol{A} \in \mathbb{C}^{M \times N}$，其中第$(i,k)$个元素为$a_{ik}\mathrm{e}^{-\mathrm{j}2\pi f_k \tau_{ik}}$。易知，混合矩阵是恒定的。通过对比式(1.11)和式(1.5)可以看出，通过希尔伯特变换可以把线性延迟混合模型转化为线性瞬时混合模型，区别在于此时的源信号、混合信号和混合矩阵都为复数形式。

线性延迟混合模型一般用于考虑时间延迟的应用场合，如不考虑多径效应的多输入多输出(MIMO)无线通信系统，不存在回声的多语音信号的分离等。

3）线性卷积混合

线性卷积混合模型考虑了每个源信号通过多个不同的传播路径到达接收传感器的时间延迟。此时，第$i$个传感器接收到的信号表达式为

$$x_i(t) = \sum_{k=1}^{N}\sum_{p=1}^{P} a_{ik}^{p} s_k(t - \tau_{ik}^{p}) + v_i(t) \qquad 1 \leqslant i \leqslant M \tag{1.12}$$

式中：$P$为路径数目；$a_{ik}^{p}$和$\tau_{ik}^{p}$分别为第$k$个源信号通过第$p$条路径到达第$i$个阵元的幅度衰减和时间延迟。

如果源信号为宽带信号，为便于分析，对式(1.12)两边分别进行傅里叶变换，可得

$$X_i(f) = \sum_{k=1}^{N}\sum_{p=1}^{P} a_{ik}^{p} S_k(f)\mathrm{e}^{-\mathrm{j}2\pi f \tau_{ik}^{p}} + V_i(f) \qquad 1 \leqslant i \leqslant M \tag{1.13}$$

将式(1.13)表示成矩阵形式，可得

$$\boldsymbol{X}(f) = \sum_{p=1}^{P} \boldsymbol{A}_p(f)\boldsymbol{S}(f) + V(f) \tag{1.14}$$

式中：混合矩阵$\boldsymbol{A}_p(f) \in \mathbb{C}^{M \times N}(p = 1, 2, \cdots, P)$，第$(i,k)$个元素为$a_{ik}^{p}\mathrm{e}^{-\mathrm{j}2\pi f \tau_{ik}}$。易知，此时任意一条路径对应的混合矩阵$\boldsymbol{A}_p(f)$是随频率$f$变化的。

如果源信号是窄带信号，为便于分析，对式(1.12)两边分别进行希尔伯特变换，可得到信号的解析形式，即

$$\tilde{x}_i(t) = \sum_{k=1}^{N}\sum_{p=1}^{P} a_{ik}^{p}\tilde{s}_k(t)\mathrm{e}^{-\mathrm{j}2\pi f_k \tau_{ik}} + \tilde{v}_i(t) \qquad 1 \leqslant i \leqslant M \tag{1.15}$$

类似地，式(1.15)也可以表示成矩阵形式，

$$\tilde{\boldsymbol{x}}(t) = \sum_{p=1}^{P} \boldsymbol{A}_p \tilde{\boldsymbol{s}}(t) + \tilde{\boldsymbol{v}}(t) \tag{1.16}$$

式中：混合矩阵 $\boldsymbol{A}_p \in \mathbb{C}^{M\times N}(p=1,2,\cdots,P)$，第$(i,k)$个元素为 $a_{ik}^{p}\mathrm{e}^{-\mathrm{j}2\pi f_k \tau_{ik}}$。易知，任意一条路径对应的混合矩阵 $\boldsymbol{A}_p$是恒定的。

线性卷积混合模型主要应用于存在多径效应的通信信号的分离、存在回声的多语音信号的分离等。从式(1.11)和式(1.16)可以看出，线性延迟混合模型是线性卷积混合模型当 $P=1$ 时的特殊情况。

#### 1.2.2.2 根据源信号数目和观测信号数目分类

从源信号数目 $N$ 与阵元数目 $M$ 的关系来看：当源信号数目等于阵元数目即 $N=M$时，混合模型为适定混合模型，对应的盲源分离被称为适定盲源分离；当源信号数目小于阵元数目即 $N<M$ 时，混合模型为超定混合模型，对应的盲源分离称为超定盲源分离；当源信号数目大于阵元数目即 $N>M$ 时，混合模型为欠定混合模型，对应的盲源分离称为欠定盲源分离。本书主要针对此类盲源分离问题展开论述。特别地，当阵元数目 $M$ 为 1 时，欠定盲源分离就进一步退化为单通道观测条件下的盲源分离即单通道盲源分离(SCBSS)。

### 1.2.3 雷达通信类信号欠定盲源分离数学模型

在雷达、通信、导航、敌我识别等无线电信号处理领域，许多系统采用阵列天线作为传感器，一般都可建模为典型的线性延迟混合模型。根据 1.2.2 节的分析，可以利用希尔伯特变换将线性延迟混合模型转换为线性瞬时混合模型，此时的源信号、混合信号均为解析形式，而混合矩阵为复数形式。为了简化分析，在本书中，均认为源信号和混合信号已经是解析信号，且在后续章节中直接用 $\boldsymbol{x}(t)$ 和 $\boldsymbol{s}(t)$ 分别表示观测信号和源信号的解析形式。

采用阵列传感器接收空间中多个辐射源信号的模型是式(1.11)的一种特殊情况。假设 $N$ 个窄带远场信号 $\boldsymbol{s}(t)=[s_1(t),s_2(t),\cdots,s_N(t)]^{\mathrm{T}}\in\mathbb{C}^{N\times 1}$ 入射到由 $M$ 个阵元组成的天线阵上，则观测信号可以表示为

$$\boldsymbol{x}(t) = \boldsymbol{A}(\boldsymbol{\theta})\boldsymbol{s}(t) + \boldsymbol{v}(t) \tag{1.17}$$

式中：$\boldsymbol{x}(t)=[x_1(t),x_2(t),\cdots,x_M(t)]^{\mathrm{T}}\in\mathbb{C}^{M\times 1}$ 为观测信号矢量；混合矩阵 $\boldsymbol{A}(\boldsymbol{\theta})=[\boldsymbol{a}(\theta_1),\boldsymbol{a}(\theta_2),\cdots,\boldsymbol{a}(\theta_N)]$是由源信号的入射方向 $\boldsymbol{\theta}=[\theta_1,\theta_2,\cdots,\theta_N]^{\mathrm{T}}$ 决定的，在阵列信号处理中，$\boldsymbol{A}(\boldsymbol{\theta})$也称为阵列流形。例如，对于半波长均匀线阵而言，$\boldsymbol{A}(\boldsymbol{\theta})$中的第 $k$ 列可以表示为

$$\boldsymbol{a}(\theta_k)=[1,\mathrm{e}^{-\mathrm{j}\pi\sin\theta_k},\cdots,\mathrm{e}^{-\mathrm{j}(N-1)\pi\sin\theta_k}]^{\mathrm{T}} \tag{1.18}$$

本书讨论的是欠定条件下的盲源分离问题,因此,$N>M$。

为了实现欠定盲源分离,混合矩阵$\boldsymbol{A}(\boldsymbol{\theta})$必须满足以下条件。

假设条件1.2.1:混叠矩阵$\boldsymbol{A}(\boldsymbol{\theta})\in\mathbb{C}^{M\times N}$的任意$M\times M$的子矩阵是非奇异的。

不妨假设子矩阵为$\boldsymbol{A}_M=[\boldsymbol{a}_1,\boldsymbol{a}_2,\cdots,\boldsymbol{a}_M]\in\mathbb{C}^{M\times M}$是奇异的,则存在列矢量$\boldsymbol{a}_k(1\leqslant k\leqslant N)$满足

$$\boldsymbol{a}_k=\lambda_1\boldsymbol{a}_1+\lambda_2\boldsymbol{a}_2+\cdots+\lambda_{k-1}\boldsymbol{a}_{k-1}+\lambda_{k+1}\boldsymbol{a}_{k+1}+\cdots+\lambda_M\boldsymbol{a}_M \tag{1.19}$$

忽略噪声的影响,把式(1.19)代入式(1.17),则观测信号$\boldsymbol{x}(t)$可以表示为

$$\begin{aligned}\boldsymbol{x}(t)&=[\boldsymbol{a}_1,\boldsymbol{a}_2,\cdots,\boldsymbol{a}_N][s_1(t),s_2(t),\cdots,s_N(t)]^{\mathrm{T}}\\&=[\boldsymbol{a}_1,\boldsymbol{a}_2,\cdots,\boldsymbol{a}_{k-1},\boldsymbol{a}_{k+1},\cdots,\boldsymbol{a}_N]\begin{bmatrix}s_1(t)+\lambda_1 s_k(t)\\s_2(t)+\lambda_2 s_k(t)\\\vdots\\s_{k-1}(t)+\lambda_{k-1}s_k(t)\\s_{k+1}(t)+\lambda_{k+1}s_k(t)\\\vdots\\s_M(t)+\lambda_M s_k(t)\\\vdots\\s_N(t)\end{bmatrix}\end{aligned} \tag{1.20}$$

从式(1.20)可以看出,如果子矩阵$\boldsymbol{A}_M$是奇异的,则从观测信号中不能分离出源信号$s_k$。考虑到实际情况下,不同源信号的频率和到达方向一般不会完全相同,因此,假设条件1.2.1在绝大多数情况下是可以满足的。

本书后续章节所提到的混合矩阵估计和源信号恢复方法均需要满足上述假设条件。后续不同章节中所论述方法需要用到的特殊假设条件将在各章中具体描述。为简化描述,本书后续章节中用$\boldsymbol{A}$表示混合矩阵。

### 1.2.4　性能评价准则

为了对盲源分离的效果进行评估,用混合矩阵估计误差$E_A$来衡量混合矩阵的估计性能,用平均信干比(SIR)来对估计得到的信号与源信号之间的差异性进行评价。

混合矩阵估计误差$E_A$定义如下:

$$E_A=10\lg\left(\frac{1}{N}\|\hat{\boldsymbol{A}}-\boldsymbol{A}\|_{\mathrm{F}}\right) \tag{1.21}$$

式中:$\hat{\boldsymbol{A}}$ 为混合矩阵 $\boldsymbol{A}$ 的估计;$\|\cdot\|_F$表示弗罗贝尼乌斯(Frobenius)范数。如果估计得到的混合矢量 $\hat{\boldsymbol{a}}_k$与真实的混合矢量 $\boldsymbol{a}_k$相差一个复数的尺度因子,则首先计算尺度因子 $c=\langle \boldsymbol{a}_k,\hat{\boldsymbol{a}}_k\rangle/\langle \boldsymbol{a}_k,\boldsymbol{a}_k\rangle$,使得 $\hat{\boldsymbol{a}}_k$和 $\boldsymbol{a}_k$具有相同的尺度。显然,$E_A$越小说明混合矩阵的估计精度越高,估计性能越好。

平均信干比 SIR 定义为

$$\mathrm{SIR}=\frac{1}{N}\sum_{i=1}^{N}\mathrm{SIR}_i \tag{1.22}$$

式中:$\mathrm{SIR}_i$表示第 $i$ 个源信号的信干比,定义为

$$\mathrm{SIR}_i=10\lg\left(\frac{E\{|s_i(t)|^2\}}{E\{|s_i(t)-\hat{s}_i(t)|^2\}}\right) \tag{1.23}$$

从式(1.23)可以看出,$\mathrm{SIR}_i$既依赖于源信号的波形,也与源信号的幅度和相位有关,然而对于盲源分离问题而言,$\hat{s}_i(t)$与 $s_i(t)$可能相差一个复系数 $c$,但是这并不影响源信号波形的恢复,而波形中已经包含了源信号的绝大部分信息。因此,为了使 $\hat{s}_i(t)$和 $s_i(t)$具有相同的尺度,应首先估计二者之间的复系数

$$c=\frac{E\{\hat{s}_i(t)s_i^*(t)\}}{E\{|s_i(t)|^2\}} \tag{1.24}$$

则式(1.23)可以修正为

$$\mathrm{SIR}_i=10\lg\left(\frac{E\{|c\hat{s}_i(t)|^2\}}{E\{|s_i(t)-c\hat{s}_i(t)|^2\}}\right) \tag{1.25}$$

显然,$\mathrm{SIR}_i$越大说明分离得到的信号越接近源信号,分离性能越好。反之,则说明分离得到的信号与源信号相差越大,分离性能不佳。

本书主要研究雷达通信类信号的欠定盲源分离问题。对于广泛应用的数字通信信号而言,除了信干比,还可以用误码率来衡量源信号的分离效果。误码率是指错误接收的码元数目在传输的总码元数中所占的比例。定义为

$$P_{\mathrm{e}}=\frac{N_{\mathrm{err}}}{N_{\mathrm{total}}} \tag{1.26}$$

式中:$N_{\mathrm{err}}$为传输过程中错误的码元数;$N_{\mathrm{total}}$为传输的码元总数。显然,误码率越低,说明分离得到的信号越接近源信号,分离性能越好。反之,则说明分离性能不佳。

# 1.3 欠定盲源分离处理理论框架

## 1.3.1 基本思路

欠定盲源分离是一个病态问题。忽略噪声的因素，BSS 的混合模型(式(1.17))可以视作一个非齐次线性方程组 $\boldsymbol{x}=\boldsymbol{A}\boldsymbol{s}$。根据非齐次线性方程组解的结构定理可知，其通解为[8]

$$\boldsymbol{s}=k_1\boldsymbol{\alpha}_1+k_2\boldsymbol{\alpha}_2+\cdots+k_{n-m}\boldsymbol{\alpha}_{n-m}+\boldsymbol{\eta} \tag{1.27}$$

式中：$\boldsymbol{\alpha}_1,\boldsymbol{\alpha}_2\cdots,\boldsymbol{\alpha}_{n-m}$是齐次线性方程组的一个基础解系；$\boldsymbol{\eta}$ 是方程(1.17)的一个特解。从式(1.27)中可以看出，由于混合矩阵的逆不存在，即使混合矩阵已知，源信号也存在无穷多个解。因此，需要利用更多的约束条件保证解的唯一性。

2000 年，Lewicki 和 Sejnowski 建立了过完备稀疏成分模型，并首次提出了稀疏分量分析(SCA)的概念[9]，掀起了 SCA 类方法的研究热潮。随后，在国内外学者的共同努力下，SCA 类方法的研究取得了丰硕的成果，并成为解决欠定盲源分离的主要方法。SCA 类方法的核心思路是通过对源信号增加稀疏性约束使得分离后的源信号尽可能唯一。所谓稀疏信号，指的就是信号在时域或者变换域上绝大多数点取值为零，少数点明显远离零。从信号的统计特性来看，如果信号的概率分布函数越尖锐，则信号越稀疏[10]。

在实际应用中，许多信号在统计上服从或近似服从广义高斯分布(GGD)，其数学模型为

$$p(x;\alpha,\beta)=\frac{\alpha}{2\beta\Gamma(1/\alpha)}\exp\left(-\left|\frac{x}{\beta}\right|^{\alpha}\right)\qquad \alpha>0,\beta>0 \tag{1.28}$$

式中：$\Gamma(x)=\int_0^{\infty}t^{x-1}\mathrm{e}^{-t}\mathrm{d}t$ 为 Gamma 函数。广义高斯分布的概率密度函数由两个参数 $\alpha$ 和 $\beta$ 确定。$\alpha$ 为形状参数，控制概率密度函数的形状；$\beta$ 为尺度参数，与信号的方差有关。一般认为：$\alpha<2$ 时，信号为超高斯信号，特别地当 $\alpha=1$ 时，该信号为拉普拉斯信号；$\alpha=2$ 时，信号为高斯信号；$\alpha>2$ 时，信号为亚高斯信号。

图 1.2 为广义高斯分布在单位方差条件下，$\alpha$ 取值分别为 0.6、1、2、4 时概率分布函数的曲线。从图中可以看出，$\alpha$ 的取值越小概率密度函数越尖锐，信号越稀疏。因此，可以通过估计概率分布函数中的参数 $\alpha$ 来衡量信号的稀疏性程度。对于服从 GGD 的信号 $x$，何昭水等[11]提出了通过下式来估计参数 $\alpha$。

$$\alpha(x)=(r(\alpha))^{-1}\left(\frac{E(|x|)^2}{E(|x|^2)}\right) \tag{1.29}$$

式中：$r(\alpha)=\dfrac{\left(\Gamma\left(\dfrac{2}{\alpha}\right)\right)^2}{\Gamma\left(\dfrac{1}{\alpha}\right)\Gamma\left(\dfrac{3}{\alpha}\right)}$，$(r(\alpha))^{-1}(\cdot)$为函数$r(\cdot)$的逆。

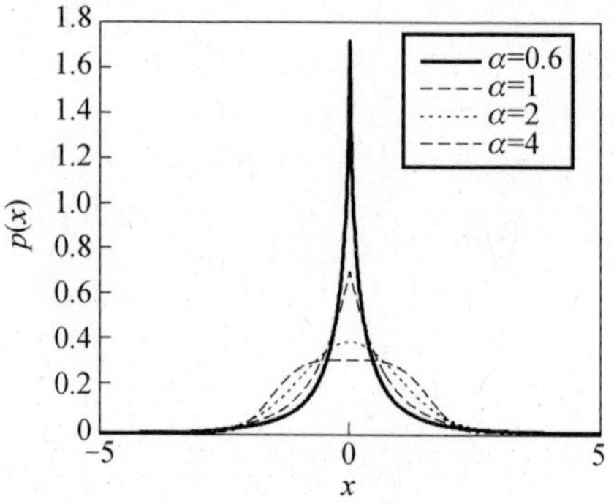


图 1.2　α 分别为 0.6、1、2、4 时广义高斯分布的概率密度函数

如果未知关于信号概率分布的先验知识，还可以通过归一化峭度来度量信号的高斯性。

$$\mathrm{kurt}(x)=\frac{E\{x^4\}}{E\{x^2\}^2}-3 \tag{1.30}$$

式中：kurt( · )为信号的峭度。

当峭度小于零时为亚高斯信号，等于零时为高斯信号，大于零时为超高斯信号，并且峭度的取值越大，信号的超高斯性越强即稀疏性越强。

上面分析了单个源信号的稀疏性以及度量的方法，但并没有给出观测到的混合信号需要满足什么样的稀疏条件才能成功实现欠定盲源分离。早期研究的欠定盲源分离算法一般需要假设观测信号是充分稀疏的。所谓充分稀疏，是指观测信号在时域或变换域上的绝大多数样点，只有一个源信号的取值比较大，起主导作用，其他的源信号取值很小，接近于零。充分稀疏信号具有线性聚类特性，直线的方向对应着混合矩阵列矢量的方向。由于充分稀疏的条件比较苛刻，需要源信号在时域或变换域中几乎是不混叠的，在很多实际应用中这个条件往往很难得到满足。

P. Georgiev 等[12]首次系统地提出并分析了基于 SCA 的欠定盲源分离算法需要满足的三个假设条件，这是欠定盲源分离领域的一个重要成果。

假设 1：混合矩阵 $\boldsymbol{A}$ 的任意 $M\times M$ 的子矩阵是非奇异的。

假设 2：在任意采样时刻，源信号 $\boldsymbol{s}$ 最多只有 $M-1$ 非零元素。

假设 3：源信号 $\boldsymbol{s}$ 的采样点足够多，对任意包含 $N-M+1$ 个下标的集合即 $\boldsymbol{I}=$

$\{i_1,i_2,\cdots,i_{N-M+1}\}\subset\{1,2,\cdots,N\}$，在 $\boldsymbol{s}$ 中至少存在 $M$ 个列矢量，使得它们在下标为 $I$ 里面的集合元素时，它们的取值为零，而它们中的另外 $M-1$ 个元素是线性独立的。

根据算法步骤不同，欠定盲源分离方法主要分为两大类：一是“两步法”，即先估计混合矩阵，然后在混合矩阵已知的条件下利用信号的稀疏性完成源信号的分离；二是混合矩阵和源信号“同时估计法”。

由于“同时估计法”计算复杂，且容易收敛到局部极值点，目前，绝大多数欠定盲源分离算法都采用“两步法”。图 1.3 给出了“两步法”的处理流程[13]。其中，稀疏表示和源信号重构并不是必需的步骤。如果接收的源信号是天然稀疏的，则可以直接依次完成混合矩阵估计和信号分离过程。反之，如果源信号不满足稀疏性条件，则首要解决的是源信号的稀疏化问题。而稀疏表示的目的是找到一组基，使得源信号在这组基上的投影系数尽可能稀疏，而源信号重构则是稀疏表示的逆过程，利用投影系数恢复源信号的时域波形。本书针对的源信号主要是雷达通信类无线电信号，由于不同电子信息系统的工作时间、工作频段和参数不会完全相同，从而使得不同源信号在时频域内不一定完全重叠，在很多情况下，源信号在时频域上满足稀疏性要求。因此，对于雷达通信类信号，图 1.3 中的稀疏表示一般采用时频变换，如短时傅里叶变换(STFT)、Garbor 变换、离散余弦变换(DCT)等。相应地，图 1.3 中的源信号重构指的就是上述时频变换对应的反变换。

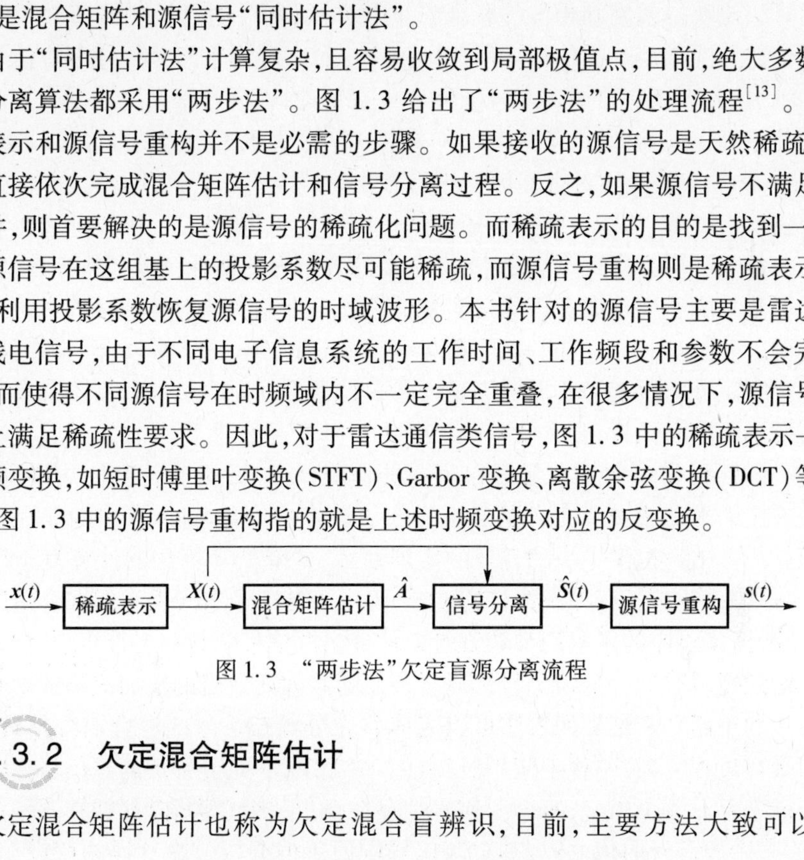


图 1.3　“两步法”欠定盲源分离流程

## 1.3.2　欠定混合矩阵估计

欠定混合矩阵估计也称为欠定混合盲辨识，目前，主要方法大致可以分为两类。

### 1.3.2.1　基于源信号稀疏性和聚类的混合矩阵估计方法

假设源信号在时域或变换域上是稀疏的，则可以通过对观测数据进行聚类完成混合矩阵的估计。当源信号是充分稀疏的(即任意时刻，都只有一个源信号起主导作用，其余源信号取值为 0)时，观测信号具有聚类特性，而类心矢量的方向对应的正是不同源信号的混合矢量的方向。P. Bofill 等[14]在观测阵元数目 $M$ 为 2 的条件下提出了基于势函数聚类的混合矩阵估计算法，定义势函数 $\Phi(\theta,\lambda)$ 并在 $\theta\in[0,2\pi]$ 范围内计算势函数的取值，峰值的数目对应源信号的数目，峰值对应的角

度 $\theta$ 就是混合矢量的方向。L. Vielva 等[15]通过加窗平滑的方式进一步提高了混合矢量对应角度 $\theta$ 的估计精度。由于基于势函数聚类的方法只适应阵元数目为 2 的特殊情况,文献[16]提出了基于 $k$ 均值聚类的混合矩阵估计算法,直接对归一化后的观测数据进行聚类,聚类结果就是混合矩阵的估计。文献[17]提出了退化解混估计技术(DUET)算法以及文献[18]提出了改进 DUET 算法,首先计算混合信号的时频比获得幅度和相位的联合二维直方图,然后通过检测峰值数目和位置完成源个数和混合矩阵的估计。L. T. Nguyen 等[19]利用空间时频分布将信号变换到时频域上,完成所有自源点对应的混合矢量估计,再通过聚类完成混合矩阵的估计。在此基础上又出现了许多类似的算法,包括模糊 C 聚类算法[20],k-SVD 算法[21]等。这些方法直接对观测信号进行聚类,聚类中心受噪声影响较大,类心矢量方向估计精度差,从而导致混合矩阵估计精度低。付宁等[22]将微分进化算法和霍夫变换引入 $k$ 均值聚类算法之中,提高了混合矩阵的估计精度和鲁棒性,但是微分进化算法只能适用于混合矩阵是实数的情况。上述方法对源信号的稀疏性要求较为苛刻,实际应用中并不能完全满足。P. Georgiev 等[12]全面分析了利用稀疏性完成欠定盲源分离源信号所需要满足的稀疏性条件,即在任意时刻,不为零的源信号数目要小于阵元数目,并在此基础上提出了基于超平面聚类的欠定混合矩阵估计方法。谢胜利等[23]针对阵元数目为 3 的情况,将平面聚类转换为法线聚类,搜索法线确定的平面族交线完成混合矩阵的估计,为 P. Georgiev 提出的非充分稀疏信号混合矩阵估计提供了一种有效的实现途径,并降低了算法的计算复杂度。F. M. Nainia 等[24]针对任意阵元数目的情况,提出了基于子空间聚类的混合矩阵估计方法,通过搜索对应的子空间参数就可以估计出源信号个数和混合矩阵,但是该方法仅针对线性瞬时混合的情况且计算复杂度随着阵元数目的增加成指数增长。

虽然利用超平面聚类的方法可以完成非充分稀疏信号的混合矩阵估计,但是超平面聚类过程复杂,不便于应用。在很多情况下,非充分稀疏的源信号在时域或者变换域中并非完全重叠,每个源信号都存在至少一个单源邻域,即在该单源邻域内,仅有一个源信号取值非零,其余源信号取值近似为零。在这样的假设条件下,可以先检测出所有的单源邻域,并求解出单源邻域对应的混合矢量,再对所有单源邻域对应的混合矢量集合进行聚类分析完成混合矩阵的估计。基于上述假设,文献[25,26]提出了基于混合矢量时频比的欠定混合矩阵估计方法,通过计算时频比方差来确定单源邻域,但该方法受信噪比影响大,此后还陆续出现了许多类似的算法[27,28]。本书作者[29]通过对不同时频邻域内观测数据相关矩阵进行奇异值分解来检测时频单源邻域,进一步提高了算法的信噪比适应能力。文献[30]进一步放宽了稀疏性假设,对于任意源信号只需要存在一些离散时频单源点,就可以完成混合矩阵的估计。文献[31]的算法则只需要假设每个源信号至少存在一个时频单源点,通过判断混合信号的时频比是否为实数来检测时频单源点,但上述两种方法都只适用于混合矩阵是实数的情况,而无法应用于延迟衰减混合模型。E. B. Aissa等[32]利用空间时频分布将信号变换到时频域上,通过检测各个源信号的自源点并完成聚类以求解混合矩阵,但是空间时频分布是非线性变换,存在大量的交叉项,必须要求源信号的自源点和互源点不完全重叠。然而,当源信号时频相互重叠时,这个条件不一定能得到满足。

上述基于源信号稀疏性和聚类的混合矩阵估计方法,计算简单,易于实现,当源信号能满足算法要求的稀疏性条件时,混合矩阵的估计精度较高。

#### 1.3.2.2 基于张量分解等代数理论的混合矩阵估计方法

如果源信号并不满足稀疏性条件,则不会表现出直线或超平面聚类特性,就无法利用聚类方法估计混合矩阵。此时可以通过计算观测信号的高阶累积量或特征函数的高阶偏导来构造高阶张量,然后利用张量分解等代数方法完成混合矩阵的估计。构造高阶张量的本质就是通过对多个高阶累积量矩阵进行特定的排列,实现观测通道的虚拟拓展,从而能够适应更多的源信号。

A. Ferréol 等[33]假设源信号的峭度具有相同的符号,提出了基于四阶累积量的欠定混合盲辨识算法(FOBIUM),通过计算混合信号的四阶累积量并构造特定的三阶张量,然后利用张量分解的方法求解混合矩阵。L. D. Lathauwer 等[34]进一步扩展了基于四阶累积量的欠定混合盲辨识(FOBIUM)算法,使算法能够适应源信号峭度符号不相同的情况。A. Karfoul 等[35]和 A. Almeida 等[36]将 FOBIUM 算法推广到更高阶的累积量,提出了基于任意偶数阶累积量的欠定混合盲辨识算法,相同观测通道数目条件下能够适应更多的源信号。针对源信号是两两不相关的情况,L. D. Lathauwer 等[37]又提出了基于二阶统计量的欠定混合盲辨识(SOBIUM)算法,只利用混合信号在不同时延处的相关矩阵构造高维矩阵集合,对该矩阵集合进行联合对角化从而完成混合矩阵估计。相比基于高阶累积量的混合矩阵估计算法,SOBIUM 算法达到相同的估计性能需要的样本点数更少。P. Tichavsky 等[38]假设源信号是非平稳的,提出了基于加权调整的欠定混合盲辨识算法,首先把信号分为多个时间片段,分别计算信号的协方差矩阵,然后把不同段的协方差矩阵表示成三阶张量的形式,最后利用张量分解完成混合矩阵的估计。P. Comon 等[39,40]提出了基于特征函数的欠定盲辨识算法,首先计算信号特征函数的高阶偏导并表示成高阶张量的形式,然后通过张量分解完成混合矩阵的估计,计算偏导的阶数越高,在相同数目阵元的条件下能够适应的源信号数目就越多。X. Luciani 等[41]通过计算信号的二阶特征函数把该方法扩展到了混合模型为复数的情况。由于该算法并未完全利用复信号的全部特性,F. L. Gu 等[42]联合利用信号二阶特征函数的实部和虚部,进一步提高了算法的估计精度。特征函数和高阶累积量在数学上可以相互表示，本质上具有相同的特性。

上述基于张量分解的混合矩阵估计方法仅利用了信号的独立性，无需要求源信号是稀疏的就可以完成欠定条件下混合矩阵的估计。但是高阶累积量和张量分解的计算过程复杂，且算法的估计性能依赖于样本点数，所采用的累积量阶数越高，达到相同估计性能所需要的样本点数就越多。

## 1.3.3 欠定源信号恢复

针对源信号恢复问题，主要方法可以分为三类。

### 1.3.3.1 基于稀疏重构理论的源信号恢复

假设源信号在时域或变换域是稀疏的，可以将信号估计问题转换为基于解的稀疏性约束的欠定方程求解问题，即求解

$$\min(\text{sparsity}(\boldsymbol{s}(t))) \qquad \text{s. t. } \boldsymbol{x}(t)=\boldsymbol{A}\boldsymbol{s}(t)+\boldsymbol{v}(t) \tag{1.31}$$

式中：$\text{sparsity}(\boldsymbol{s}(t))$为信号$\boldsymbol{s}(t)$的稀疏性度量。根据稀疏性度量的不同，稀疏重构类算法主要包括$l_p$范数类方法[43-50]、迭代加权算法[51-53]以及贝叶斯稀疏学习方法[54-56]。

Mallat 等[57]提出了基于匹配追踪（MP）的盲源分离算法，在混合矩阵已知的条件下，把观测信号表示成几个列矢量的线性组合，并且列矢量的数目越少越好，这实际上就是求源信号的最小$l_0$范数解，即

$$\hat{\boldsymbol{s}}(t)=\arg\min_{s(t)}\|\boldsymbol{s}(t)\|_0 \qquad \text{s. t. } \boldsymbol{A}\boldsymbol{s}(t)=\boldsymbol{x}(t) \tag{1.32}$$

式中：$\|\cdot\|_0$为矢量中不为零的元素的数目。由于 MP 算法的估计结果不是最优的，S. S. Chen 等[58]提出了正交匹配追踪（OMP）算法，在每提取一个混合矢量后都要对已提取的混合矢量集合进行一次 Schmit 正交化运算。虽然通过式（1.32）得到的最小$l_0$范数解是最稀疏的，但由于求最小$l_0$范数解是一个非凸优化问题，容易收敛到局部极值点，并且其解鲁棒性不好，对噪声非常敏感。为此，S. S. Chen 等[59]又提出了基追踪（BP）的盲源分离算法，这实际上等价于求解源信号的最小$l_1$范数解，即

$$\hat{\boldsymbol{s}}(t)=\arg\min_{s(t)}\|\boldsymbol{s}(t)\|_1 \qquad \text{s. t. } \boldsymbol{A}\boldsymbol{s}(t)=\boldsymbol{x}(t) \tag{1.33}$$

如果源信号为实信号，式（1.33）的优化问题可以等价于求解线性规划（LP）问题，这是一个凸优化问题，能够收敛到全局最优解。后来，Y. Q. Li 等[60]从概率上分析了最小$l_0$范数解和最小$l_1$范数解的一致性。为了简化计算，Bofill 等[14]针对阵元数目$M$为 2 的情况，提出了基于几何最短距离的盲源分离算法，与直接求解线性

规划问题相比降低了计算量,后来 Theis 等[61]进一步证明了该方法与最小 $l_1$ 范数法在理论上是等价的。I. Takigawa 等在文献[62]中首次分析了最小 $l_1$ 范数解的性能,只有当任意时刻同时存在的源信号数目小于阵元数目,或者源信号的概率分布的形状非常尖锐时,最小 $l_1$ 范数解的性能才会很好,否则即使源信号的概率分布满足拉普拉斯分布,分离性能也与 Moore – Penrose 解(最小 $l_2$ 范数解)几乎相同。这与后来 P. Georgiev 提出的欠定盲源分离必须满足的假设条件是一致的。

对于线性延迟或卷积混合,一般先通过傅里叶变换或希尔伯特变换把信号变成线性瞬时混合的形式,此时源信号和混合矩阵为复数形式,式(1.33)的优化问题等价于求解二次锥规划(SOCP)问题[63-66]。由于最小 $l_1$ 范数易于求解,并且性能良好,因此在欠定盲源分离中得到了非常广泛的应用。

虽然基于最小 $l_1$ 范数的欠定盲源分离算法比 $l_0$ 范数解更容易求解,但是解的稀疏性要弱于 $l_0$ 范数解。为了能够兼顾两者的优点,R. Saab 等[67]用 $l_p(p<1)$ 范数度量信号的稀疏性,提出了 $l_p$-BP 算法,改善了最小 $l_1$ 范数解的分离性能,即

$$\hat{\boldsymbol{s}}(t)=\arg\min_{\boldsymbol{s}(t)}\|\boldsymbol{s}(t)\|_p \qquad \text{s. t.}\ \boldsymbol{A}\boldsymbol{s}(t)=\boldsymbol{x}(t) \tag{1.34}$$

R. Saab 还从概率上分析了对于语音信号的分离,当 $p$ 的取值范围为 0.1 ~ 0.4 时分离性能是最优的。H. Mohimani 等[68]提出了基于平滑 $l_0$ 范数的欠定盲源分离算法,定义函数 $F_\sigma(\boldsymbol{s})$,通过求解下面的优化问题来完成信号的欠定盲源分离。

$$\hat{\boldsymbol{s}}(t)=\arg\max_{\boldsymbol{s}(t)}F_\sigma(\boldsymbol{s}(t)) \qquad \text{s. t.}\ \boldsymbol{A}\boldsymbol{s}(t)=\boldsymbol{x}(t) \tag{1.35}$$

式中:参数 $\sigma$ 决定函数 $F_\sigma(\boldsymbol{s}(t))$ 的平滑程度,$\sigma$ 取值越小,函数 $F_\sigma(\boldsymbol{s}(t))$ 越尖锐,式(1.35)的解越接近最小 $l_0$ 范数解,在求解过程中通过自适应的方法选取最优的参数 $\sigma$,该方法兼顾了解的稀疏性和收敛性。在此基础上,E. Vincent[69]把基于最小 $l_p$ 范数的欠定盲源分离算法扩展到了源信号为复数的情况。Gorodnitsky 等[70-72]提出了一种加权最小 $l_2$ 范数法——欠定系统局灶解法(FOCUSS),利用前次所得迭代结果来构造加权矩阵,使得下次迭代得到的结果能量更加集中,但是这类后验迭代加权法需要有较好的初始值,否则最终结果可能产生偏差,在此基础上, B. D. Rao 等[73]把 FOCUSS 推广到了 $l_p$ 范数代价函数的情况。

基于稀疏重构算法的欠定盲源分离算法,通过增加不同的稀疏性约束使源信号在满足欠定方程的条件下尽可能稀疏,因此,该类方法能够很好地完成稀疏信号的盲源分离。但是,由于没有考虑到源信号的概率分布特性,当混合信号中存在非稀疏的源信号时,算法将无法完成源信号的分离。

#### 1.3.3.2　基于贝叶斯估计理论的源信号恢复

假设源信号 $\boldsymbol{s}(t)$ 服从某类概率分布 $p(\boldsymbol{s}(t))$,则可以将信号估计问题转换为

源信号的最大后验概率求解问题，即

$$\hat{\boldsymbol{s}}(t) = \arg\max_{\boldsymbol{s}(t)} p(\boldsymbol{s}(t) \mid \boldsymbol{x}(t), \boldsymbol{A}) \tag{1.36}$$

或根据最小均方误差准则完成源信号的估计

$$\begin{aligned}\hat{\boldsymbol{s}}(t) &= E\{\boldsymbol{s}(t) \mid \boldsymbol{x}(t), \boldsymbol{A}\} \\ &= \int \boldsymbol{s}(t) p(\boldsymbol{s}(t) \mid \boldsymbol{x}(t), \boldsymbol{A}) \mathrm{d}\boldsymbol{s}(t)\end{aligned} \tag{1.37}$$

针对稀疏信号，H. Zayyani 等[74]假设源信号服从拉普拉斯分布，通过式(1.36)完成源信号分离，并证明了此时源信号的解等价于最小 $l_1$ 范数解。C. Fevotte 等[75,76]假设源信号服从 Student-t 分布，将源信号、混合矩阵以及描述模型的所有未知参数均表示成待估计参数集，用式(1.37)求解源信号。但是由于 Student-t 分布的解析表达式十分复杂，式(1.37)不存在解析解，因此一般采用马尔可夫链蒙特卡洛(MCMC)方法，通过 Gibbs 采样得到多个服从基于观测数据后验概率分布的样本集合，通过计算样本均值完成源信号的估计。由于该方法计算过于复杂，A. T. Cemgil 和 Z. E. Chami 等[77,78]采用变分期望最大化算法，简化了 Student-t 分布，进一步减少了计算量。随后 A. T. Cemgil 等[79]又提出随机期望最大化算法提高算法的收敛速度。

针对非稀疏信号，H. Snoussi 等[80]用广义双曲线函数对源信号概率分布进行建模，但是广义双曲线分布含有的未知参数太多，计算过于复杂。S. G. Kim 等[81,82]用广义高斯分布函数来对源信号的概率分布建模，大大减少了未知参数的数量，降低了贝叶斯算法的计算复杂度。

基于贝叶斯估计理论的源信号分离方法充分利用了源信号概率分布的信息，即使源信号并不充分稀疏也能较好地完成分离。但是，上述概率分布模型均是针对语音信号、生物医学信号建模，只适应源信号为实数的情况，无法应用于线性延迟混合的雷达通信类无线电信号盲源分离。此外，当模型中采用的概率分布函数与实际信号失配时，算法的性能将急剧下降，而对于雷达通信类无线电信号的概率密度分布函数的估计本身就是一个难题。

#### 1.3.3.3 基于二元掩蔽法的源信号恢复

假设不同时刻或者时频点同时存在的源信号数目不大于阵元数目，可以通过构造不同的二元掩蔽函数将欠定问题转换为多个适定或超定问题，确定不同时刻或不同时频点同时存在的源信号对应的混合矢量，然后通过计算该混合矢量构成矩阵的伪逆估计出该时刻或时频点同时存在的源信号。最后将不同时刻或者时频点的源信号估计结果进行拼接即可恢复出完整的源信号。

对于时域稀疏信号，P. Bofill 等[14]提出了用最短距离法确定不同时刻源信号对应的混合矢量；当源信号在时频域上不混叠时，A. Jourjine 等[17]提出 DUET 算法，通过计算不同源信号到达接收阵元的时间延迟和幅度衰减的直方图统计结果来构造时频二元掩蔽函数实现源信号估计，Yılmaz Özgür 等[18]通过对直方图进行平滑改进了 DUET 算法，提高了源信号的估计性能。L. T. Nguyen 等[19]提出了基于聚类的源信号估计算法，根据观测信号与混合矢量的方向构造二元时频掩蔽函数从而分离源信号。S. Araki 等[83,84]提出了基于特征矢量聚类的二元时频掩蔽函数构造方法，利用归一化频率的方法消除了源信号的次序模糊，该方法能够适用任意结构的阵列。V. G. Reju 等[85]利用混合信号与参考矢量之间的 Hermitian 角度构造二元时频掩蔽函数从而分离源信号。之后还出现了许多类似的方法[86-88]。

然而上述方法均要求源信号在时域或时频域上是充分稀疏的(任意时刻或任意时频点最多存在一个源信号)。对于非充分稀疏的源信号的分离问题，E. B. Aissa等[32]放宽对源信号的稀疏性要求，提出一种基于子空间投影的欠定盲源分离算法，只要求任意时频点同时存在的源信号个数小于阵元数目，利用子空间正交理论确定任意时刻或时频点不为零信号对应的混合矩阵。本书作者在文献[89]中改进了子空间投影算法，通过计算观测信号到不同混合矢量集合张成的子空间距离来估计每个时频点同时存在的源信号数目，提高源信号的估计性能。D. Z. Peng 等[90]提出了一种基于空间时频分布的欠定源信号恢复算法，可以适应不同时频点同时存在源信号数目与阵元数目相等的情况，但是由于空间时频分布是非线性变换，存在大量的交叉项，需要假设源信号的时频自源点和互源点是不重叠的，然而对于时频混叠的源信号，这个条件很难完全满足。E. B. LU 等[91]利用源信号之间的独立性，提出了基于矩阵对角化的源信号分离算法，该方法进一步放宽了现有算法对源信号的稀疏性条件，能够适应任意时频邻域内同时存在的源信号数目等于阵元数目的情况。王翔又在文献[92]中通过计算不同时频邻域内同时存在的源信号数目，进一步提高了算法的源信号估计性能和信噪比适应能力。

## 1.4 单通道盲源分离研究现状

本书重点讨论的是欠定条件下的盲源分离问题。极端情况下，当阵元数目为 1 时，欠定盲源分离就退化为单通道观测条件下的盲源分离即单通道盲源分离(SCBSS)。此时，式(1.17)就退化为

$$x(t) = a_1 s_1(t) + a_2 s_2(t) + \cdots + a_N s_N(t) = \sum_{i=1}^{N} a_i s_i(t) \tag{1.38}$$

这是一个极度病态的盲源分离问题，假设观测信号采样点数为 $K$，那么就需要通过 $K$ 个已知量去估计 $K \times N$ 个未知量。但是单通道盲源分离问题在实际应用中也普

遍存在。这是因为:

(1) 多通道设备导致系统复杂,体积庞大,价格昂贵;而单通道接收设备使得系统结构简单且成本降低。

(2) 实际环境中信源数目是未知的而且有可能动态变化,很难事先确定接收通道的数目。

(3) 特别地,在非合作通信中,单通道设备较多通道设备体积更小,具有更好的隐蔽性,从而能提高战场生存力和适应力。

既然 SCBSS 是一个病态问题,为此必须首先对它进行可分离性分析,即是否能够实现单通道盲源分离?在可行的前提下,什么样的条件才能够实现盲源分离?国内外研究人员已经分别从信号分量变换域上的可分离性和信号分量概率分布的可分离性对 SCBSS 的可行性进行了证明,文献[93,94]对于问题的可行性进行了详细的阐述和总结,这里不再赘述。正如 T. W. Lee 在文献[95]中提到的一样,单通道分离问题必须知道信号的某些先验知识,否则无法完成分离。对于单通道雷达通信类信号盲源分离,目前还没有统一的理论框架来解决这一问题,往往需要假设源信号满足一些特殊的性质。已有的研究工作主要包括以下四类方法。

### 1.4.1 基于变换域滤波的方法

如果源信号在时域上不重叠,则可以通过一个短时开关(时域滤波)实现多个信号的分离;如果源信号在频域上不重叠,则可以通过不同截止频率的带通滤波器分别提取;这里本质上利用了信号在时域或频域的不重叠性,而对于时频重叠的扩频多用户信号,则可以利用不同扩频码的正交特性完成解扩分别获取源信号。这里本质上利用扩频码域的差异(可以理解为扩频码域的滤波),而上述三种情况恰好对应了现在通信领域中的三大多址方式,即时分多址(TDMA)、频分多址(FDMA)和码分多址(CDMA)[96]。因此,通过获取源信号相互不重叠的变换域是解决单通道盲源分离的本质思路,也是实现更高效时频利用率的通信新体制的有效手段之一。

#### 1.4.1.1 广义功率谱理论

R. H. James 等[97]扩展了传统的时域频域理想滤波的理论,从寻找可分离域的角度出发,提出广义功率谱的概念,并从理论上建立了广义功率谱上时变维纳滤波器的模型。对于非平稳随机信号 $x(t)$,其广义功率谱定义为

$$P_{xx}(\lambda_1,\lambda_2) = \iint_{T^2} R_{xx}(t,\tau)K(t,\lambda_1)K^*(\tau,\lambda_2)\,\mathrm{d}t\mathrm{d}\tau \qquad (\lambda_1,\lambda_2)\in\Lambda_x^2 \tag{1.39}$$

式中：$R_{xx}(t,\tau)$为自相关函数；$K(t,\lambda)$为从时域变换到广义功率谱的基函数。则广义功率谱上的理想滤波器为

$$H(\lambda_1,\lambda_2)=\begin{cases}1 & (\lambda_1,\lambda_2)\in\Lambda_x^2\\ 0 & \text{其他}\end{cases} \tag{1.40}$$

如果不同的源信号在广义功率谱上是互不重叠的，就可以利用式(1.40)所述理想滤波器实现不同源信号的分离。文献[97]具体推导了如何构造广义功率谱以及在该广义功率谱上如何构造线性时变维纳滤波器的方法。

#### 1.4.1.2 循环频域滤波方法

自 W. A. Gardner[98]建立信号的循环平稳理论以来，信号的循环频域分析成为一个新的研究热点。由于雷达通信信号的频率、带宽/码速率有差异，时频重叠的信号在循环频域上可能是分开的，利用基于循环平稳特性上的线性共轭线性－频移(LCL-FRESH)滤波器[98]可以实现信号分离。LCL-FRESH 滤波器是一种多周期时变滤波器，文献[98]给出了频移滤波器的形式为

$$\hat{d}(t)=\sum_{i=1}^{N}h^{\alpha_i}(t)*x_{\alpha_i}(t)+\sum_{i=1}^{M}h^{\beta_i}(t)*x_{\beta_i}^*(t) \tag{1.41}$$

式中：$x_{\alpha_i}(t)=x(t)\mathrm{e}^{\mathrm{j}2\pi\alpha_i k}$，$x_{\beta_i}^*(t)=x^*(t)\mathrm{e}^{\mathrm{j}2\pi\beta_i t}$，$*$表示卷积，等式右边的第一项是对输入信号的解析信号进行滤波，第二项是对输入信号的共轭信号进行滤波。具体结构如图1.4所示。如果确定了$\{\alpha_i\}_N$、$\{\beta_i\}_M$，则最优滤波器$h^{\alpha_i}(t)$和$h^{\beta_i}(t)$的求解就等价于求解一个$M+N$维的维纳滤波器问题。针对实际中没有完整的期望信号的情况，J. Zhang 等[99]证明了采用输入的观测信号作为参考信号实质上与采用期望信号求解的滤波器是等价的，并在此基础上提出了盲自适应 FRESH 滤波(Blind Adaptive-FRESH)。在提取出一个源信号的基础上，A. Cichocki 等[100]提出一种基于非线性代价函数的消源法，可以从观测信号中消去已提取出的信号，但是该算法需要迭代运算，计算过程复杂，而且受初值影响大，容易陷入局部极值；王翔等[101]提出了基于 Schmidt 正交化的对消方法，提高了对消的性能。

#### 1.4.1.3 小波变换域分离方法

小波变换域分离方法是从抑制同信道干扰的角度提出的。在合作通信中，由于频谱日益拥挤，经常会碰到同信道干扰。小波变换分离方法的核心思路就是通过小波变换构造目标信号的零空间，即等价于在该空间中目标信号和干扰信号互不混叠。针对多个M进制相移键控(MPSK)混叠信号，假设各信号符号速率存在微小差别，可以构造出与其中一路信号正交而与另一路信号不正交的小波基，从而可以通过零空间投影和波形重构得到一个源信号，然后将混合信号与该路信号相

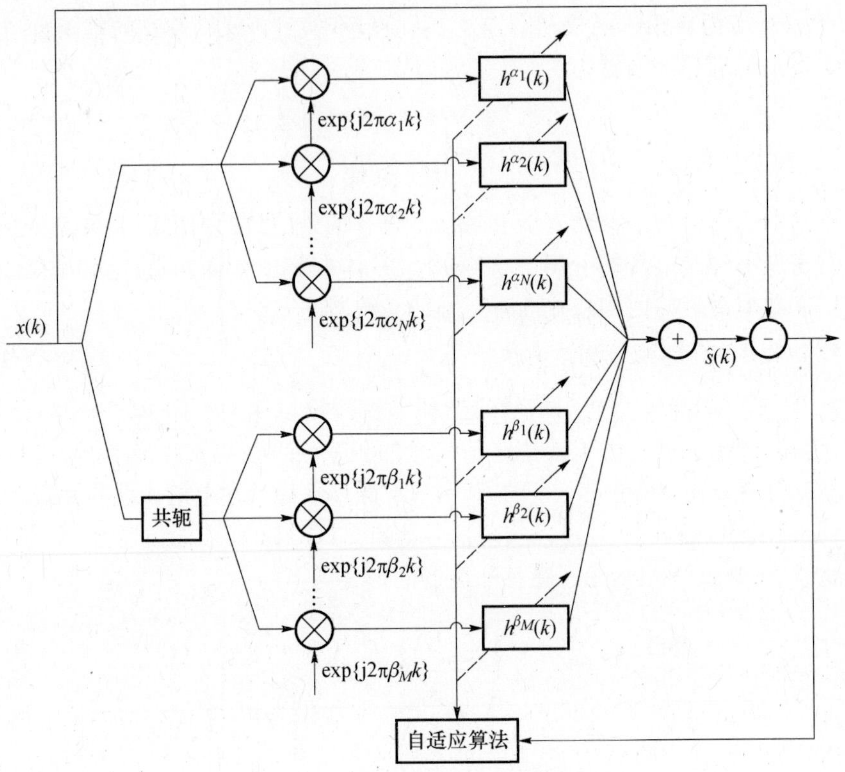


图 1.4　LCL-FRESH 滤波器结构

减得到另外一个源信号。原理示意图如图 1.5 所示。

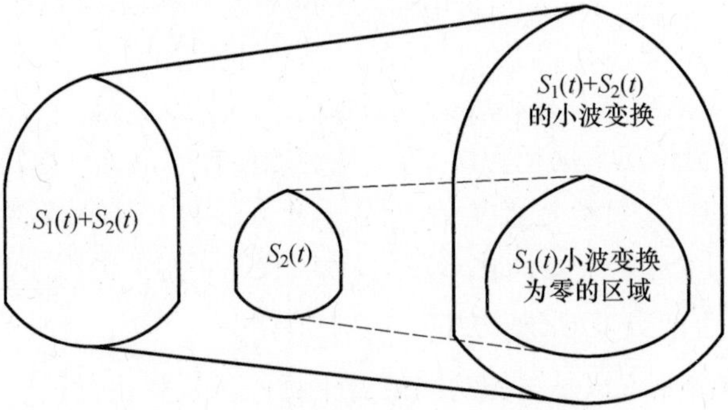


图 1.5　小波变换域构造信号零空间示意图

在小波变换域内寻找各个信号的零空间，即寻找源信号在小波变换域内不重叠的情况是基于如下定理：

对任一有限范围内取值的小波函数 $\psi(t)$，即存在常数 $c$，当 $t \notin [0,c]$ 时

$\psi(t)=0$。当取小波尺度 $a=T_1/(cL)$，$b=nT_1/L$ 时，基带 MPSK 信号的离散小波变换为零，即

$$WT_{s(t)}(T_1/(cL),nT_1/L) = \left|\frac{T_1}{cL}\right|^{-\frac{1}{2}}\int s(t)\psi\left(\frac{ct}{\frac{T_1}{L}}-cn\right)\mathrm{d}t = 0 \tag{1.42}$$

式中：$L$ 取任意整数。

### 1.4.2 基于模型参数估计和重构的方法

对于单通道信号分离这一病态问题，另一种有效的思路是在对混合信号进行建模基础上，将不同信号分量的分离转化为信号模型参数和分量个数的联合估计，进而利用估计值重构出源信号从而实现盲源分离。

#### 1.4.2.1 基于单频分量假设的方法

对于幅度和频率慢变化的信号，如调幅（AM）信号等在短时间内可以视作单频信号[93]，则混合信号模型可以修正为

$$x(t) = \sum_{i=1}^{k} a_i s_i(t) = \sum_{i=1}^{k} a_i \exp\{\mathrm{j}(2\pi f_i t + \phi_i)\} \tag{1.43}$$

因此，信号分离问题就转换为多个单频信号的瞬时频率、相位以及幅度的估计问题。对于相位连续变化的信号可以利用多项式相位来近似，则混合信号模型可以修正为

$$x(t) = \sum_{i=1}^{k} b_i \exp\left\{j\sum_{m=0}^{M_i} a_{m,i}\gamma^m\right\} \tag{1.44}$$

此时，信号分离问题变成了多个多项式相位信号的参数估计问题。单频估计方法虽然将信号分离问题大大简化了，但是也带来了许多新问题，例如信号的时间区间应尽可能地短以保证单频假设的可靠性，而短时间内的单频估计仍然是一个棘手的问题，如果多个信号频率相差较小，就要求单频估计方法要有很高的分辨力。蔡权伟[102]提出利用基于能量算子和差分能量算子的方法估计信号分量的瞬时频率和瞬时幅度，具有很好的时域分辨力，但是计算量很大。此外，还可以通过时频分析的方法估计瞬时频率和相位，但是非线性的时频分析手段如维格纳分布等在多信号情况下会产生交叉项，这些交叉项会带来虚假的谱峰，从而混淆真实信号的时频信息。对于这个问题，通过在时频域加窗平滑等方法可以减少交叉项，但是会造成时域或者频域分辨力的降低。虽然又有学者提出了许多具有较好时频分辨力和交叉项抑制能力的时频核函数，但是由于计算复杂且适应信号范围有限，无法大范围应用。对于采用线性调频（LFM）的多个连续波雷达混合信号，采用延时相关

解线性调频和分数阶傅里叶变换相结合的方法可以实现多分量 LFM 信号的高精度参数估计,将估计的参数代入 LFM 信号模型重构出各个 LFM 信号,实现信号分离[103]。

#### 1.4.2.2 基于时变 AR 模型的方法

相比一般的时频分析方法,时变 AR(自回归)模型不用考虑交叉项问题,同时具有很好的时间分辨力和频率分辨力。对于非平稳信号 $x(t)$ 可以用时变 AR 模型很好地表示为

$$x(t)-a_1(t-1)y(t-1)-a_2(t-1)y(t-2)-\cdots-a_p(t-1)y(t-p)=v(t) \tag{1.45}$$

式中:激励信号 $v(t)$ 为方差为 $\sigma^2$ 的白噪声。如果可以估计时变 AR 模型系数 $a_i(t-i)$,就可以估计 $x(t)$ 的时变功率谱为

$$X(t,\omega)=\frac{\sigma^2}{\left|1-\sum_{i=1}^{p}a_i(t-i)\mathrm{e}^{\mathrm{j}(i\omega)}\right|} \tag{1.46}$$

利用时变 AR 模型估计得到的 $X(t,\omega)$ 就可以精确地估计出各个源信号的瞬时频率,然后再利用 LS、RLS 等方法估计瞬时幅度从而重构各个源信号。时变 AR 模型的系数 $a_i(t-i)$ 估计是个非平稳问题,通常采用加窗方法,假定一段时间内信号是平稳的或接近平稳的,然后采用 L. S. Burgung 等方法估计,但是这类方法存在窗长和分辨力的矛盾,估计精度不是很高。蔡权伟等提出时变系数可以表示为一个已知基函数的加权线性组合,并利用离散长椭球序列作为基函数,将时变系数的估计问题转换为时不变系数的估计问题,并利用递归方法进行估计。特别地,此类方法需要对长时间观测信号进行分割,以保证分割后的各段信号满足单频假设,再对每一段信号进行单频参数估计和信号重构。因此,存在将不同段分离结果进行拼接或者配对的问题,现在通常用的方法是利用相位的连续性进行拼接和配对。当信号的瞬时频率相差不大时,这些条件将很难保证拼接的准确性。

### 1.4.3 基于数字信号直接解调的方法

对于数字调制的混合信号的盲源分离,除了分离不同源信号的波形外,另一个思路是利用数字信号的有限字符效应,基于观测信号直接恢复不同源信号的信息序列。假设两个同频的数字调制信号,其下变频后的基带混合模型为

$$x(n)=\sum_{i=1}^{k}h_n^{(i)}\mathrm{e}^{\mathrm{j}(\Delta\omega_n^{(i)}nT_s+\varphi_n^{(i)})}\sum_{m=-L}^{L}s_n^{(i)}g^{(i)}(-mT_c+\tau_n^{(i)})+v(n) \tag{1.47}$$

式中:$h_n^{(i)}$、$\Delta\omega_n^{(i)}$、$\varphi_n^{(i)}$、$\tau_n^{(i)}$ 分别为第 $i$ 个源信号的幅度、频偏、初相以及相对时延;

$g^{(i)}(\cdot)$为第 $i$ 个源信号的成型滤波器；$T_c$ 为信号码元宽度；$s_n^{(i)}$ 为第 $i$ 个源信号的符号序列。

直接解调的思路就是仅利用信号基带采样值 $x(n)$ 恢复出源信号的符号序列 $s_n^{(i)}$。以两个信号为例，$T_s = T_c, \varphi_n^{(i)} = \varphi_i, h_n^{(i)} = h_i, \tau_n^{(i)} = \tau_i, \Delta W_n^{(i)} = \Delta W_i$ 做如下定义：

$$\begin{cases} \boldsymbol{s}_n^{(i)} = [s_{n-L+1}^{(i)}, s_{n-L+2}^{(i)}, \cdots, s_{n+L}^{(i)}]^{\mathrm{T}} \\ \boldsymbol{f}_n^{(i)} = h_i \mathrm{e}^{\mathrm{i}(\Delta\omega_i nT+\varphi_i)}[g^{(i)}((L-1)T+\tau_i), g^{(i)}(L-2)T+\tau_i, \cdots, g^{(i)}(-LT+\tau_i)]^{\mathrm{T}} \\ \boldsymbol{f}_n = [\boldsymbol{f}_n^{(1)}, \boldsymbol{f}_n^{(2)}]^{\mathrm{T}}, \boldsymbol{s}_n = [\boldsymbol{s}_n^{(1)}, \boldsymbol{s}_n^{(2)}]^{\mathrm{T}} \end{cases} \tag{1.48}$$

则可以建立观测方程为

$$y_n = \boldsymbol{f}_n^{\mathrm{T}} \boldsymbol{s}_n + \boldsymbol{v}_n \tag{1.49}$$

状态方程为

$$\begin{cases} \boldsymbol{\Phi}_n = \boldsymbol{\Omega}\boldsymbol{\Phi}_{n-1} + \boldsymbol{d}_n \\ \boldsymbol{\theta}_n = \psi(\boldsymbol{\theta}_{n-1}, \boldsymbol{u}_n) \end{cases} \tag{1.50}$$

式中：$\boldsymbol{\Phi}_n = [\zeta_{n-L+1}, \zeta_{n-L+2}, \cdots, \zeta_{n+L}]$，$\zeta_n = [s_n^{(1)}, s_n^{(2)}]$；$\boldsymbol{d}_n = [0, 0, \cdots, \zeta_{n+L}]$；$\boldsymbol{\Omega} = \begin{bmatrix} 0 & 1 & 0 & \cdots & 0 \\ 0 & 0 & 1 & \cdots & 0 \\ 0 & 0 & 0 & \cdots & 0 \\ \vdots & \vdots & \vdots & & 1 \\ 0 & 0 & 0 & \cdots & 0 \end{bmatrix}$为移位矩阵；$\boldsymbol{\theta}_n$为包含 $h_i$、$\Delta\omega_i$、$\varphi_i$、$\tau_i$等在内的所有未知参数集；$\theta_n$是 $\theta_{n-1}$ 和参数扰动 $\boldsymbol{u}_n$的函数，一般假设为高斯函数。刘凯[104]和涂世龙等[105]分别提出可以采用粒子滤波方法实现未知参数集 $\theta_k$和源符号序列 $\boldsymbol{\Phi}_k$的联合估计，但是粒子滤波计算太复杂，效率低下，工程上不易实现。涂世龙等[106]利用基于低复杂度逐幸存路径处理（PSP）算法避免估计所有的未知参数集，仅估计 $\boldsymbol{f}_k$和源符号序列 $\boldsymbol{\Phi}_k$，降低了计算量，但是需要更加准确的参数初估计，不能完全替代粒子滤波算法。栾海妍等[107]将支持向量机（SVM）引入粒子滤波算法迭代过程中，利用 SVM 得到粒子集概率密度的稀疏表示，从所有粒子中选择出若干重要的粒子，得到一个既没有退化又能保证粒子多样性的优质粒子集，在迭代过程中，只更新这部分粒子的权值。在保证估计精度的条件下有效降低了计算量。此外，涂世龙等[108]还利用了不同源信号的不同纠错编码信息作为 PSP 算法或者维特比译码算法的约束，直接恢复出信息码序列。更多详细的方法及性能分析可以参见文献[109]。当源信号为高阶调制时或者多于两个源信号时，待遍历的情况激增将导致计算量急剧增加，难以实现源信号信息序列的有效估计。

### 1.4.4 基于单通道 ICA 的方法

鉴于经典的独立分量分析(ICA)方法能够较好地解决适定以及超定条件下的盲源分离问题,能否利用各种成熟的 ICA 算法解决单通道问题成为国内外研究人员的关注重点之一。一个直观的思路就是寻找一种途径,将单通道观测数据转换为多通道观测数据,然后再采用 ICA 算法,这种方法称为单通道 ICA (SCICA)。根据将单通道数据转换为多通道数据方法的不同,几种典型的 SCICA 介绍如下。

#### 1.4.4.1 过采样技术

E. S. Warner 等[110]提出利用过采样和抽头延迟线方法将单路数据转换为多路数据,将解卷积问题转换为解瞬时线性混合问题,但是需要已知源信号的成型滤波器且要求成型滤波器是不同的。一般情况下,数字通信中虽然都采用升余弦脉冲成型,但滚降系数可能存在差别。考虑两个符号速率相同的 MPSK 信号:

$$x(t) = \sum_{k=-L}^{L} s_1(k) g_1(t - kT + \tau_1) + \sum_{k=-L}^{L} s_2(k) g_2(t - kT + \tau_2) \tag{1.51}$$

式中:$s_1(k)$ 和 $s_2(k)$ 分别为两信号发送的第 $k$ 个符号;$g_1$ 和 $g_2$ 分别为两个信号的成型脉冲;$T$ 为符号周期;$\tau_1$ 和 $\tau_2$ 分别为两信号的时延。式(1.51)中将幅度、频偏、相位等所有影响因素都统一到成型脉冲 $g_1$ 和 $g_2$ 上,并假设成型脉冲的持续时间为 $-LT \sim LT$。

取过采样倍数为 2,对 $x(t)$ 按照周期 $T/2$ 进行采样,得到 $x_1(n) = x(nT)$ 和 $x_2(n) = x(nT + T/2)$。记 $h_{11}(n) = g_1(nT + \tau_1)$、$h_{21}(n) = g_1(nT + T/2 + \tau_1)$、$h_{12}(n) = g_2(nT + \tau_2)$、$h_{22}(n) = g_2(nT + T/2 + \tau_2)$,则式(1.51)可以表示为

$$\begin{cases} x_1(n) = \sum_{k=-L}^{L} h_{11}(k) s_1(n-k) + \sum_{k=-L}^{L} h_{12}(k) s_2(n-k) \\ x_2(n) = \sum_{k=-L}^{L} h_{21}(k) s_1(n-k) + \sum_{k=-L}^{L} h_{22}(k) s_2(n-k) \end{cases} \tag{1.52}$$

此时,SCBSS 问题就被简化为一个两通道盲解卷积问题。

#### 1.4.4.2 动态嵌入技术

C. J. James 等[111,112]利用动态嵌入方法将单通道观测数据转换为多通道数据并应用于生物医学信号处理中。其理论基础是假设测量的信号是一个具有一定自由度的非线性动态系统,通过该观测数据可以获取隐藏在该系统内不同的独立成分。动态嵌入实质上是一种相空间重构(RPS)技术,通过 RPS 可以区分两个功率

谱相同的信号,由单个状态(单通道观测)重构的相空间可以充分描述混合系统的动态特性。RPS 是对一维时间序列信号时间延迟的多维描述,包含了系统的所有信息。而 RPS 最常用的方法就是利用观测的时间序列的延迟构造高维数据,嵌入延迟方法如式(1.53)所示,

$$\boldsymbol{x}(t)=[x(t),x(t-\tau),\cdots,x(t-(N-1)\tau)]^{\mathrm{T}} \tag{1.53}$$

式中:延迟时间间隔 $\tau$ 和嵌入维数 $N$ 是两个重要的参数。将延迟后的各路信号视为多路观测数据从而生成 ICA 模型。目前,基于动态嵌入的方法主要应用于生物医学信号中,在通信中,由于时间延迟带来相位上的变化会造成数字通信信号相位上的损失,而不能直接应用。此外,动态嵌入的另一个缺点是要保证分离效果,需要设置比较大的嵌入维数,从而导致新生成的 ICA 模型中观测数据数目远远大于源信号数目,需要从大量分离的源信号中提取真实的源信号。

#### 1.4.4.3 奇异谱分析技术

奇异谱分析(SSA)技术实质上是对动态嵌入技术的改进,其主要思想是对动态嵌入生成的高维数据进行奇异值分析,从奇异矢量中提取出与源信号相关的成分。T. Alexandrov 等[113]将 SSA 用于一维时间序列分析中周期信号的提取和预测,Hong - Guang Ma 等[114]利用 SSA 技术对多通信信号进行分离,并利用宽带接收机进行外场试验,成功地分离多个通信信号。SSA 方法假设信号是平稳的,对于非平稳的通信信号,需要分段进行分离。

#### 1.4.4.4 基于周期特性的分段技术

对于在无线通信、测控等领域广泛应用的直接序列扩频码分多址(DS-CDMA)信号,是一个典型的多信号混叠问题。每个用户在时域和频域上是完全混叠的,但是采用相互正交的扩频码序列。因此,对接收到的 DS-CDMA 信号的扩频序列进行估计,实际上就是在单通道条件下从接收到的时频混叠的混合信号中分离出每个用户的扩频序列。由于扩频序列是周期序列,可以利用这一特性构造多通道观测实现不同用户扩频序列的提取。DS-CDMA 可分为长码(LC)和短码(SC)扩频两种扩频方式,对于短码扩频信号,扩频序列周期等于信息符号周期;对于长码扩频信号,扩频序列周期大于信息符号周期,信息符号速率可以根据实际应用灵活选择,因此得到了更为广泛的实际应用。根据 DS-CDMA 信号中每个用户达到接收机的时间延迟的不同,还可以分为同步 DS-CDMA 和非同步 DS-CDMA。对于同步 DS-CDMA 信号,A. Haghighat 等[115,116]提出一种基于 MUSIC 的同步扩频序列盲估计方法,C. N. Nzéza 等[117,118]提出基于 F 范数和特征结构分析的扩频序列估计方法,付卫红等人提出基于 BSS 的扩频序列估计方法[119],对于非同步 SC-DS-CDMA 信号,T. Koivisto 等[120]提出逐次提取的扩频序列估计方法,但是这些方法都不能

适用于长码扩频信号。对于 LC-DS-CDMA 信号,黄知涛等[121]把 MUSIC 方法与重叠分段相结合提出了 OSMUSIC 算法。对于非同步 DS-CDMA 信号,黄知涛等[122]利用扩频序列的周期性把每个单通道的接收信号片段表示成多通道的形式,再分别用 ICA 方法估计出每个用户的扩频序列片段,然后利用重叠部分的相关性解决每个用户扩频序列的次序置换和幅度模糊问题,通过拼接得到每个用户的完整周期的扩频序列。下面以同步 DS-CDMA 为例,说明针对 DS-CDMA 信号的 SCICA 方法的原理。对于同步 DS-CDMA 信号,每个用户的频率 $f_m$、初相 $\phi_m$ 和时间延迟 $\tau_m$ 都相同,此时,$N$ 个周期的 DS-CDMA 信号可以表示为

$$x(t) = \sum_{m=1}^{M}\sum_{i=0}^{N_0-1} A_m b_m(i) q(t - iT_s - \tau)\sum_{k=0}^{N-1} s_m(t - kT_c - \tau)e^{j2\pi ft+\varphi} + n(t) \tag{1.54}$$

式中:$f=f_m,\tau=\tau_m,\phi=\phi_m(1\leqslant m\leqslant M)$;$N_0$ 为 $N$ 个扩频周期长度对应的信息符号的数目;$T_s$ 表示采样周期;$T_c$ 为码元周期。

首先通过载波同步估计出信号的频率和初相,对接收信号进行下变频得到基带信号 $r(t)$,

$$r(t) = \sum_{m=1}^{M}\sum_{i=0}^{N_0-1} A_m b_m(i) q(t - iT_s - \tau)\sum_{k=0}^{N-1} s_m(t - kT_c - \tau) + \tilde{n}(t) \tag{1.55}$$

式中:$\tilde{n}(t)=n(t)e^{-j2\pi ft-\varphi}$。把基带信号通过一个码片匹配滤波器 $g(T_c-t)$ 进行滤波,通过码片同步估计出时间延迟 $\tau$,用码片速率进行采样,则接收信号的离散形式可以表示为,

$$r(k) = \sum_{m=1}^{M}\sum_{i=0}^{N_0-1} A_m b_m(i) q(k - iP)\sum_{l=0}^{N-1} c_m(k - lR) + n(k) \tag{1.56}$$

式中:$n(k)=\int_{kT_c}^{(k+1)T_c}\tilde{n}(t)g(t-kT_c-\tau)\mathrm{d}t$ 为零均值、方差为 $\sigma^2$ 的加性高斯白噪声。如果 DS-CDMA 信号为短码扩频信号即 $R=P$,式(1.56)的信号模型可以简化为

$$r(k) = \sum_{m=1}^{M} A_m \sum_{i=0} b_m(i) c_m(k - iR) + n(k) \qquad 0 \leqslant k \leqslant NR \tag{1.57}$$

如果把 DS-CDMA 信号中的单个扩频周期长度的信号看作一个阵元接收到的信号,那么 $N$ 个扩频周期的信号就可以看作 $N$ 个传感器接收到的单个周期长度的信号,这样单通道条件下的扩频序列盲估计问题就可以转化为一个超定盲估计问题,由于 DS-CDMA 信号的每个用户的扩频序列是相互独立的,通过 ICA 的方法就可以完成扩频序列的盲估计。同步 DS-CDMA 信号扩频序列估计原理框图如图 1.6 所示。

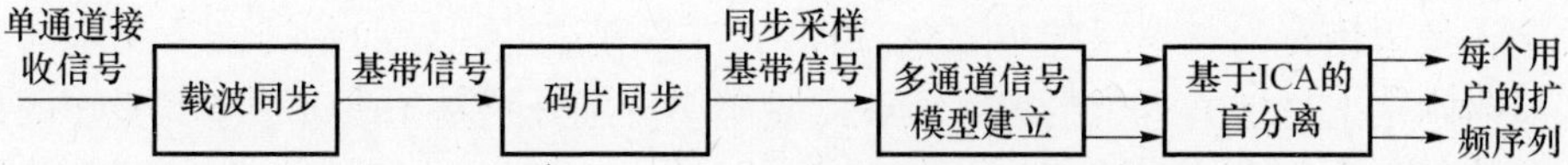


图 1.6　同步 DS-CDMA 信号扩频序列估计原理框图

### 1.4.5　其他方法

除了上述方法，针对一些特殊的信号和应用场合，还有一些其他方法，比如利用通信中的连续相位调制信号（CPM）的恒模特性[123]、数字基带信号的有限字符效应[124]等；利用特征值分解分离单通道混合信号中的周期信号[125]等。

## 1.5　本书主要内容及结构组成

本书由以下 7 章构成，如图 1.7 所示。

第 1 章介绍盲源分离的基本概念和研究现状，特别是欠定盲源分离的模型、应用背景以及欠定盲源分离问题的处理理论框架，包括欠定混合矩阵估计和源信号恢复两大步骤。并且针对欠定盲源分离的极端情况——单通道盲源分离问题作了简要介绍。

第 2 章是欠定盲源分离的理论基础，介绍欠定盲源分离需要用到的数学基础知识，包括稀疏分量分析理论、时频分析理论、循环平稳信号分析理论、张量分解理论等。

第 3 章和第 4 章介绍欠定混合矩阵估计方法。其中，第 3 章针对稀疏信号的欠定混合矩阵估计问题展开阐述，主要介绍基于单源检测和聚类的欠定混合矩阵估计方法的理论框架和典型实现方法。该类方法利用雷达通信类源信号在时频域上的稀疏性检测出仅存在一个源信号的单源邻域或者单源点，通过对单源邻域或者单源点对应的混合矢量进行聚类完成混合矩阵的估计。该类方法计算简单，但是要求所有源信号都存在单源邻域或者单源点，难以适应源信号时频混叠严重的情况。而第 4 章主要针对非稀疏信号的混合矩阵估计问题展开阐述，介绍基于维数扩展的欠定混合矩阵估计方法的理论框架和典型实现方法。该类方法利用雷达通信类源信号固有的循环平稳特性和时频特性，通过一定规则重新排列多个循环相关矩阵或者多个时频自源点矩阵实现多通道观测的虚拟拓展，从而可以实现欠定问题向超定问题的转换，该类方法能够完成非稀疏信号的欠定混合矩阵估计，但是计算量较大，对于数据样本点数的要求较高。

第 5 章主要针对混合矩阵已知条件下的欠定源信号恢复问题展开阐述，介绍欠定源信号恢复的基本原理和思路，即将欠定方程组的求解问题转换为每个时频邻域内超定或适定方程组的求解。在此基础上分别介绍基于改进子空间投影的稀疏信号欠定恢复方法、基于联合对角化的非稀疏信号的欠定恢复方法以及基于空间时频分布的非稀疏信号欠定恢复方法。

第 6 章针对欠定盲源分离的极端情况——单通道盲源分离问题展开讨论。主要介绍基于循环频域滤波的源信号分离方法。其核心思路是利用源信号在循环频域的正交性实现源信号的提取，在此基础上，通过 Schmidt 正交化法从观测信号中消去已提取的源信号从而得到剩余源信号的估计。

第 7 章总结全书，并讨论雷达通信类信号欠定盲源分离理论与技术的未来发展。

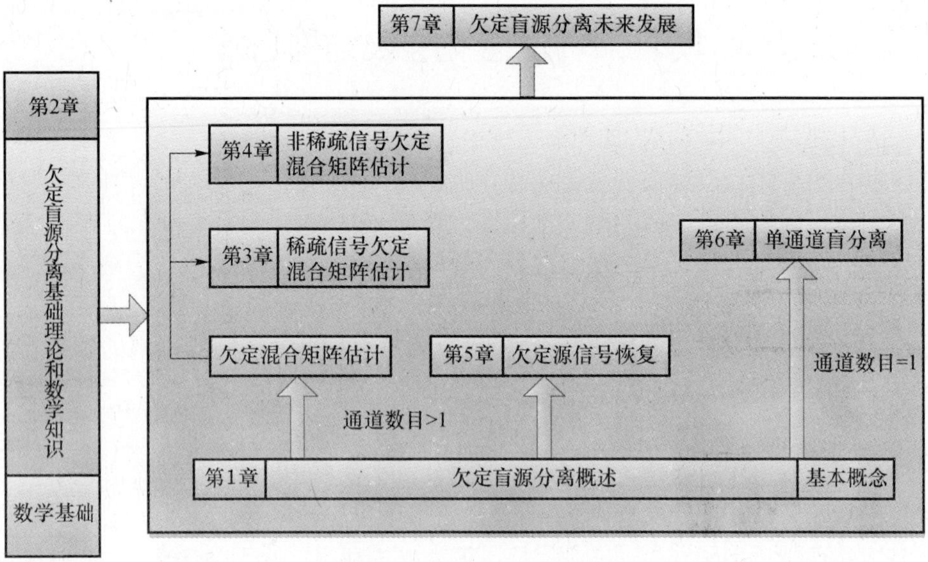


图 1.7　本书结构组成

## 参考文献

[1] 孙守宇. 盲信号处理基础及其应用[M]. 北京:国防工业出版社,2010.

[2] HEIN G W, GODET J, ISSLER J. Status of Galileo frequency and signal design[C]. Albuquerque,Proc. of ION, 2002.

[3] 万坚,涂世龙,廖灿辉,等. 通信混合信号盲分离理论与技术[M]. 北京:国防工业出版社, 2012.

[4] MARK D. Paired Carrier Multiple Access (PCMA) for Satellite Communications[C]. Honolulu,

Hawaii, USA: Pacific Telecommunications Conference, 1998.

[5] HOYE G K, ERIKSEN T, NARHEIM B T, et al. Global fisheries monitoring from small satellites [J]. Acta Astronoutica, 2003, 52(9): 825 – 828.

[6] HOYE G. Observation Modelling and Detection Probability for Space-based AIS reception-Extended Observation Area[R]. FFI/RAPPORT-2004/04390, 2004.

[7] HERAULT J, JUTTEN C. Space or time adaptive signal processing by neural network models[C] Snowbird, UT, USA: AIP Conference Proceedings, 1986, 151: 206 – 211.

[8] 林升旭，杨明. 线性代数[M]. 北京：高等教育出版社，1999.

[9] LEWICKI M, SEJNOWSKI T. Learning overcomplete representation [J]. Neurocomputing, 2000, 12: 337 – 365.

[10] PEARLMUTTER B A, POTLURU V K. Sparse separation: Principles and tricks [C]. Nara, Japon: Proceedings of SPIE in ICA, April, 2003, 5102: 1 – 4.

[11] 何昭水，谢胜利，傅予力. 信号的稀疏性分析[J]. 自然科学进展，2006，16(9)：1167 – 1173.

[12] GEORGIEV P, THEIS F, CICHOCKI A. Sparse component analysis and blind source separation of underdetermined mixtures[J]. IEEE Trans on Neural Networks, 2005, 16(4): 992 – 996.

[13] COMON P, JUTTEN C. Handbook of blind source separation independent component and application[M]. Burlington: Elsevier, 2010.

[14] BOFILL P, ZIBULEVSKY M. Underdetermined blind source separation using sparse representations[J]. Signal Processing, 2001, 81(11): 2353 – 2362.

[15] VIELVA L, ERDOGMUS, PANTALEON C, et al. Underdetermined blind source separation in a time-varying environment [C]. Orlando, Florida, VSA: IEEE International Conference on Acoustics, Speech, and Signal Processing, 2002, 3: 3049 – 3052.

[16] LI Y Q, CICHOCKI A, AMARI S I. Analysis of sparse representation and blind source separation[J]. Neural Computation, 2004, 16: 1193 – 1234.

[17] JOURJINE A, RICKARD S. Blind separation of disjoint orthogonal signals: demixing N sources from 2 mixtures[C]. Istanbul, Turkey: IEEE International Confeence on Acoustics, Speech and Signal Processing June , 2000.

[18] ÖZGüR Y, RICHARD S. Blind separation of speech mixtures via time-frequency masking[J]. IEEE Trans. on Signal Processing, 2004, 52(7): 1830 – 1847.

[19] NGUYEN L T, BELOUCHRANI A, KARIM A M. Separating more sources than sensors using time-frequency distributions[J]. EURASIP Journal on Applied Signal Processing, 2005, 17: 2828 – 2847.

[20] SUN T Y, LAN L E, ZHANG Y J. Mixing matrix identification for underdetermined blind signal separation: using hough transform and fuzzy k-means clustering[C]. San Antonio, USA: Proceedings of the 2009 IEEE International Conference on System, Man, and Cybernetics, October, 2009.

[21] AHARON M, ELAD M, BRUCKSTEIN A. K-SVD: an algorithm for designing overcomplete dictionaries for sparse representation[J]. IEEE Trans on Signal Processing, 2006, 54(11): 4311-4322.

[22] 付宁,乔立岩,等. 基于改进 K-means 聚类和霍夫变换的稀疏源混合矩阵盲估计算法[J]. 电子学报,2009, 37(4): 92-96.

[23] 谢胜利, 谭北海, 傅予立. 基于平面聚类算法的欠定混叠盲源分离[J]. 自然科学进展, 2007, 17(6): 795-800.

[24] NAINIA F M, MOHIMANIA G H, et al. Estimating the mixing matrix in sparse component analysis (SCA) based on partial k-dimensional subspace clustering[J]. Neurocomputing, 2008, 71: 2330-2343.

[25] ABRARD F, DEVILLE Y. A time-frequency blind signal separation method applicable to underdetermined mixtures of dependent sources[J]. Signal Processing, 2005, 85: 1389-1403.

[26] PUIGT M, DEVILLE Y. Time-frequency ratio-based blind separation methods for attenuated and time-delayed sources[J]. Mechanical Systems and Signal Processing, 2005, 19(6): 1348-1379.

[27] 肖明,谢胜利,等. 基于频域单源区间的具有延迟的欠定盲源分离[J]. 电子学报, 2007, 35(12): 2279-2283.

[28] 刘琨,杜利民,等. 基于时频域单源主导区的盲源欠定分离方法[J]. 中国科学 E 辑, 2008, 38(8): 1284-1301.

[29] 陆凤波,黄知涛,姜文利. 基于时频域单源区域的延迟欠定混合非平稳信号盲分离[J]. 电子学报, 2011, 39(4): 854-858.

[30] LI Y Q, AMARI S I, CICHOCKI A, et al. Underdetermined blind source separation based on sparse representation[J]. IEEE Trans. on Signal Processing, 2006, 54(2): 423-437.

[31] KIM S G, YOO C D. Underdetermined blind source separation based on subspace representation [J]. IEEE Trans. on Signal Processing, 2009, 57(7): 2604-2614.

[32] AISSA E B, LINH T N, KARIM A M, et al. Underdetermined blind separation of nondisjoint sources in the time-frequency domain[J]. IEEE Trans. on Signal Processing, 2007, 55(3): 897-907.

[33] FERRéOL A, ALBERA L, CHEVALIER P. Fourth-order blind identification of underdetermined mixtures of sources[J]. IEEE Trans. on Signal Processing, 2005, 53(5): 1640-1653.

[34] LATHAUWER L D, CASTAING J, CARDOSO J F. Four-order cumulant-based blind identification of underdetermined mixtures[J]. IEEE Trans. on Signal Processing, 2007, 55(6): 2965-2973.

[35] KARFOUL A, ALBERA L, BIROT G. Blind underdetermined mixture identification by joint canonical decomposition of HO cumulants[J]. IEEE Trans. on Signal Processing, 2010, 58(2): 638-649.

[36] ALMEIDA A, LUCIANI X, COMON P. Blind identification of underdetermined mixtures based

on the hexacovariance and higher-order cyclostationarity[C]. Cardiff, Wales, UK: 2009 IEEE/SP $15^{th}$ Workshop on Statistical Signal Processing, 2009: 669 - 672.

[37] LATHAUWER L D, CASTAING J. Blind identification of underdetermined mixtures by simultaneous matrix diagonalization [J]. IEEE Trans on Signal Processing, 2008, 56 (3): 1096 - 1105.

[38] TICHAVSKY P, KOLDOVSKY Z. Weight adjusted tensor method for blind separation of underdetermined mixtures of nonstationary sources[J]. IEEE Trans. on Signal Processing, 2011, 59 (3): 1037 - 1047.

[39] COMON P , RAJIH M. Blind identification of under-determined mixtures based on the characteristic function[J]. Signal Processing, 2006, 86(9): 2271 - 2281.

[40] COMON P, RAJIH M. Blind identification of complex underdetermined mixtures[C]. Granada, Spain: Fifth International Conference, ICA, 2004: 105 - 112.

[41] LUCIANI X, ALMEIDA A, COMON P. Blind identification of underdetermined mixtures based on the characteristic function: the complex case[J]. IEEE Trans. on Signal Processing, 2011, 59(2): 540 - 553.

[42] Gu F L, HANG Z, DESHENG Z. Blind separation of complex sources using generalized generating function[J]. IEEE Signal Processing Letters, 2013, 20(1): 71 - 74.

[43] CHEN S S, DONOHO D L, SAUNDERS M A. Atomic decomposition by basis pursuit[J]. SIAM Journal Scientific Computing, 1999, 20(1): 33 - 61.

[44] NATARAJAN B K. Sparse approximate solutions to linear systems[J]. SIAM Journal Scientific Computing, 1995, 24(2): 227 - 234.

[45] CANDES E J, ROMBERG J, TAO T. Stable signal recovery from incomplete and inaccurate measurements [J]. Communications on Pure and Applied Mathematics, 2006, 59: 1207 - 1223.

[46] MOHIMANI H, BABAIE Z M, JUTTEN C. A fast approach for overcomplete sparse decomposition based on smoothed $l_0$ norm[J]. IEEE Trans. Signal Processing, 2009, 57(1): 289 - 301.

[47] ZHANG Y, KINGSBURY N. Fast $l_0$ - based sparse signal recovery[J]. Machine Learning for Signal Processing, 2010, 29(1): 403 - 408.

[48] HYDER M, MAHATA K. An approximate $l_0$ norm minimization algorithm for sparse representation[J]. IEEE Trans. Signal Processing, 2010, 58(4): 2194 - 2205.

[49] DONOHO D L. For most large underdetermined systems of linear equations the minimal $l_1$ - norm solutions is also the sparsest solution[J]. Communications on Pure and Applied Mathematics, 2006, 59(6): 797 - 829.

[50] FOUCART S, LAI M J. Sparsest solutions of underdetermined linear systems via $l_q$ - minimization for $0 < q \leqslant 1$[J]. Applied and Computational Harmonic Analysis, 26(3): 395 - 407.

[51] GORODNITSKY I F, RAO B D. Sparse signal reconstruction from limited data using FOCUSS: A re-weighted minimum norm algorithm[J]. IEEE Trans. Signal Processing, 1997, 45(3):

600 - 613.

[52] CHARTRAND R, YIN W. Iteratively reweighted algorithms for compressive sensing[C]. Nevada, USA: IEEE International Conference on Acoustics, Speech and Signal Processing (ICASSP), 2008: 3869 - 3872.

[53] RODRIGUEZ P, WOHLBERG B. An iterative reweighted norm algorithm for total variation regularization[J]. IEEE Signal Processing Letters, 2007, 14(12): 948 - 951.

[54] TIPPING M E. Sparse bayesian learning and the relevance vector machine[J]. Journal of Machine Learning Research, 2001, 1: 211 - 244.

[55] TIPPING M E. The relevance vector machine[J]. Advances in Neural Information Processing Systems, 2000, 12: 652 - 658.

[56] WIPF D P, RAO B D. Sparse bayesian learning for basis selection[J]. IEEE Trans. Signal Processing, 2004, 52(8): 2153 - 2164.

[57] MALLAT S, ZHANG Z. Matching pursuits with time-frequency dictionaries[J]. IEEE Trans. on Signal Processing, 1993, 41(12): 3397 - 3415.

[58] CHEN S S, BILLINGS S A, LUO W. Orthogonal least squares methods and their application to non-linear system identification [J]. International Journal of Control, 1989, 50 (5): 1873 - 1896.

[59] CHEN S S, DONOHO D L, SAUNDERS M A. Atomic decomposition by basis pursuit[J]. SIAM Review, 2001, 43(1): 129 - 159.

[60] LI Y Q, CICHOCKI A, AMARI S I. Analysis of sparse representation and blind source separation[J]. Neural Computation, 2004, 16:1193 - 1234.

[61] THEIS F J, LANG E W, PUNTONET C G. A geometric algorithm for overcomplete linear ICA [J]. Neurocomputing, 2004, 56: 381 - 398.

[62] TAKIGAWA I, KUDO M, TOYAMA J. Performance analysis of minimum l1-norm solutions for underdetermined source separation [J]. IEEE Trans. on Signal Processing, 2004, 52 (3): 582 - 591.

[63] BOFILL P, MONTE E. Underdetermined convoluted source reconstruction using LP and SOCP, and a neural approximator of the optimizer[J]. Lecture Notes in Computation Science, 2006, 3889: 569 - 576.

[64] WINTER S, SAWADA H, MAKINO S. On real and complex valued l1-norm minimization for overcomplete blind source separation[C]. New Paltz, NY, USA: In Proceedings of IEEE Workshop on Application Signal Processing Audio Acoustic(WASPAA), October, 2005: 86 - 89.

[65] WINTER S, KELLERMANN W, SAWADA H, et al. MAP-based underdetermined blind source separation of convolutive mixture by hierarchical clustering and l1-norm minimization[J]. EURASIP Joural on Advances in Signal Processing, 2007(1).

[66] WINTER S, KELLERMANN W, SAWADA H, et al. Underdetermined blind source separation of convolutive mixtures by hierarchical clustering and l1-norm minimization [J]. EURASIP

Joural on Advances in Signal Processing, 2007(1).

[67] SAAB R, YILMAZ Ö, MCKEOWN M J. Underdetermined anechoic blind source separation via lq-basis-pursuit with q < 1 [J]. IEEE Trans. on Signal Processing, 2007, 55 (8): 4004 - 4017.

[68] MOHIMANI H, BABAIE Z M, JUTTEN C. A fast approach for overcomplete sparse decomposition based on smoothed 10 norm[J]. IEEE Trans. on Signal Processing, 2009, 57(1): 289 - 301.

[69] VINCENT E. Complex nonconvex lp norm minimization for underdetermined source separation [C]. Lonclon, UK: Proceedings of the 7th International Conference on Independent Component Analysis and Signal Separation, 2007: 430 - 437.

[70] GORODNITSKY I F, et al. Source localization in magnetoencephalography using an iterative weighted minimum norm algorithm[C]. Pacific Grove, California, USA: Proceedings of 26th Asilomar Conference on Circuits, Systems and Computers, 1992, 1: 167 - 171.

[71] GORODNITSKY I F, et al. A recursive weighted minimum norm algorithm: analysis and application[C]. Minneapolis, Minnesota, USA: IEEE Intemational Conference on Acoustics, Speech, and Sigral Processing, 1993, 3: 108 - 117.

[72] GORODNITSKY I F, RAO B D. Sparse signal reconstruction from limited data using FOCUSS: a re-weighted minimum norm algorithm[J]. IEEE Trans. on Signal Processing, 1997, 45(3): 600 - 616.

[73] RAO B D, et al. An affine scaling methodology for best basis selection[J]. IEEE Trans. on Signal Processing, 1999, 47(1): 187 - 200.

[74] ZAYYANI H, BABAIE Z M, JUTTEN C. An iterative Bayesian algorithm for sparse component analysis in presence of noise [J]. IEEE Trans. on Signal Processing, 2009, 57 (11): 4378 - 4390.

[75] FEVOTTE C, GODSILL S J, WOLFE P J. Bayesian approach for blind separation of underdetermined mixtures of sparse sources[C]. Granada, Spain: In Proc. 5th International Conference on Independent Component Analysis and Blind Source Separation (ICA 2004), 2004, 398 - 405.

[76] FEVOTTE C, GODSILL S J. A Bayesian approach for blind separation of sparse sources[J]. IEEE Trans. on Signal Processing, 2005.

[77] CEMGIL A T, FEVOTTE C, GODSILL S. Blind separation of sparse sources using variational EM[C]. Antalya, Turkey: In Proceedings of 13th European Signal Processing Conference, 2005, 1 - 4.

[78] CHAMI Z E, PHAM A D, SERVIERE C. A new EM algorithm for underdetermined convolutive blind source separation[C]. Glasgow, Scotland: 17th European Signal Processing Conference, August 24 - 28, 2009, 1457 - 1461.

[79] CEMGIL A T, FEVOTTE C, GODSILL S. Variational and stochastic inference for Bayesian

source separation[J]. Digital Signal Processing, 2007, 17:891 - 913.

[80] SNOUSSI H, IDIER J. Bayesian Blind Separation of Generalized Hyperbolic Processes in Noisy and Underdeterminate Mixtures[J]. IEEE Trans. on Signal Processing, 2006, 54(9): 3257 - 3269.

[81] KIM S G, YOO C D. Underdetermined blind source separation based on generalized Gaussian distribution[C]. Mayneoth, Ireland Proceedings of the 2006/6th IEEE Signal Processing Society Workshop on Machine Learning for Signal Processing, 2006: 103 - 108.

[82] KIM S G, YOO C D. Underdetermined blind source separation based on subspace representation [J]. IEEE Trans. on Signal Processing, 2009, 57(7): 2604 - 2614.

[83] ARAKI S, SAWADA H, MUKAI R. Underdetermined sparse source separation of convolutive mixtures with observation vector clustering[C]. Island of kos, Greece: Proceedings of 2006 IEEE International Symposium on Circuits and Systems, 2006: 1 - 4.

[84] ARAKI S, SAWADA H, MUKAI R. Underdetermined blind sparse source separation for arbitrarily arranged multiple sensors[J]. Signal Processing, 2007, 87: 1833 - 1847.

[85] REJU V G, KOH S N, SOON I Y. Underdetermined convolutive blind source separation via Time-Frequency masking[J].. IEEE Trans. on Audio, Speech, and Language Processing, 2010, 18(1): 101 - 116.

[86] NESBIT A, PLUMBLEY M D. Oracle estimation of adaptive cosine packet transforms for underdetermined audio source separation[C]. Las Vegas, NV, USA: In Proceedings of ICASSP 2008, 2008: 41 - 44.

[87] DUTTA M K, GUPTA P, PATHAK V K. An efficient algorithm for underdetermined blind source separation of audio mixtures[C]. Kottayam, kerala, Inclia: 2009 International Conference on Advances in Recent Technologies in Communication and Computing, 2009: 136 - 140.

[88] DUONG N Q K, VINCENT E, GRIBONVAL R. Under-determined reverberant audio source separation using a full-rank spatial covariance model[J]. IEEE Trans. on Audio, Speech, and Language Processing, 2010, 18(7): 1830 - 1840.

[89] 陆凤波, 黄知涛, 姜文利. 一种时频混叠的欠定混合通信信号盲分离算法[J]. 国防科技大学学报, 2010, 32(5): 80 - 85.

[90] PENG D Z, YONG X. Underdetermined blind source separation based on relaxed sparsity condition of sources[J]. IEEE Trans. on Signal Processing, 2009, 57(2): 809 - 813.

[91] LU F B, HUANG Z T, JIANG W L. Underdetermined blind separation of non-disjoint signals in time-frequency domain based on matrix diagonalization[J]. Signal Processing, 2011, 91(7): 156 - 1577.

[92] 王翔. 通信信号盲分离方法研究[D]. 长沙:国防科学技术大学, 2013.

[93] 蔡权伟,魏平,肖先赐. 信道重叠信号分离方法的发展与展望[J]. 电子学报, 2005, 第12期A: 2446 - 2454.

[94] 彭耿. 卫星测控数传信号盲分离与参数估计方法研究[D]. 长沙:国防科学技术大

学, 2009.
[95] JANG G J, LEE T W, OH Y H. Single channel signal separation using MAP-based subspace decomposition[J]. Electronics Letters, 2003(39): 1766 - 1767.
[96] 蔡权伟,魏平,肖先赐. 信道重叠信号分离方法的发展与展望[J]. 电子学报, 2005, 第 12 期 A: 2446 - 2454.
[97] JAMES R H, PETER J W, RAYNER. Single channel nonstationary stochastic signal separation using linear time-varying filters[J]. IEEE Trans. on Signal Processing, 2003, 51(7): 1739 - 1752.
[98] GARDNER W A. Cyclic wiener filtering: theory and method[J]. IEEE Trans. on Communication. 1993, 41(1):151 - 163.
[99] ZHANG J, WONG K M, LUO Z Q, CHING P C. Blind adaptive FRESH filtering for sigal extraction[J]. IEEE Trans. on Signal Processing, 1999, 47 (5):1397 - 1402.
[100] CICHOCKI A, THAWONMAS R, AMARI S. Sequential blind signal extraction in order specified by stochastic properties[J]. Electronics Letters, 1997, 33(1):64 - 65.
[101] 王翔, 黄知涛, 周一宇. 基于循环频域滤波及 Schmidt 正交对消的单通道信号分离算法[J]. 国防科技大学学报, 2012, 34(4): 120 - 125.
[102] 蔡权伟. 多分量信号的分量分离技术研究[D]. 成都:电子科技大学, 2005.
[103] 祝俊,陈兵,唐斌. 快速多分量 LFM 信号的检测与参数估计方法[J]. 电子测量与仪器学报, 2008, 22(1): 25 - 29.
[104] 刘凯. 粒子滤波在单通道信号分离中的应用研究[D]. 合肥:中国科技大学, 2007.
[105] TU S L, CHEN S, ZHENG H, WAN J. Particle filtering based single-channel blind separation of co-frequency MPSK signals[C]. Xiamen, China: International Symposium on Intelligent Signal Processing and Communication Systems, 2007, 89 - 92.
[106] TU S L, ZHENG H, GU N. Single-channel blind separation of two QPSK signals using per-survivor processing[C]. Macao, China: IEEE Asia Pacific Conference on Circuits and Systems, 2008, 473 - 476.
[107] 栾海妍,江桦,刘小宝. 利用粒子滤波与支持向量机的数字混合信号单通道盲分离[J]. 应用科学学报, 2011, 29(2):195 - 202.
[108] 涂世龙,陈越新,郑辉. 利用纠错编码的同频调制混合信号单通道盲分离[J]. 电子与信息学报, 2009, 31(9):2113 - 2117.
[109] 万坚,涂世龙,廖灿毁等. 通信混合信号盲分离理论与技术[M]. 北京:国防工业出版社, 2012.
[110] WARNER E S, PROUDLER I K. Single-channel blind signal separation of filtered MPSK signals[J]. IEE Proc Radar Sonar Navig, 2003, 150(6):396 - 402.
[111] JAMES C J. On the use of single-channels for sensing multisource activity in biomedical signals [C]. Birmingham, UK: Proc of the 4th Annual IEEE Conf on Information Technology Applications in Biomedicine, 2003:366 - 369.

[112] JAMES C J, DAVID L. Extracting multisource brain activity from a single electromagnetic channel[J]. Artificial Intelligence in Medicine, 2003, 28: 89 - 104.

[113] ALEXANDROV T, GOLYANDINA N. Automatic extraction and forecast of time series cyclic components within the framework of SSA[C]. St Petersburg, Russla: Proceedings of the 5th Workshop on Simulation, 2005: 45 - 50.

[114] MA H G, JIANG Q B, LIU Z Q, et al. A novel blind source separation method for single-channel signal[J]. Signal Processing, 2010, 90:3232 - 3241.

[115] HAGHIGHAT A, SOLEYMANI M R. A MUSIC-based algorithm for blind user identification in multiuser DS-CDMA[J]. EURASIP, 2005, 5: 649 - 657.

[116] HAGHIGHAT A, SOLEYMANI M R. A MUSIC-Based algorithm for spreading sequence discovery in multiuser DS-CDMA[C]. Que, Canada: IEEE 58th Vehicular Technology Conference, Oct 2003, 2: 978 ~ 981.

[117] NZÉZA C N, GAUTIER R, BUREL G. Blind synchronization and sequences identification in CDMA transmissions[C]. Monterey, CA, USA: Proceedings of IEEE Military Communications Conference, Nov. 2004, 3: 1384 - 1390.

[118] NZÉZA C N, GAUTIER R, BUREL G. Parallel blind multiuser synchronization and sequences estimation in multirate CDMA transmissions[C]. Pacifie Grove, California, USA: Proceedings of the Fortieth Asilomar Conference on Signals, Systems and Computers, Oct. 2006: 2157 - 2161.

[119] 付卫红，杨小牛，刘乃安. 基于盲源分离的 CDMA 多用户检测与伪码估计[J]. 电子学报, 2008, 36(7): 1319 - 1323.

[120] KOIVISTO T, KOIVUNEN V. Blind despreading of short-code DS-CDMA signals in asynchronous multi-user systems[J]. Signal Processing, 2007, 11(87): 2560 - 2568.

[121] QIU P Y, HUANG Z T, JIANG W L. Blind multiuser spreading sequences estimation algorithm for the direct-sequence code division multiple access signals[J]. IET Signal Processing, 2010, 4(5):465 - 478.

[122] 陆凤波，黄知涛，姜文利. 基于 FastICA 的 CDMA 信号扩频序列盲估计及性能分析[J]. 通信学报, 2011, 32(8): 136 - 142.

[123] BERANGI R, LEUNG P. Indirect cochannel interference cancelling[J]. Wireless Personal Communication, 2001, 19:37 - 55.

[124] HAROLD S, PORNCHAI C, IVICA K. Sparse coding blind source separation through powerline[J]. Neurocomputing, 2002, 48(1):1015 - 1020.

[125] 彭耿，王丰华，黄知涛，等. 单通道混合信号中周期信号的盲分离[J]. 湖南大学学报(自然科学版), 2010, 37(4):42 - 45.

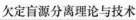

# 第 2 章

# 欠定盲源分离理论基础

盲源分离问题的本质是求一组线性方程的解。欠定盲源分离由于方程组个数小于待求解的未知数个数,是一个无穷多解问题。为了使得解唯一,在求解过程中必须利用源信号的某些特性作为约束条件,例如雷达通信类信号在时频域上的稀疏性、统计独立性、循环平稳特性等,将原本欠定的问题转换成超定或者适定的问题求解。本章主要介绍雷达通信信号欠定盲源分离问题中常用的约束条件构造方法所涉及的基础理论,包括稀疏分量分析理论、时频分析理论、循环平稳信号分析理论、张量分解理论等,是后续章节的基础。

## 2.1 稀疏分量分析理论

### 2.1.1 相关定义及性质

为方便后续研究,本节给出了一些相关的定义及其性质[1]。

定义 2.1:令信号 $\boldsymbol{s}\in\mathbb{C}^{N\times1}$,如果信号 $\boldsymbol{s}$ 中非零元素个数 $k$ 远小于信号维数 $N$,即满足

$$\|\boldsymbol{s}\|_0=k\ll N \tag{2.1}$$

则称信号 $\boldsymbol{s}$ 是 $k$-稀疏的,其稀疏度为 $k$。

定义 2.2:令信号 $\boldsymbol{s}\in\mathbb{C}^{N\times1}$,如果信号 $\boldsymbol{s}$ 本身不满足稀疏性,但在某个变换域 $\boldsymbol{\Psi}$ 上是稀疏的,即

$$\boldsymbol{s}=\boldsymbol{\Psi\theta} \tag{2.2}$$

式中:矢量 $\boldsymbol{\theta}$ 是稀疏的。则称信号 $\boldsymbol{s}$ 在变换域 $\boldsymbol{\Psi}$ 上是稀疏的,简称信号 $\boldsymbol{s}$ 是变换稀疏的。对于雷达通信类无线电信号,常用的变换是时频变换。

定义 2.3:令信号 $\boldsymbol{s}\in\mathbb{C}^{N\times L}$,且令

$$\xi_j = \| s(j,:) \|_p \qquad j=1,2,\cdots,N, p\geqslant 1 \tag{2.2}$$

式中：$s(j,:)$表示$s$的第$j$行，若矢量$(\xi_1, \xi_2, \cdots, \xi_N)$是稀疏的，则信号$s$满足联合稀疏性，或称为行稀疏性。

### 2.1.2 稀疏重构问题

稀疏重构问题根据观测值矢量组数不同，可以分为单观测稀疏重构问题和多观测稀疏重构问题。单观测稀疏重构问题，仅通过一组观测值重构稀疏信号；多观测稀疏重构问题，又称为联合稀疏重构问题，指利用多组观测值重构联合稀疏信号。

单观测稀疏重构问题是利用观测值$\boldsymbol{x}$求解线性欠定方程组$\boldsymbol{x}=\boldsymbol{As}$的最稀疏解，表示为

$$\begin{cases}\min\limits_{s}(\text{sparsity}(\boldsymbol{s})) \\ \text{s. t.} \quad \boldsymbol{x}=\boldsymbol{As}\end{cases} \tag{2.3}$$

式中：信号$\boldsymbol{s}$是稀疏的，sparsity($\boldsymbol{s}$)表示信号$\boldsymbol{s}$的稀疏度度量函数。易知，欠定线性方程组$\boldsymbol{x}=\boldsymbol{As}$是多解问题，存在一个解空间$\Omega=\{\boldsymbol{s}|\boldsymbol{x}=\boldsymbol{As}\}$，则单观测稀疏重构问题可以理解为在解空间$\Omega$内找到最稀疏的解。

若信号$\boldsymbol{s}$在变换域$\boldsymbol{\Psi}$上是稀疏的，则重构信号$\boldsymbol{s}$可以通过转化为稀疏重构问题得到

$$\begin{cases}\min\limits_{s}(\text{sparsity}(\boldsymbol{\theta})) \\ \text{s. t.} \quad \boldsymbol{x}=\boldsymbol{A\Psi\theta}\end{cases} \tag{2.4}$$

考虑噪声的影响，则含噪的单观测稀疏重构问题可以表示为

$$\begin{cases}\min\limits_{s}(\text{sparsity}(\boldsymbol{s})) \\ \text{s. t.} \quad \boldsymbol{x}=\boldsymbol{As}+\boldsymbol{\varepsilon}\end{cases} \tag{2.5}$$

式中：$\varepsilon$表示噪声。一般地，将最小化问题式(2.5)转化为

$$\begin{cases}\min\limits_{s}(\text{sparsity}(\boldsymbol{s})) \\ \text{s. t.} \quad \boldsymbol{x}-\boldsymbol{As}\in B\end{cases} \tag{2.6}$$

式中：$B$表示一个限制集合。集合$B$的选取，常见的有

$$B=\{\boldsymbol{\varepsilon} | \|\boldsymbol{\varepsilon}\|_2 \leqslant \eta\} \tag{2.7}$$

$$B=\{\boldsymbol{\varepsilon} | \|\boldsymbol{A}^{\mathrm{T}}\boldsymbol{\varepsilon}\|_\infty < \gamma\} \tag{2.8}$$

式中：$\eta$和$\gamma$为一常数。

### 2.1.3 几种经典的稀疏重构算法

模型式(2.3)等价于 $l_0$ 范数的最小化问题[2]

$$\begin{cases}\min\limits_{s} & \| s \|_0 \\ \text{s.t.} & x = As\end{cases} \tag{2.9}$$

但文献[3]和文献[4]指出,$l_0$ 范数最小化问题是 NP - 难问题,求解需要组合搜索,随着维数的增加计算量剧增。目前,现有的方法大致可分为四类,分别是贪婪类算法[5-17]、$l_p$ 范数类算法($0 \leqslant p \leqslant 1$)[18-34]、迭代加权最小均方(IRLS)算法[35-45]以及概率类算法[46-54]。限于篇幅问题,本章仅介绍上述几类方法中的经典算法。

#### 2.1.3.1 $l_p$ 范数类算法

$l_p$ 范数最小化算法的基本思想是利用 $l_p$ 范数表示信号的稀疏性,然后通过求解 $l_p$ 范数最小化问题来重构稀疏信号,即

$$\begin{cases}\min\limits_{s} & \| s \|_p \\ \text{s.t.} & x = As\end{cases} \tag{2.10}$$

根据 $p$ 取值的不同,可以进一步分为近似 $l_0$ 范数类算法($p = 0$)[30-34]、基追踪算法($p = 1$)[43-45]和非凸函数最小化算法($0 < p < 1$)[38-40]。

由于 $l_0$ 范数在原点处不连续,对相应目标函数的优化是一个非凸函数优化问题,所以通常采用一组凸函数逐渐逼近 $l_0$ 范数以尽量避免局部收敛的可能性[34]。当 $0 < p < 1$ 时,$l_p$ 范数是非凸函数,求解过程中容易收敛于局部最优解。而局部极值点数目的不同也会造成对应目标函数优化难度的差异,相应目标函数的优化则主要采用迭代逼近的方法[40]。Mohimani 等[30]于 2009 年提出了平滑 0 范数算法(Smooth $l_0$ norm, SL0),该算法采用高斯函数近似 $l_0$ 范数,然后通过最速下降法和空间映射求解。对于高斯函数 $f_\delta(s) = \exp\left(-\dfrac{s^2}{2\delta^2}\right)$,当 $\delta$ 近似为 0 时,满足

$$n - \sum_{i=1}^{n} \exp(-s_i^2/2\delta^2) \approx \| s \|_0 \tag{2.11}$$

将式(2.11)代入模型式(2.9),可得

$$\begin{cases}\min\limits_{s} & F_\delta(s) = -\sum\limits_{i=1}^{N} \exp(-s_i^2/2\delta^2) \\ \text{s.t.} & x = As\end{cases} \tag{2.12}$$

式中:参数 $\delta$ 取接近零的正常数。然后采用最速下降法和空间映射求解模型式

(2.12)即可。表2.1给出了SL0算法的具体步骤。

表2.1 SL0算法

| |
|---|
| 初始化： |
| 1. 令初始值 $\boldsymbol{s}^0=\boldsymbol{A}^{\mathrm{T}}(\boldsymbol{A}\boldsymbol{A}^{\mathrm{T}})^{-1}\boldsymbol{x}$，即 $\boldsymbol{s}^{(0)}$ 为 $\boldsymbol{x}=\boldsymbol{A}\boldsymbol{s}$ 的最小二乘解； |
| 2. 选择一组下降序列[$\delta_1\ \delta_2\cdots\ \delta_J$]； |
| **Repeat** |
|     **For** $j=1,\cdots,J$ |
|       令 $\delta=\delta_j$ |
|       **Repeat** |
|           $\boldsymbol{s}=\boldsymbol{s}-u\,\nabla F_\delta(\boldsymbol{s})$，$\nabla F_\delta(\boldsymbol{s})$ 表示 $F_\delta(\boldsymbol{s})$ 的梯度，$u$ 表示步长 |
|           $\boldsymbol{s}=\boldsymbol{s}-\boldsymbol{A}^{\mathrm{T}}(\boldsymbol{A}\boldsymbol{A}^{\mathrm{T}})^{-1}(\boldsymbol{A}\boldsymbol{s}-\boldsymbol{x})$ |
|         **Until** (**convergence**) |
|         令 $\boldsymbol{s}^{(j)}=\boldsymbol{s}$ |
|     **End For** |
| **Until** (**convergence**) |

$l_p(0\leqslant p\leqslant 1)$范数类方法的性能决定于实际的应用背景，高精度的信号重构需要观测模型满足不同的约束条件[28]，其中 $0<p\leqslant 1$ 时 $l_p$ 范数所对应的约束条件比 $l_0$ 范数更为苛刻。当观测模型不同分量之间的相似性较强时，$l_p(0<p\leqslant 1)$范数无法保证所得解与真实信号模型完全吻合，但对 $l_0$ 范数进行优化的复杂度却极大地限制了相关方法的实用性。

#### 2.1.3.2 迭代加权算法

迭代加权算法的基本思想是将单观测稀疏重构问题转化为求解加权 $l_2$ 范数的最小化问题，即

$$\begin{cases}\min\limits_{x} & \|\boldsymbol{W}^{-1}\boldsymbol{x}\|_2^2\\ \text{s. t.} & \boldsymbol{A}\boldsymbol{x}=\boldsymbol{y}\end{cases}\tag{2.13}$$

式中：$\boldsymbol{W}$ 为加权矩阵，是一对角矩阵。对模型(2.13)的求解可利用拉格朗日函数构造如式(2.14)所示的迭代格式

$$\boldsymbol{x}^{(k+1)}=\boldsymbol{W}_k\boldsymbol{A}^{\mathrm{T}}(\boldsymbol{A}\boldsymbol{W}_k\boldsymbol{A}^{\mathrm{T}})^{-1}\boldsymbol{y}\tag{2.14}$$

通过选择不同的加权矩阵 $\boldsymbol{W}$ 可以得到不同的迭代加权算法。Gorodnitsky 等[40]于1997年提出了著名的FOCUSS算法，该算法取 $\boldsymbol{W}_k=\mathrm{diag}(|\boldsymbol{x}^{(k)}|)$，并指出最优化问题式(2.14)等价于取目标函数 $g(\boldsymbol{x})=\sum_i \ln|x_i|$ 的最优化问题。在此基础上，不同学者对目标函数的选择以及加权矩阵的优化过程开展了研究[40-43]，进一步提

高了收敛性能。文献[44,45]提出了一种非参数的自适应迭代算法(IAA-APES),通过最小化加权均方误差代价函数实现对待估计变量的幅度和相位的重构。IAA-APES 算法的优点包括[44]:①它是一种非参数迭代学习算法,无需人工参数如正则化因子的选取;②计算量小,具有二阶收敛性,易于并行实现;③可以应用于极少数样点条件下(极端情况只有一个样点)。表 2.2 给出了 IAA-APES 算法的具体步骤。详细推导和分析可以参见文献[44]。

表 2.2　IAA-APES 算法

| |
|---|
| $Q$ 为观测样本点数 |
| 初始化: $\widetilde{P}_k = \dfrac{1}{(\boldsymbol{a}_k^{\mathrm{H}}\boldsymbol{a}_k)^2 Q}\sum_{n=1}^{Q} \lvert \boldsymbol{a}_k^{\mathrm{H}}\boldsymbol{x} \rvert^2$ |
| **Repeat** |
| $\boldsymbol{P} = \mathrm{diag}\{\widetilde{P}_k\}$ |
| $\boldsymbol{R} = \boldsymbol{APA}^{\mathrm{H}}$ |
| **For** $k = 1, \cdots, N$ |
| $s_k(n) = \dfrac{\boldsymbol{a}_k^{\mathrm{H}}\boldsymbol{R}^{-1}\boldsymbol{x}(n)}{\boldsymbol{a}_k^{\mathrm{H}}\boldsymbol{R}^{-1}\boldsymbol{a}_k}\quad n = 1, \cdots, Q$ |
| $P_k = \dfrac{1}{Q}\sum_{n=1}^{Q} \lvert s_k(n) \rvert^2$ |
| **End For** |
| **Until** (**convergence**) |

#### 2.1.3.3　概率类算法

概率类算法的核心思路是利用贝叶斯概率模型重构稀疏信号。Tipping[46] 于 2000 年提出的稀疏贝叶斯学习算法(SBL)无需人工确定参数,对噪声有较好的适应能力,因而应用广泛。假设观测噪声是独立的高斯过程,且均值为 0,方差为 $\sigma^2$,则有

$$\mathrm{p}(\boldsymbol{x} \mid \boldsymbol{s}, \sigma^2) = (2\pi\sigma^2)^{-\frac{M}{2}} \exp\left(-\frac{1}{2\sigma^2}\|\boldsymbol{x} - \boldsymbol{As}\|_2^2\right) \tag{2.15}$$

又假设稀疏信号 $s_i$ 服从均值为 0,方差为 $\gamma_i$ 的高斯分布,则有

$$p(\boldsymbol{s} \mid \boldsymbol{\gamma}) = \prod_{i=1}^{N} (2\pi\gamma_i)^{-\frac{1}{2}} \exp\left(-\frac{s_i^2}{2\gamma_i}\right) \tag{2.16}$$

式中:$\boldsymbol{\gamma} = [\gamma_1, \gamma_2, \cdots, \gamma_N]^{\mathrm{T}}$。令 $\beta = \sigma^{-2}$,可得到后验概率 $p(\boldsymbol{s} \mid \boldsymbol{x}, \boldsymbol{\gamma}, \beta)$ 为

$$p(\boldsymbol{s} \mid \boldsymbol{x}, \boldsymbol{\gamma}, \beta) = (2\pi)^{-N/2} \lvert \boldsymbol{\Sigma} \rvert^{-1/2} \exp\left(-\frac{1}{2}(\boldsymbol{s} - \boldsymbol{\mu})^{\mathrm{T}} \boldsymbol{\Sigma}^{-1} (\boldsymbol{s} - \boldsymbol{\mu})\right) \tag{2.17}$$

易知后验概率 $p(\boldsymbol{s} \mid \boldsymbol{x},\boldsymbol{\gamma},\beta)$ 满足高斯分布，均值 $\boldsymbol{\mu}$ 和协方差矩阵 $\boldsymbol{\Sigma}$ 分别为

$$\boldsymbol{\Sigma} = (\beta\boldsymbol{A}^{\mathrm{T}}\boldsymbol{A} + \boldsymbol{\Lambda})^{-1} \tag{2.18}$$

$$\boldsymbol{\mu} = \beta\boldsymbol{\Sigma}\boldsymbol{A}^{\mathrm{T}}\boldsymbol{y} \tag{2.19}$$

式中：$\boldsymbol{\Lambda} = \mathrm{diag}(1/\gamma_i)$。只要估计出参数 $\gamma_i$，$\beta$，就可以得到稀疏矢量的估计值 $\hat{\boldsymbol{s}} = \boldsymbol{\mu}$。对于参数 $\gamma_i$，$\beta$ 的估计，则通过最大化边缘概率 $p(\boldsymbol{x} \mid \boldsymbol{\gamma},\beta)$ 得到，其中 $p(\boldsymbol{x} \mid \boldsymbol{\gamma},\beta)$ 表示为

$$p(\boldsymbol{x} \mid \boldsymbol{\gamma},\beta) = (2\pi)^{-N/2} |\boldsymbol{C}|^{-1/2} \exp\left( -\frac{1}{2}(\boldsymbol{s}-\boldsymbol{\mu})^{\mathrm{T}} C^{-1} (\boldsymbol{s}-\boldsymbol{\mu}) \right) \tag{2.20}$$

式中：$\boldsymbol{C} = \beta^{-1}\boldsymbol{I} + \boldsymbol{A}\boldsymbol{\Lambda}^{-1}\boldsymbol{A}^{\mathrm{T}}$。取 $-\log p(\boldsymbol{x} \mid \boldsymbol{\gamma},\beta)$ 同时去除常数项，则最大化边缘概率 $p(\boldsymbol{x} \mid \boldsymbol{\gamma},\beta)$ 等价于最小化代价函数

$$L(\boldsymbol{\gamma}, \beta) = \log|\boldsymbol{C}| + \boldsymbol{x}^{\mathrm{T}}\boldsymbol{C}^{-1}\boldsymbol{x} \tag{2.21}$$

通过期望最大化（EM）算法，可构造更新参数 $\boldsymbol{\gamma}$，$\beta$ 的迭代格式分别为[46]

$$\gamma_i^{(k+1)} = \mu_i^2 + \Sigma_{ii} \tag{2.22}$$

$$\beta^{(k+1)} = \frac{N}{\|\boldsymbol{x} - \boldsymbol{A}\boldsymbol{s}\|_2^2 + (\beta^{-1})^{(k+1)} \sum_{i=1}^{N} [1 - (\gamma_i^{(k)})^{-1}\Sigma_{ii}]} \tag{2.23}$$

综上所述，SBL 算法具体步骤总结如表 2.3 所列。

表 2.3　SBL 算法步骤

| |
|---|
| Step1：初始化：$\boldsymbol{\gamma}^{(0)} \geqslant \boldsymbol{0}, \beta^{(0)} > 0, k = 1, \varepsilon > 0$； |
| Step2：根据式（2.18）和式（2.19），分别估计 $\boldsymbol{\mu}^{(k)}$ 和 $\boldsymbol{\Sigma}^{(k)}$； |
| Step3：根据式（2.22）和式（2.23）分别更新参数 $\boldsymbol{\gamma}$，$\beta$，得到 $\boldsymbol{\gamma}^{(k)}$，$\beta^{(k)}$； |
| Step4：如果 $\|\boldsymbol{\gamma}^{(k)} - \boldsymbol{\gamma}^{(k-1)}\| \leqslant \varepsilon$，则转到 Step5；否则令 $k = k+1$，并转到 Step2； |
| Step5：$\hat{s} = \mu^{(k)}$。 |

## 2.2　时频分析理论

时频分析的基本任务是建立一个函数，要求这个函数能够同时用时间和频率描述信号的能量密度。典型的时频分析方法包括短时傅里叶变换、魏格纳分布和核函数法等。

### 2.2.1 短时傅里叶变换

由于傅里叶变换是一个全局变换,它虽然能区分信号的各种频率成分,具有很强的频域局域化能力,但无法知道每个时刻附近的频率成分,不具有时间局域化能力。然而时间局域化问题,对于涉及非平稳信号处理的任务而言,是至关重要的。为了能够分析不同时刻的频率成分,Gabor 于 1946 年提出了"局部频谱"的概念[55]:使用一个很窄的窗函数取出信号,并求其傅里叶变换,这种加窗傅里叶变换就称为短时傅里叶变换(STFT)。

令 $g(t)$ 是持续时间很短的窗函数,则信号 $x(t)$ 的 STFT 定义为

$$X(t,f) = \int_0^T x(\tau)g^*(\tau - t)\mathrm{e}^{-\mathrm{j}2\pi f\tau}\mathrm{d}\tau \tag{2.24}$$

式中:$T$ 为 $x(t)$ 的持续时间。短时傅里叶变换的含义可解释如下:在时域用窗函数 $g^*(\tau-t)$ 去截取信号 $x(\tau)$,对截取后的局部信号作傅里叶变换,得到在 $t$ 时刻的该段信号的傅里叶变换。不断地移动窗函数 $g^*(\tau-t)$ 的中心位置,即可得到不同时刻的傅里叶变换,这些傅里叶变换的集合就是 $X(t,f)$。

短时傅里叶变换的时频分辨率取决于窗函数的宽度。窗函数的宽度越窄,短时傅里叶变换的时间分辨力越高,频率分辨力则越低;窗函数的宽度越宽,则相反,时间分辨力越低,频率分辨力越高。因此,一般可以根据实际信号情况选取合适的窗函数,得到折中的时频分辨率。

### 2.2.2 时频分布

如果需要用时频分布来描述信号在时间 - 频率轴上的能量分布(即"瞬时功率谱密度")时,二次型的时频表示是一种更加直观和合理的信号表示方法,因为能量本身就是一种二次型表示。

谱图(SP)是一种最简单的二次型时频表示,定义为短时傅里叶变换模的平方,其表达式为

$$\mathrm{SPEC}_x(t,f) = |\mathrm{STFT}_x(t,f)|^2 \tag{2.25}$$

由于存在时间和频率分辨力的矛盾,而且一般信号尤其是时变特性明显的信号,只能取很短的时间窗宽,所以谱图对能量分布的描述是非常粗糙的,另外它也不满足作为能量分布的某些更严格的要求,因此只能算是一种二次型时频表示,还称不上时频分布。

为了更准确地描述信号的时频分布,有必要研究其他性能更好的二次型时频表示,目前魏格纳分布(WVD)是一种最基本、也是应用最广泛的时频分布,其定

义为

$$\mathrm{WV}_x(t,f) = \int_0^T x(t+\tau/2)x^*(t-\tau/2)\mathrm{e}^{-\mathrm{j}2\pi\tau f}\mathrm{d}\tau \tag{2.26}$$

WVD 具有最好的时频聚集性,但是如果直接对多分量信号进行 WVD 计算,则时频平面会出现大量的交叉项,无法分辨出自源项。通常情况下必须加窗函数进行平滑,如伪魏格纳分布(PWVD)和平滑伪魏格纳分布(SPWVD),PWVD 的数学表达式为

$$\mathrm{PWV}_x(t,f) = \int_0^T h(\tau)x(t+\tau/2)x^*(t-\tau/2)\mathrm{e}^{-\mathrm{j}2\pi\tau f}\mathrm{d}\tau \tag{2.27}$$

式中:$h(t)$为窗函数,其本质上是一种低通函数。加窗的目的就是对信号 $x(t)$的 WVD 在频率方向上进行平滑运算,降低了交叉项的影响。类似的还有 SPWVD,其数学表达式为

$$\mathrm{SPWV}_x(t,f) = \int_{-\infty}^{\infty} h(\tau)g(v)x(t-v+\tau/2)x^*(t-v-\tau/2)\mathrm{e}^{-\mathrm{j}2\pi\tau f}\mathrm{d}v\mathrm{d}\tau \tag{2.28}$$

式中:窗函数为 $h(\tau)g(v)$,SPWVD 在频域和时域同时作平滑滤波,更大程度上降低了交叉项的影响。

后来,Cohen 发现众多的时频分布只是魏格纳分布的变形,它们可以用统一的形式表示,习惯称为 Cohen 类时频分布,其表达式为

$$D_z(t,f) = \iiint z(u+\tau/2)z^*(u-\tau/2)\phi(\tau,v)\mathrm{e}^{-\mathrm{j}2\pi(tv+\tau f-uv)}\mathrm{d}u\mathrm{d}v\mathrm{d}\tau \tag{2.29}$$

式中:$\phi(\tau,v)$为核函数,通过设计核函数就可以得到具有不同特性的时频分布。表 2.4 为不同的核函数对应的时频分布。

表 2.4 Cohen 类时频分布的核函数

| 时频分布 | 核函数 $\phi(\tau,v)$ |
|---|---|
| Wigner-Ville 分布(WVD) | $1$ |
| 广义 Wigner-Ville 分布(GWVD) | $\exp(\mathrm{j}2\pi\alpha\tau v)$ |
| Born-Jordan 分布(BJD) | $\dfrac{\sin(\pi\tau v)}{\pi\tau v}$ |
| Cone 核分布(CKD) | $g(\tau)\mid\tau\mid\dfrac{\sin(\pi\tau v)}{\pi\tau v}$ |
| Butterworth 分布(BUD) | $\dfrac{1}{1+(\tau/\tau_0)^{2M}+(v/v_0)^{2N}}$ |
| Choi-Williams 分布(CWD) | $\exp(-(2\pi\tau v)^2/\sigma)$ |
| Zhao-Atlas-Marks 分布(ZAMD) | $g(\tau)\mid\tau\mid\dfrac{\sin(\tau v)}{\tau v}$ |
| Rihaczek 分布(RD) | $\exp(\mathrm{j}\pi\tau v)$ |

此外,两个信号 $x_1(t)$和 $x_2(t)$的 Cohen 类互时频分布定义为

$$D_{x_1x_2}(t,f) = \iiint x_1(t+\tau/2)x_2^*(t-\tau/2)\phi(\tau,v)\mathrm{e}^{-\mathrm{j}2\pi(tv+\tau f-uv)}\mathrm{d}u\mathrm{d}v\mathrm{d}\tau \tag{2.30}$$

如果信号 $x(t)$ 是一个多分量信号，由 $x_1(t)$ 和 $x_2(t)$ 组成

$$x(t) = c_1x_1(t) + c_2x_2(t) \tag{2.31}$$

则信号 $x(t)$ 的 Cohen 类时频分布为

$$D_x(t,f) = |c_1|^2D_{x_1}(t,f) + |c_2|^2D_{x_2}(t,f) + c_1c_2^*D_{x_1x_2}(t,f) + c_2c_1^*D_{x_2x_1}(t,f) \tag{2.32}$$

式中，$D_{x_1}(t,f)$ 和 $D_{x_2}(t,f)$ 代表 $D_x(t,f)$ 的自项(auto-term)，$D_{x_1x_2}(t,f)$ 和 $D_{x_2x_1}(t,f)$ 代表 $D_x(t,f)$ 的交叉项(cross-term)。因此，多分量信号的时频分布中除了每个分量信号的时频分布，还存在交叉项。

## 2.3 循环平稳信号分析

雷达、通信、导航、遥测等电子信息系统辐射的信号是一类特殊的非平稳信号，它们的非平稳特性表现为周期平稳性。一般将这种周期平稳性称为二阶周期特性(Second-order periodicity)或循环平稳特性(Cyclostationarity)[56-59]。

### 2.3.1 循环自相关和循环谱

对于循环平稳信号，具有延迟的同步平均方法可用于提取这种周期性。考虑如下形式的时变自相关函数[60]

$$R_x(t,\tau) = \frac{1}{2N+1}\sum_{n=-N}^{N}x(t+nT)x^*(t-\tau+nT) \tag{2.33}$$

为消除随机性，可令 $N$ 趋于无穷，从而

$$R_x(t,\tau) = \lim_{N\to\infty}R_x(t,\tau)_T = \lim_{N\to\infty}\frac{1}{2N+1}\sum_{n=-N}^{N}x(t+nT)x^*(t-\tau+nT) \tag{2.34}$$

$R_x(t,\tau)$ 是关于时间 $t$ 的周期为 $T$ 的周期函数，将其展开成傅里叶级数，有

$$R_x(t,\tau) = \sum_{m=-\infty}^{\infty}R_x^{\alpha}(\tau)\exp(\mathrm{j}2\pi tm/T_0) \tag{2.35}$$

式中：$\alpha = m/T_0$，且傅里叶系数为

$$R_x^{\alpha}(\tau) = \langle x(t)x^*(t-\tau)\exp(-\mathrm{j}2\pi\alpha t)\rangle_t \tag{2.36}$$

式中：$R_x^{\alpha}(\tau)$ 为循环自相关函数(cyclic autocorrelation function)；$\alpha$ 为二阶循环频

率,简称循环频率(cycle frequency);$\langle \cdot \rangle_t = \lim_{T\to\infty} \frac{1}{T}\int_{-T/2}^{T/2}(\cdot)\mathrm{d}t$ 为时间平均。式(2.36)给出了循环自相关函数的最原始的解释:它表示延迟乘积信号在频率 $\alpha$ 处的傅里叶系数。习惯上,我们把 $R_x^{\alpha}(\tau)\neq 0$ 的频率 $\alpha$ 称为信号 $x(t)$ 的循环频率。一个循环平稳信号的循环频率 $\alpha$ 可能有多个,包括零循环频率和非零循环频率;其中,零循环频率对应信号的平稳部分,只有非零的循环频率才刻画信号的循环平稳性[60]。

信号的循环谱 $S_x^{\alpha}(f)$(cyclic spectrum),也称谱自相关函数(spectral correlation function),被定义为循环自相关函数的傅里叶变换,即

$$S_x^{\alpha}(f) = \int_{-\infty}^{\infty} R_x^{\alpha}(\tau)\mathrm{e}^{-\mathrm{j}2\pi f\tau}\mathrm{d}\tau \tag{2.37}$$

同理,信号 $x(t)$ 与 $y(t)$ 的循环互相关函数的定义为

$$R_{xy}^{\alpha}(\tau) = \langle x(t)y^{*}(t-\tau)\exp(-\mathrm{j}2\pi\alpha t)\rangle_t \tag{2.38}$$

当循环频率 $\alpha$ 取零时,循环自相关函数退化为传统的自相关函数,循环谱退化为传统的功率谱密度函数。可以通过计算混合信号的循环谱来估计出每个源信号的循环频率$\{\alpha_i \mid 1\leqslant i\leqslant N\}$。

### 2.3.2 循环谱的物理模型

信号 $x(t)$ 在时间间隔$\left[t-\frac{T}{2}, t+\frac{T}{2}\right]$的频谱由式(2.39)给出,即

$$X_T(t,f) = \int_{t-\frac{T}{2}}^{t+\frac{T}{2}} x(u)\mathrm{e}^{-\mathrm{j}\pi f u}\mathrm{d}u \tag{2.39}$$

将其频谱分别向上和向下搬移$\frac{\alpha}{2}$,并计算二者的时间平均互相关,得到

$$S_{xT}^{\alpha}(f)_{\Delta t} = \frac{1}{\Delta t}\int_{t-T/2}^{t+T/2} \frac{1}{T} X_T\left(s, f-\frac{\alpha}{2}\right) X_T^{*}\left(s, f+\frac{\alpha}{2}\right)\mathrm{d}s \tag{2.40}$$

令 $\Delta t, T\to\infty$,不难得到

$$\lim_{T\to\infty}\lim_{\Delta t\to\infty} S_{xT}^{\alpha}(f)_{\Delta t} = S_x^{\alpha}(f) \tag{2.41}$$

式(2.41)说明,循环谱与信号瞬时谱上、下搬移特定频率后(搬移频率间隔为 $\alpha$)得到的两信号分量的时间平均互相关是等价的。因此,循环谱又被称为谱相关函数。

谱相关函数也可以用传统的互谱密度来表征。令

$$u(t) = x(t)\mathrm{e}^{-\mathrm{j}\pi\alpha t} \tag{2.42}$$

$$v(t) = x(t)\mathrm{e}^{\mathrm{j}\pi\alpha t} \tag{2.43}$$

则

$$R_{uv}^{0}(\tau)=\left\langle u\left(t+\frac{\tau}{2}\right)v^{*}\left(t-\frac{\tau}{2}\right)\right\rangle_{t}=R_{x}^{\alpha}(\tau) \tag{2.44}$$

$$S_{uv}^{0}(f)=\int_{-\infty}^{\infty}R_{uv}^{0}(\tau)\mathrm{e}^{-\mathrm{j}2\pi f\tau}\mathrm{d}\tau=S_{x}^{\alpha}(\tau) \tag{2.45}$$

式(2.44)和式(2.45)说明:信号的循环平稳特性与信号瞬时谱特定频移分量是否存在相关性是一致的。也就是说,将信号瞬时谱分别向上和向下搬移相同的频率后,若二者存在相关性,则该信号具有循环平稳性。其中,上、下搬移的频率间隔即为信号的循环频率。

### 2.3.3 典型信号的循环谱

雷达、通信、遥感、遥测等系统中经常使用的各类调制信号,如调幅(AM)、脉冲幅度编码(PAM)、相移键控或相位编码(PSK)、频移键控(FSK)等都具有循环平稳特性。

设$f_0$为信号载频,$T_c$为数字信号的码元宽度(其倒数就是符号速率)。AM信号的循环频率为$\pm 2f_0$;PAM信号的循环频率为$k/T_c(k=0,\pm1,\pm2,\cdots)$;BPSK信号循环频率为$\pm 2f_0+k/T_c(k=0,\pm1,\pm2,\cdots)$;四相相移键控(QPSK)信号循环频率为$k/T_c(k=0,\pm1,\pm2,\cdots)$。不同调制信号的循环平稳特性的具体推导过程和谱相关函数的解析表达式可以参见文献[58,59]。

综上所述,假设有$N$个信号$s_i(t)(i=1,2,\cdots,N)$。$\forall j\in\{1,2,\cdots,N\}$,不妨设$\alpha$是信号$s_j(t)$的循环频率且不是信号$s_p(t)(p=1,2,\cdots,N,p\neq j)$的循环频率。则所有信号$s_i(t)(i=1,2,\cdots,N)$在$\alpha$处的循环自相关函数以及循环互相关函数满足

$$\begin{aligned}
R_{s_js_j^*}(\tau)&=\langle s_i(t+\tau)s_i^*(t)\mathrm{e}^{-\mathrm{j}2\pi\alpha t}\rangle_t\neq0\\
R_{s_ps_p^*}(\tau)&=\langle s_p(t+\tau)s_p^*(t)\mathrm{e}^{-\mathrm{j}2\pi\alpha t}\rangle_t=0\ (p\neq j)\\
R_{s_ps_j^*}(\tau)&=\langle s_p(t+\tau)s_j^*(t)\mathrm{e}^{-\mathrm{j}2\pi\alpha t}\rangle_t=0(p\neq j)
\end{aligned} \tag{2.46}$$

根据式(2.46)可得

$$|R_{\hat{s}_j}^{\alpha}(\tau)|\gg|R_{\hat{s}_p}^{\alpha}(\tau)|=0\qquad p=1,\cdots,N\text{ 和 }p\neq j \tag{2.47}$$

## 2.4 张量分解理论

### 2.4.1 相关定义及性质

首先定义张量的秩和正则分解(CANonical Decomposition, CAND)[61,62]。

定义 2.4：如果三阶张量 $\mathcal{C}\in\mathbb{C}^{I\times J\times K}$ 可以表示为三个矢量 $\boldsymbol{u}\in\mathbb{C}^{I}$，$\boldsymbol{v}\in\mathbb{C}^{J}$，$\boldsymbol{w}\in\mathbb{C}^{K}$ 的外积，即 $\mathcal{C}=\boldsymbol{u}\circ\boldsymbol{v}\circ\boldsymbol{w}$，则 $\mathcal{C}$ 的秩为 1；

定义 2.5：如果三阶张量 $\mathcal{C}\in\mathbb{C}^{I\times J\times K}$ 能够表示成最少的秩为 1 的三阶张量的线性组合，则该最小数目就为张量 $\mathcal{C}$ 的秩；

定义 2.6：三阶张量 $\mathcal{C}\in\mathbb{C}^{I\times J\times K}$ 的正则分解就是把 $\mathcal{C}$ 表示成最小数目的秩为 1 的三阶张量的线性组合。如果张量 $\mathcal{C}$ 的秩为 $N$，则 $\mathcal{C}$ 可以表示为

$$\mathcal{C}=\sum_{n=1}^{N}\lambda_n\boldsymbol{u}_n\circ\boldsymbol{v}_n\circ\boldsymbol{w}_n \tag{2.48}$$

式中：$\boldsymbol{u}_n$，$\boldsymbol{v}_n$，$\boldsymbol{w}_n$ 分别为矩阵 $\boldsymbol{U}\in\mathbb{C}^{I\times N}$，$\boldsymbol{V}\in\mathbb{C}^{J\times N}$，$\boldsymbol{W}\in\mathbb{C}^{K\times N}$ 的列矢量。秩为 $N$ 的三阶张量 $\mathcal{C}$ 的正则分解示意图如图 2.1 所示

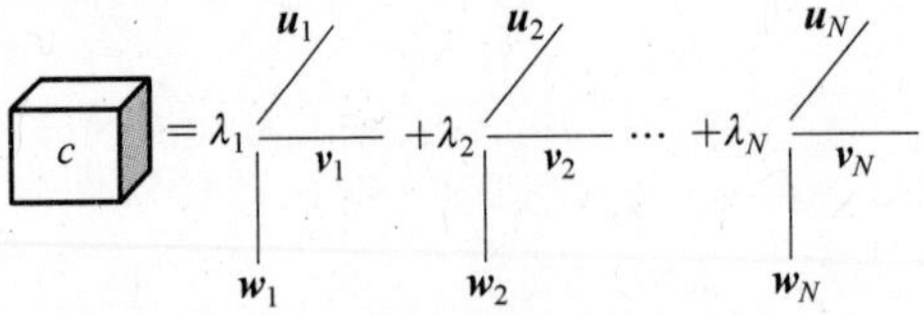


图 2.1　秩为 $N$ 的三阶张量正则分解示意图

定义 2.7：若矩阵 $\boldsymbol{A}$ 的任意 $l$ 个列矢量是线性不相关，则最大的 $l$ 值称为矩阵 $\boldsymbol{A}$ 的 Kruskal 秩，记为 $k_{\boldsymbol{A}}$，一般 $k_{\boldsymbol{A}}\leqslant\mathrm{rank}(\boldsymbol{A})$[62]。

秩为 $N$ 的三阶张量 $\mathcal{C}\in\mathbb{C}^{I\times J\times K}$ 能够唯一（不考虑位置和幅度模糊）正则分解的充分条件，

$$2N+2\leqslant k_U+k_V+k_W \tag{2.49}$$

如果式（2.49）成立，则三阶张量 $\mathcal{C}$ 能够分解成矩阵 $(\hat{\boldsymbol{U}},\hat{\boldsymbol{V}},\hat{\boldsymbol{W}})$，其中 $\hat{\boldsymbol{U}}=\boldsymbol{UP\Lambda}_1$，$\hat{\boldsymbol{V}}=\boldsymbol{VP\Lambda}_2$，$\hat{\boldsymbol{W}}=\boldsymbol{WP\Lambda}_3$，$\boldsymbol{P}$ 为置换矩阵，$\boldsymbol{\Lambda}_1$，$\boldsymbol{\Lambda}_2$，$\boldsymbol{\Lambda}_3$ 为对角矩阵且 $\boldsymbol{\Lambda}_1\boldsymbol{\Lambda}_2\boldsymbol{\Lambda}_3=\boldsymbol{I}$，$\boldsymbol{I}$ 为单位矩阵。

### 2.4.2　典型张量分解方法

对三阶张量 $\mathcal{C}$ 进行正则分解等价于求解矩阵 $(\hat{\boldsymbol{U}},\hat{\boldsymbol{V}},\hat{\boldsymbol{W}})$，使得代价函数 $f(\hat{\boldsymbol{U}},\hat{\boldsymbol{V}},\hat{\boldsymbol{W}})$ 最小，其中，$\hat{\boldsymbol{U}}\in\mathbb{C}^{I\times N}$，$\hat{\boldsymbol{V}}\in\mathbb{C}^{J\times N}$，$\hat{\boldsymbol{W}}\in\mathbb{C}^{K\times N}$，函数 $f(\hat{\boldsymbol{U}},\hat{\boldsymbol{V}},\hat{\boldsymbol{W}})$ 的表达式如式（2.50）所示，为

$$f(\hat{\boldsymbol{U}},\hat{\boldsymbol{V}},\hat{\boldsymbol{W}})=\left\|\mathcal{C}-\sum_{n=1}^{N}\hat{\boldsymbol{u}}_n\circ\hat{\boldsymbol{v}}_n\circ\hat{\boldsymbol{w}}_n\right\|^2=\sum_{ijk}\left|c_{ijk}-\sum_{n=1}^{N}\hat{u}_{in}\hat{v}_{jn}\hat{w}_{kn}\right|^2 \tag{2.50}$$

文献[63]提出了迭代最小二乘算法（ALS），可以把三阶张量 $\mathcal{C}\in\mathbb{C}^{I\times J\times K}$ 分别表示成矩阵 $\boldsymbol{C}_1\in\mathbb{C}^{IJ\times K}$、$\boldsymbol{C}_2\in\mathbb{C}^{IK\times J}$ 和 $\boldsymbol{C}_3\in\mathbb{C}^{JK\times I}$，其中

$$[\boldsymbol{C}_1]_{(i-1)J+j,k}=[\boldsymbol{C}_2]_{(k-1)K+i,j}=[\boldsymbol{C}_3]_{(j-1)J+k,i}=c_{ijk}(1\leqslant i\leqslant I,1\leqslant j\leqslant J,1\leqslant k\leqslant K) \tag{2.51}$$

式(2.48)可以表示为

$$\begin{aligned}\boldsymbol{C}_1&=(\boldsymbol{U}\odot V)\boldsymbol{W}^{\mathrm{T}}\\ \boldsymbol{C}_2&=(\boldsymbol{W}\odot\boldsymbol{U})V^{\mathrm{T}}\\ \boldsymbol{C}_3&=(\boldsymbol{V}\odot\boldsymbol{W})\boldsymbol{U}^{\mathrm{T}}\end{aligned} \tag{2.52}$$

式中：$\odot$为 Khatri-Rao 乘积。ALS 算法的具体步骤如表 2.5 所列。

表 2.5　基于 ALS 的张量分解算法

| |
|---|
| Step1：初始化矩阵 $\boldsymbol{U}^{(it)}$，$\boldsymbol{V}^{(it)}$，$\boldsymbol{W}^{(it)}$，其中 $it=0$； |
| Step2：把初始矩阵代入式(2.52)进行交替更新，得到 $\boldsymbol{U}^{(it+1)}$，$\boldsymbol{V}^{(it+1)}$，$\boldsymbol{W}^{(it+1)}$，式中<br>$\boldsymbol{U}^{(it+1)}=((\boldsymbol{V}^{(it)}\odot\boldsymbol{W}^{(it)})^{+}\boldsymbol{C}_3)^{\mathrm{T}}$<br>$\boldsymbol{V}^{(it+1)}=((\boldsymbol{W}^{(it)}\odot\boldsymbol{U}^{(it+1)})^{+}\boldsymbol{C}_2)^{\mathrm{T}}$<br>$\boldsymbol{W}^{(it+1)}=((\boldsymbol{U}^{(it+1)}\odot\boldsymbol{V}^{(it+1)})^{+}\boldsymbol{C}_1)^{\mathrm{T}}$ |
| Step3：计算估计误差 $\mathrm{Error}^{(it+1)}=\Vert\boldsymbol{C}_1-(\boldsymbol{U}^{(it+1)}\odot\boldsymbol{V}^{(it+1)})(\boldsymbol{W}^{(it+1)})^{\mathrm{T}}\Vert_F^2$； |
| Step4：如果 $\lvert\mathrm{Error}^{(it+1)}-\mathrm{Error}^{(it)}\rvert>th$，把 $\boldsymbol{U}^{(it+1)}$，$\boldsymbol{V}^{(it+1)}$，$\boldsymbol{W}^{(it+1)}$ 当作新的初始矩阵返回 Step2 继续迭代；如果 $\lvert\mathrm{Error}^{(it+1)}-\mathrm{Error}^{(it)}\rvert<th$，则算法达到收敛，$\boldsymbol{U}^{(it+1)}$，$\boldsymbol{V}^{(it+1)}$，$\boldsymbol{W}^{(it+1)}$ 分别为矩阵 $\boldsymbol{U}$，$\boldsymbol{V}$ 和 $\boldsymbol{W}$ 的估计。 |

为了提高算法的搜索速度，文献[64]进一步修改了迭代过程，引入了迭代步长，提出了线性搜索迭代最小二乘算法（LS-ALS）。具体步骤如表 2.6 所列。

表 2.6　基于 LS-ALS 的张量分解算法

| |
|---|
| Step1：初始化矩阵 $\boldsymbol{U}^{(it)}$，$\boldsymbol{V}^{(it)}$，$\boldsymbol{W}^{(it)}$，其中 $it=0$； |
| Step2：把初始矩阵代入式(2.52)进行交替更新，得到 $\boldsymbol{U}^{(it+1)}$，$\boldsymbol{V}^{(it+1)}$，$\boldsymbol{W}^{(it+1)}$，式中<br>$\boldsymbol{U}^{(it+1)}=((\boldsymbol{V}^{(it)}\odot\boldsymbol{W}^{(it)})^{+}\boldsymbol{C}_3)^{\mathrm{T}}$<br>$\boldsymbol{V}^{(it+1)}=((\boldsymbol{W}^{(it)}\odot\boldsymbol{U}^{(it+1)})^{+}\boldsymbol{C}_2)^{\mathrm{T}}$<br>$\boldsymbol{W}^{(it+1)}=((\boldsymbol{U}^{(it+1)}\odot\boldsymbol{V}^{(it+1)})^{+}\boldsymbol{C}_1)^{\mathrm{T}}$ |
| Step3：根据下式更新 $\boldsymbol{U}^{(\mathrm{new})}$，$\boldsymbol{V}^{(\mathrm{new})}$，$\boldsymbol{W}^{(\mathrm{new})}$，<br>$\boldsymbol{U}^{(\mathrm{new})}=\boldsymbol{U}^{(it-1)}+R_u(\boldsymbol{U}^{(it)}-\boldsymbol{U}^{(it-1)})$<br>$\boldsymbol{V}^{(\mathrm{new})}=\boldsymbol{V}^{(it-1)}+R_v(\boldsymbol{V}^{(it)}-\boldsymbol{V}^{(it-1)})$<br>$\boldsymbol{W}^{(\mathrm{new})}=\boldsymbol{W}^{(it-1)}+R_w(\boldsymbol{W}^{(it)}-\boldsymbol{W}^{(it-1)})$<br>式中：$R_u$、$R_v$ 和 $R_w$ 分别为迭代步长。 |
| Step4：计算估计误差 $\mathrm{Error}^{(it+1)}=\Vert\boldsymbol{C}_1-(\boldsymbol{U}^{(\mathrm{new})}\odot\boldsymbol{V}^{(\mathrm{new})})(\boldsymbol{W}^{(\mathrm{new})})^{\mathrm{T}}\Vert_F^2$； |

（续）

| |
|---|
| Step5：如果 $\lvert \text{Error}^{(\text{new})} - \text{Error}^{(it+1)} \rvert > th$，把 $\boldsymbol{U}^{(\text{new})}$，$\boldsymbol{V}^{(\text{new})}$，$\boldsymbol{W}^{(\text{new})}$ 当作新的初始矩阵返回 Step2 继续迭代；如果 $\lvert \text{Error}^{(\text{new})} - \text{Error}^{(it+1)} \rvert < th$，则算法达到收敛，$\boldsymbol{U}^{(\text{new})}$，$\boldsymbol{V}^{(\text{new})}$，$\boldsymbol{W}^{(\text{new})}$ 分别为矩阵 $\boldsymbol{U}$，$\boldsymbol{V}$ 和 $\boldsymbol{W}$ 的估计。 |

当表 2.6 中的 $R_u$、$R_v$ 和 $R_w$ 等于 1 时，LS-ALS 算法就退化为 ALS 算法。此外，$R_u$、$R_v$ 和 $R_w$ 的选择也会影响到 LS-ALS 算法的收敛性。如果 $R_u$、$R_v$ 和 $R_w$ 取值较小，则会导致算法收敛速度变慢。而如果 $R_u$、$R_v$ 和 $R_w$ 取值较大，则会导致算法的估计精度变差。

因此，文献[65]进一步改进了 LS-ALS 算法，通过计算最优的迭代步长保证算法的收敛性能，称为改进型线性搜索迭代最小二乘算法（ELS-ALS）。相比LS-ALS 算法，其核心步骤就是通过式（2.53）估计最优的迭代步长。

$$(R_u, R_v, R_w) = \arg\min \| \boldsymbol{C}_1 - ((\boldsymbol{W}^{(it-1)} + R_w \boldsymbol{G}_w^{(it+1)}) \odot (\boldsymbol{V}^{(it-1)} + R_v \boldsymbol{G}_v^{(it+1)}))(\boldsymbol{U}^{(it-1)} + R_u \boldsymbol{G}_u^{(it+1)})^{\mathrm{T}} \|_F^2 \tag{2.53}$$

式中：$\boldsymbol{G}_u^{(it+1)} = \boldsymbol{U}^{(it)} - \boldsymbol{U}^{(it-1)}$，$\boldsymbol{G}_v^{(it+1)} = \boldsymbol{V}^{(it)} - \boldsymbol{V}^{(it-1)}$，$\boldsymbol{G}_w^{(it+1)} = \boldsymbol{W}^{(it)} - \boldsymbol{W}^{(it-1)}$。

## 参考文献

[1] CANDAS E J, WALDN M. An introduction to compressive sampling[J]. IEEE Signal Processing Magazine, 2008, 25(2): 21 – 30.

[2] CANDES E J, TAO T. Decoding by linear programming[J]. IEEE Trans. on Information Theory, 2005, 51(12): 4203 – 4215.

[3] DONOHO D L, ELAD M, TEMLYAKOV V. Stable recovery of sparse overcomplete representations in the presence of noise[J]. IEEE Trans. on Information Theory, 2006, 52(1): 6 – 18.

[4] CAI T T, XU G, ZHANG J. On recovery of sparse signal via $l_1$ minimization[J]. IEEE Trans. on Information Theory, 2009, 51(12): 4203 – 4215.

[5] TROPP J A, GILBERT A C. Signal recovery from random measurements via orthogonal matching pursuit [J]. IEEE Trans. on Information Theory, 2007, 53(12): 4655 – 4666.

[6] PATI Y C, REZAIFAR R. Orthogonal matching pursuit: recursive function approximation with application to wavelet decomposition[C]. Pacific Grove, California, USA: 27th Asilomar Conference on Signals, Systems and Computation, 1993, 1: 40 – 44.

[7] MALLAT S, ZHANG Z. Matching pursuit with time-frequency dictionaries[J]. IEEE Trans. on Signal Processing, 1993, 41(12): 3397 – 3415.

[8] COTTER S, RAO B. Sparse channel estimation via matching pursuit with application to equalization[J]. IEEE Trans. on Communications, 2002, 50(3): 374 – 377.

[9] TROPP J. Greed is good: algorithmic results for sparse approximation[J]. IEEE Trans. on Information Theory, 2004, 50(10): 2231 - 2242.

[10] REBOLLO L, LOWE D. Optimized orthogonal matching pursuit approach[J]. IEEE Signal Processing Letters, 2002, 4(9): 137 - 140.

[11] NEEDELL D, VERSHYNIN R. Uniform uncertainty principle and signal recovery via regularized orthogonal matching pursuit [J]. Foundations of Computational Mathematics, 2009, 9: 317 - 334.

[12] NEEDEL D, TROPP J. CoSaMP: Iterative signal recovery from incomplete and inaccurate samples[J]. Applied and Computational Harmonic Analysis, 2009, 26: 301 - 321.

[13] DAI W, MILENKOVIC O. Subspace pursuit for compressive sensing signal reconstruction [J]. IEEE Transactions on Signal Processing, 2009, 55(5): 2230 - 2249.

[14] VARADARAJAN B, KHUDANPUR S, TRAN D. Stepwise Optimal Subspace Pursuit for Improving Sparse Recovery[J]. IEEE Signal Processing Letters, 2011, 18(1): 27 - 30.

[15] TROPP J, GILBERT A. Signal recovery from random measurements via orthogonal matching pursuit[J]. IEEE Trans. on Information Theory, 2007, 53(12): 4655 - 4666.

[16] DAVENPORT M, WAKIN B. Analysis of orthogonal matching pursuit using the restricted isometry property[J]. IEEE Trans. on Information Theory, 2010 56(9): 4395 - 4401.

[17] CAI T T, WANG L. Orthogonal matching pursuit for sparse signal recovery with noise [J]. IEEE Trans. on Information Theory, 2011, 57(7) : 4680 - 4688.

[18] DONOHO D, HUO X. Uncertainty principles and ideal atomic decomposition[J]. IEEE Trans. on Information Theory, 2001, 47(7): 2845 - 2862.

[19] CHEN S S, DONOHO D L, SAUNDERS M A. Atomic decomposition by basis pursuit [J]. SIAM Journal Scientific Computing, 1999, 20(1): 33 - 61.

[20] NATARAJAN B K. Sparse approximate solutions to linear systems[J]. SIAM Journal Scientific Computing, 1995, 24(2): 227 - 234.

[21] CAI T T, WANG L, XU G. Stable recovery of sparse signals and an oracle inequality[J]. IEEE Trans. on Information Theory, 2010, 56(7): 3516 - 3522.

[22] CAI T T, WANG L, XU G. Shifting inequality and recovery of sparse Signals[J]. IEEE Trans. on Signal Processing, 2010, 58(3): 1300 - 1308.

[23] CANDES E J, ROMBERG J, TAO T. Stable signal recovery from incomplete and inaccurate measurements [J]. Communications on Pure and Applied Mathematics, 2006, 59: 1207 - 1223.

[24] CANDES E J, ROMBERG J, TAO T. Robust uncertainty principles: exact signal reconstruction from highly incomplete frequency information[J]. IEEE Trans. on Information Theory, 2006, 52(3): 489 - 509.

[25] TROPP J. Just relax: convex programming methods for identifying sparse signals in noise[J]. IEEE Trans. on Information Theory, 2006, 52(3): 1030 - 1051.

[26] CANDES E J, TAO T. The Dantzig selector: Statistical estimation when p is much larger than n (with discussion)[J]. Annals of Statistics, 2007, 35: 2313 – 2351.

[27] BICKEL P, RITOV Y. Simultaneous analysis of Lasso and Dantzig selector[J]. Annals of Statistics, 2009, 37(4): 1705 – 1732.

[28] CHARTRAND R, STANEVA V. Restricted isometry properties and nonconvex compressive sensing[J]. Inverse Problems, 2008, 24(3): 20 – 35.

[29] CHARTRAND R. Exact reconstruction of sparse signals via nonconvex minimization[J]. IEEE Signal Processing Letters, 2007, 14(10): 707 – 710.

[30] MOHIMANI H, BABAIE Z M., JUTTEN C. A fast approach for overcomplete sparse decomposition based on smoothed $l_0$ norm[J]. IEEE Trans. on Signal Processing, 2009, 57(1): 289 – 301.

[31] ZHANG Y, KINGSBURY N. Fast $l_0$ – based sparse signal recovery[J]. Machine Learning for Signal Processing, 2010, 29(1): 403 – 408.

[32] HYDER M, MAHATA K. An Improved Smoothed $l_0$ Approximation Algorithm for Sparse Representation[J]. IEEE Trans. on Signal Processing, 2010, 58(4): 2194 – 2205.

[33] HYDER M, MAHATA K. An approximate $l_0$ norm minimization algorithm for compressed sensing[C]. Taipei, Taiwan: IEEE International Conference on Acoustics, Speech, and Signal Processing (ICASSP), 2009, 3365 – 3368.

[34] MOHIMANI H, ZADEH M, JUTTEN C. A fast approach for overcomplete sparse decomposition based on smoothed $l_0$ norm[J]. IEEE Trans. on Signal Processing, 2009, 57(1): 289 – 301.

[35] MURRAY J F, DELGADO K. An improved FOCUSS-based learning algorithm for solving sparse linear inverse problems[C]. Pacific Grove, California, USA: IEEE Conference Record of the Thirty-Fifth Asilomar Conference, 2001, 1: 347 – 351.

[36] WIPF D, NAGARAJAN S. Iterative reweighted $l_1$ and $l_2$ methods for finding sparse solutions [J]. IEEE Journal of Selected Topics in Signal Processing, 2010, 4(2): 317 – 329.

[37] CHARTRAND R, YIN W. Iteratively reweighted algorithms for compressive sensing[C]. , Nevada, U. S. A: IEEE International Conference on Acoustics, Speech, and Signal Processing (ICASSP), 2008: 3869 – 3872.

[38] RODRíGUEZ P, WOHLBERG B. An iterative reweighted norm algorithm for total variation regularization[J]. IEEE Signal Processing Letters, 2007, 14(12): 948 – 951.

[39] MOURAD N, REILLY J. Minimizing Nonconvex Functions for Sparse Vector Reconstruction [J]. IEEE Trans. on Signal Processing, 2010, 58(7): 3485 – 3496.

[40] GORODNITSKY I, RAO B. Sparse signal reconstructions from limited data using FOCUSS: A re-weighted minimum norm algorithm[J]. IEEE Trans. on Signal Processing, 1997, 45(3): 600 – 616.

[41] MIOSSO C, BORRIES R, ARGAEZ M, VELAZQUEZ L. Compressive sensing reconstruction with prior information by iteratively reweighted least-squares[J]. IEEE Trans. on Signal Pro-

cessing, 2009, 57(6): 2424 – 2431.
[42] DELGADO K, RAO B. FOCUSS-based dictionary learning algorithms[J]. Wavelet Application Signal Image Processing, Bellingham, 2000, 41(19): 459 – 473.
[43] WOLKE R, SCHWETLICK H. Iteratively reweighted least squares: Algorithms, convergence analysis, and numerical comparisons[J]. SIAM Journal on Scientific Computing, 1988, 9(5): 907 – 921.
[44] TARIK Y, JIAN L, MING X, et al. Source localization and sensing: a nonparametric iterative adaptive approach based on weighted least squares[J]. IEEE Trans. on Aerospace and Electronic Systems, 2010, 46(1): 425 – 443.
[45] TARIK Y, JIAN L, MING X, et al. Source localization and sensing: a nonparametric iterative adaptive approach based on weighted least squares[J]. IEEE Trans. on Aerospace and Electronic Systems, 2010, 46(1): 425 – 443.
[46] TIPPING M E. Sparse Bayesian learning and the relevance vector machine[J]. Journal of Machine Learning Research, 2001, 1: 211 – 244.
[47] TIPPING M E. The relevance vector machine[J]. Advances in Neural Information Processing Systems, 2000, 12: 652 – 658.
[48] WIPF D P, RAO B D. Sparse Bayesian learning for basis selection[J]. IEEE Trans. on Signal Processing, 2004, 52(8): 2153 – 2164.
[49] BARON D, SARVOTHAM S, BARANIUK R G. Bayesian compressive sensing via belief propagation[J]. IEEE Trans. on Signal Processing, 2009, 20(3): 85 – 98.
[50] WIPF D P, RAO B D, NAGARAJAN S. Latent variable Bayesian models for promoting sparsity [J]. IEEE Trans. on Information Theory, 2011, 57(9), 6236 – 6255.
[51] BABACAN S D, RAFAEL M, AGGELOS K. Bayesian compressive sensing using Laplace priors [J]. IEEE Trans. on Signal Processing, 2010, 19(1): 53 – 63.
[52] JI S, XUE Y, CARIN L. Bayesian compressive sensing[J]. IEEE Trans. on Signal Processing, 2008, 56(6): 2346 – 2356.
[53] FAUL A, TIPPING M. Analysis of sparse Bayesian learning[J]. Advance Neural Information Processing System, 2002, 14: 383 – 389.
[54] TAN X, LI J. Computationally Efficient Sparse Bayesian Learning via Belief Propagation[J]. IEEE Trans. on Signal Processing, 2010, 58(4): 2010 – 2021.
[55] GABOR D. Theory of communication[J]. IEE, 1946, 93: 429 – 457.
[56] GARDNER W A, NAPOLITANO A, PAURA L. Cyclostationarity: half a century of research [J]. Signal processing. 2006, 86: 639 – 697.
[57] GARDNER W A. Cyclic Wiener filtering: theory and method[J]. IEEE Trans. on Communications. 1993, 41: 151 – 163.
[58] GARDNER W. Spectral correlation of modulated signals: Part I——analog modulation [J]. IEEE Trans. on Communications. 1987, 35: 584 – 594.

[59] GARDNER W, BROWN W, CHEN C K. Spectral correlation of modulated signals: Part II——digital modulation[J]. IEEE Trans. on Communications. 1987, 35: 595 - 601.

[60] 黄知涛,周一宇,姜文利. 循环平稳信号处理与应用[M]. 北京:科学出版社, 2006.

[61] LATHAUWER L D. A link between the canonical decomposition in multilinear algebra and simultaneous matrix diagonalization[J]. SIAM J. Matrix Anal. Appl, 2006, 28(3): 642 - 666.

[62] KRUSKAL J B. Three-way arrays: rank and uniqueness of trilinear decompositions, with application to arithmetic complexity and statistics [J]. Linear Algebra Application, 1977, 18: 95 - 138.

[63] NION D, LATHAUWER L D. Line search computation of the block factor model for blind multiuser access in wireless communications[C]. Cannes, France: Proceedings of SPAWC'06, July 2 - 5, 2006.

[64] JIANG T, SIDIROPOULOS N D. Kruskal's permutation lemma and the identification of CANDECOMP/PARAFAC and bilinear models with constant modulus constraints[J]. IEEE Trans. on Signal Processing, 2004, 52(9): 2625 - 2636.

[65] NION D, LATHAUWER L D. An enhanced line search scheme for complex-valued tensor decompositions. Application in DS-CDMA[J]. Signal Processing, 2008, 88: 749 - 755.

# 第3章 基于聚类的稀疏信号欠定混合矩阵估计理论与方法

大多数基于稀疏性的欠定混合矩阵估计算法需要假设源信号在时域是充分稀疏的,或者源信号在时频域上是不混叠的,而在复杂电磁环境下接收到的信号在时域是非稀疏的并且在时频域上往往也是相互混叠的,一般不满足上述的假设条件。目前的研究一般假设每个信号都存在单源邻域或者单源点(在该区域内,只有一个源信号起主导作用,其余源信号能量近似为零),通过检测单源邻域或者单源点并对其对应的混合矢量进行聚类完成混合矩阵的估计。比较经典的方法包括 DUET、TIFROM 等,这些方法都是假设源信号存在单源邻域。针对仅存在单源点的情况,目前的研究仅能适应瞬时混合模型,即源信号是实数的情况。此外,这类方法一般假设源个数事先已知,而欠定条件下的源个数估计本身就是一个难题。本章分别针对存在时频单源邻域和时频单源点两种情况展开讨论,并且实现了源信号个数和混合矩阵的联合估计。

本章的安排如下:3.1 节详细分析基于单源检测及聚类的欠定混合矩阵估计算法原理,总结算法的处理框架,并对时频单源邻域、时频单源点等概念进行说明;3.2 节分别针对源信号存在时频单源邻域和时频单源点两种情况,介绍对应的单源检测方法;3.3 节在 3.2 节的基础上,介绍基于聚类的源个数和混合矩阵联合估计方法;章末对本章进行总结,比较分析本章所介绍算法的特点和应用条件,并对算法应用过程中的参数选择和设置问题进行讨论和说明。

## 3.1 算法理论框架

混合信号模型为式(1.17)。由于不同电子信息系统的工作时间、工作频段和参数不会完全相同,从而使得不同源信号在时频域内不一定完全重叠,源信号在时频域上满足稀疏性要求。因此,对于雷达通信类无线电信号,一般利用其时频域的稀疏性完成混合矩阵的估计。本章所讨论的源信号稀疏性指的是时频域上的稀疏性,采用短时傅里叶变换完成时频表示。

分别对接收信号 $x_i(t)(0\leqslant t\leqslant T)$ 和源信号 $s_k(t)(0\leqslant t\leqslant T)$ 进行短时傅里叶变换,即

$$X_i(t,f) = \int_0^T x_i(\tau)g^*(\tau - t)\mathrm{e}^{-\mathrm{j}2\pi f\tau}\mathrm{d}\tau \tag{3.1}$$

$$S_k(t,f) = \int_0^T s_k(\tau)g^*(\tau - t)\mathrm{e}^{-\mathrm{j}2\pi f\tau}\mathrm{d}\tau \tag{3.2}$$

则式(1.17)在时频域上可以表示为

$$\boldsymbol{X}(t,f) = \boldsymbol{AS}(t,f) + \boldsymbol{V}(t,f) \tag{3.3}$$

式中:$\boldsymbol{X}(t,f) = [X_1(t,f), X_2(t,f),\cdots,X_M(t,f)]^{\mathrm{T}}$、$\boldsymbol{S}(t,f) = [S_1(t,f),S_2(t,f),\cdots,S_N(t,f)]^{\mathrm{T}}$ 和 $\boldsymbol{V}(t,f) = [V_1(t,f),V_1(t,f),\cdots,V_M(t,f)]^{\mathrm{T}}$ 分别表示接收信号矢量、源信号矢量和噪声矢量的短时傅里叶变换。

为了便于后续讨论,首先给出如下定义。

定义 3.1(时频支撑点):$\forall(t,f)\in\Omega$,如果满足 $\|\boldsymbol{X}(t,f)\|_2^2>0$,则$(t,f)$是$\boldsymbol{X}(t,f)$的时频支撑点;反之,如果$(t,f)$不是$\boldsymbol{X}(t,f)$的时频支撑点,则满足 $\|\boldsymbol{X}(t,f)\|_2^2=0$。$\|\cdot\|_2$表示2范数。

定义 3.2(时频支撑邻域):设 $\Delta\Omega$ 是以时频点$(t_0,f_0)$为中心的时频邻域,即 $\Delta\Omega=\{(t,f)\mid |t-t_0|<\Delta t, |f-f_0|<\Delta f\}$。如果$\exists(t,f)\in\Delta\Omega$,是$\boldsymbol{X}(t,f)$的时频支撑点,则 $\Delta\Omega$ 为$\boldsymbol{X}(t,f)$的时频支撑邻域;反之,如果 $\Delta\Omega$ 不是$\boldsymbol{X}(t,f)$的时频支撑邻域,则$\forall(t,f)\in\Delta\Omega$,均不是$\boldsymbol{X}(t,f)$的时频支撑点。

定义 3.3(时频单源点):对于时频域混合信号$\boldsymbol{X}(t,f)$,$\forall(t,f)\in\Omega$,如果满足 $|S_k(t,f)|\gg|S_i(t,f)|\ \forall k\neq i$,则认为在时频点$(t,f)$上只存在源信号 $S_k(t,f)$,$(t,f)$是 $S_k(t,f)$ 的时频单源点。

定义 3.4(时频单源邻域):设 $\Delta\Omega$ 是以时频点$(t_0,f_0)$为中心的时频邻域,即 $\Delta\Omega=\{(t,f)\mid |t-t_0|<\Delta t, |f-f_0|<\Delta f\}$。如果$\forall(t,f)\in\Delta\Omega$,都是$\boldsymbol{X}(t,f)$的时频单源点,则 $\Delta\Omega$ 为$\boldsymbol{X}(t,f)$的时频单源邻域;反之,如果 $\Delta\Omega$ 不是$\boldsymbol{X}(t,f)$的时频单源邻域,则一定存在$(t,f)\in\Delta\Omega$,不是$\boldsymbol{X}(t,f)$的时频单源点。

不妨设时频点$(t,f)$为源信号 $s_i(t)$ 的单源点,则$\boldsymbol{X}(t,f)$可以表示为

$$\boldsymbol{X}(t,f) = \boldsymbol{a}_i S_i(t,f) + \boldsymbol{V}(t,f) \tag{3.4}$$

暂时忽略噪声的影响,式(3.4)可以改写为

$$\frac{X_1(t,f)}{a_{1i}} = \frac{X_2(t,f)}{a_{2i}} = \cdots = \frac{X_m(t,f)}{a_{mi}} = S_i(t,f) \tag{3.5}$$

式(3.5)表明,混合信号 $\boldsymbol{X}(t,f)$ 在 $S_i(t,f)$ 的单源点处可以确定一条直线,而直线的方向对应的正是混合矩阵 $\boldsymbol{A}$ 的第 $i$ 个列矢量。由上述分析可知,只要找到所有源信号的单源点,每个源信号将分别确定一条直线,源信号 $s_1(t),s_2(t),\cdots,s_N(t)$ 将确定 $N$ 条直线。因此,通过对直线进行聚类分析就可以估计出混合矩阵,类数目对应源信号个数,类心矢量对应混合矢量。

综上所述,基于单源检测及聚类的欠定混合矩阵估计方法流程如图3.1所示。

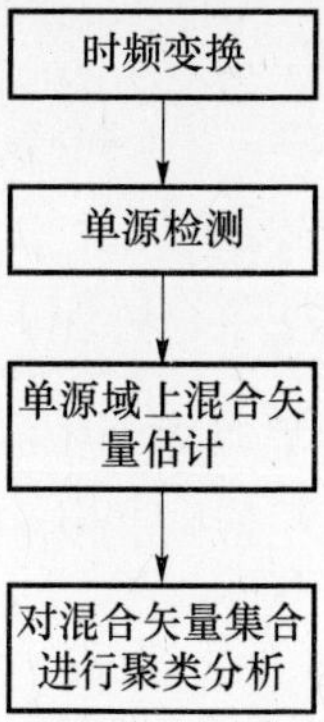


图3.1　基于单源检测及聚类的欠定混合矩阵估计方法基本流程

## 3.2　单源检测方法

本节分别针对存在时频单源邻域和时频单源点两种情况,研究对应的单源检测方法。

### 3.2.1　单源邻域检测方法

为了完成欠定混合矩阵估计,本小节作出如下假设。

假设条件3.2.1:混合矩阵 $\boldsymbol{A}\in\mathbb{C}^{M\times N}$ 的任意 $M\times M$ 的子矩阵是非奇异的。

假设条件3.2.2:任何源信号至少存在一个时频单源邻域。

#### 3.2.1.1　时频支撑邻域检测

下面把信号 $\boldsymbol{X}(t,f)$ 的整个时频平面 $\Omega$ 划分为 $F(F>>N)$ 个不相联的时频邻域 $\Delta\Omega_i(1\leqslant i\leqslant F)$

$$\Delta\Omega_i=\left\{\left(t_i+k_1T,f_i+\frac{k_2}{T}\right)\middle|0\leqslant k_1<K_1,0\leqslant k_2<K_2\right\} \tag{3.6}$$

式中:$T$ 表示短时傅里叶变换的窗长度;$K_1$ 和 $K_2$ 分别为时频邻域 $\Delta\Omega_i$ 在时间和频率

上的宽度。

为了剔除仅存在噪声的时频邻域,有效减少估计过程的计算量,首先要从所有时频点中确定混合信号的时频支撑邻域。根据定义 3.2,如果时频邻域是时频支撑邻域,则满足 $\exists(n,f)\in\Delta\Omega$,有 $\|\boldsymbol{X}(t,f)\|_2^2>0$,考虑到噪声的影响,可以通过式(3.7)来判定时频支撑邻域

$$\frac{1}{|\Delta\Omega_i|}\sum_{(t,f)_q\in\Delta\Omega_i}\|\boldsymbol{X}(t,f)_q\|_2^2>\varepsilon \tag{3.7}$$

式中:$\varepsilon$ 为与噪声水平相关的门限值。不妨令满足式(3.7)的时频邻域的数目为 $L$,则信号 $\boldsymbol{X}(t)$ 的时频支撑域可以表示为

$$\Omega_x=\cup_{l=1}^{L}\Delta\Omega_l \tag{3.8}$$

#### 3.2.1.2 基于特征值分解的单源邻域检测

假设在任意时频邻域 $\Delta\Omega_l(l=1,2\cdots,L)$ 内,同时存在的源信号数目为 $m$,源信号对应的混合矩阵列矢量为 $\{\boldsymbol{a}_{k_1},\cdots,\boldsymbol{a}_{k_m}\}$,其中,$\{k_1,\cdots,k_m\}\subset\{1,\cdots,N\}$,则对于任意时频点 $(t,f)\in\Delta\Omega_l$,$\boldsymbol{X}(t,f)$ 可以表示为

$$\boldsymbol{X}(t,f)=\sum_{i=1}^{m}\boldsymbol{a}_{k_i}S_{k_i}(t,f)+\boldsymbol{V}(t,f) \tag{3.9}$$

由假设条件 3.2.1 知,混合矩阵的列矢量 $\{\boldsymbol{a}_{k_1},\boldsymbol{a}_{k_2},\cdots,\boldsymbol{a}_{k_m}\}$ 是线性无关的,下面通过 Gram-Schmidt 正交化[1],把线性无关的矢量转化成标准正交基 $\{\boldsymbol{u}_{k_1},\boldsymbol{u}_{k_2},\cdots,\boldsymbol{u}_{k_m}\}$。

令 $\boldsymbol{u}_{k_1}=\dfrac{\boldsymbol{a}_{k_1}}{\|\boldsymbol{a}_{k_1}\|}$,则 $\boldsymbol{u}_{k_i}=\dfrac{\boldsymbol{p}_{k_i}}{\|\boldsymbol{p}_{k_i}\|}$,$\boldsymbol{p}_{k_i}=\boldsymbol{a}_{k_i}-\sum\limits_{j=1}^{i-1}\langle\boldsymbol{a}_{k_m},\boldsymbol{u}_{k_j}\rangle\boldsymbol{u}_{k_j}(i=2,\cdots,m)$,混合矩阵的列矢量 $\boldsymbol{a}_{k_i}$ 可以表示为

$$\boldsymbol{a}_{k_i}=\boldsymbol{u}_{k_i}\|\boldsymbol{p}_{k_i}\|+\sum_{j=1}^{i-1}\langle\boldsymbol{a}_{k_i},\boldsymbol{u}_{k_j}\rangle\boldsymbol{u}_{k_j}\qquad(i=1,\cdots,m) \tag{3.10}$$

式中:$\|\boldsymbol{p}_{k_1}\|=\|\boldsymbol{a}_{k_1}\|$,把式(3.10)代入式(3.9)得

$$\begin{aligned}\boldsymbol{X}(t,f)&=\sum_{i=1}^{m}\left(\boldsymbol{u}_{k_i}\|\boldsymbol{p}_{k_i}\|+\sum_{j=1}^{i-1}\langle\boldsymbol{a}_{k_i},\boldsymbol{u}_{k_j}\rangle\boldsymbol{u}_{k_j}\right)S_{k_i}(t,f)+V(t,f)\\&=\sum_{i=1}^{m}\boldsymbol{u}_{k_i}\left(\|\boldsymbol{p}_{k_i}\|S_{k_i}(t,f)+\sum_{j=i+1}^{m}\langle\boldsymbol{a}_{k_j},\boldsymbol{u}_{k_i}\rangle S_{k_j}(t,f)\right)+\boldsymbol{V}(t,f)\end{aligned} \tag{3.11}$$

令 $A_{k_i}(t,f)=\|\boldsymbol{p}_{k_i}\|S_{k_i}(t,f)+\sum\limits_{j=i+1}^{m}\langle\boldsymbol{a}_{k_j},\boldsymbol{u}_{k_i}\rangle S_{k_j}(t,f)$,式(3.11)可以简化为

$$X(t,f) = \sum_{i=1}^{m} A_{k_i}(t,f)\boldsymbol{u}_{k_i} + \boldsymbol{V}(t,f) \tag{3.12}$$

观测信号矢量 $\boldsymbol{X}(t,f)$ 在任意一个单源邻域 $\Delta\Omega_l(l=1,\cdots,L)$ 内的自相关矩阵 $\boldsymbol{R}_l$ 可以表示为

$$\boldsymbol{R}_l = E[\boldsymbol{X}(t,f)\boldsymbol{X}(t,f)^{\mathrm{H}}] \tag{3.13}$$

将式(3.12)代入式(3.13)可得

$$\begin{aligned}\boldsymbol{R}_l &= E\left[\sum_{i=1}^{m}\boldsymbol{u}_{k_i}\boldsymbol{u}_{k_i}^{\mathrm{H}}A_{k_i}(t,f)A_{k_i}^{*}(t,f)\right] + \delta_f^2\boldsymbol{I}_M \\ &= \sum_{i=1}^{m}\boldsymbol{u}_{k_i}\boldsymbol{u}_{k_i}^{\mathrm{H}}E[|A_{k_i}(t,f)|^2] + \delta_f^2\boldsymbol{I}_M\end{aligned} \tag{3.14}$$

式中:$\boldsymbol{I}_M$ 为 $M\times M$ 的单位矩阵;$E[|A_{k_i}(t,f)|^2]$ 可以看作 $A_{k_i}(t,f)$ 在时频区域 $\Delta\Omega_l$ 内的平均功率,则

$$E[|A_{k_i}(t,f)|^2] = \frac{1}{|\Delta\Omega_l|}\int_{(t,f)\in\Delta\Omega}|A_{k_i}(t,f)|^2\mathrm{d}t\mathrm{d}f \tag{3.15}$$

则自相关矩阵 $\boldsymbol{R}_l$ 可以表示为

$$\boldsymbol{R}_l = \sum_{i=1}^{m}\boldsymbol{u}_{k_i}\boldsymbol{u}_{k_i}^{\mathrm{H}}\frac{1}{|\Delta\Omega_l|}\int_{(t,f)\in\Delta\Omega_l}|A_{k_i}(t,f)|^2\mathrm{d}t\mathrm{d}f + \delta_f^2\boldsymbol{I}_M \tag{3.16}$$

令 $B_{k_i} = \frac{1}{|\Delta\Omega_l|}\int_{(t,f)\in\Delta\Omega_l}|A_{k_i}(t,f)|^2\mathrm{d}t\mathrm{d}f$,式(3.16)可以简化为

$$\boldsymbol{R}_l = \sum_{i=1}^{m}B_{k_i}\boldsymbol{u}_{k_i}\boldsymbol{u}_{k_i}^{\mathrm{H}} + \sigma_f^2\boldsymbol{I}_M \tag{3.17}$$

对自相关矩阵 $\boldsymbol{R}_l$ 进行特征值分解,$\boldsymbol{R}_l$ 的 $M$ 个特征值为 $\lambda_i(1\leqslant i\leqslant M)$,并且 $\lambda_1 > \lambda_2\cdots > \lambda_M$。不妨令 $B_{k_1} > B_{k_2}\cdots > B_{k_m}$,由于 $\{\boldsymbol{u}_{k_1},\cdots,\boldsymbol{u}_{k_m}\}$ 是标准正交基,则特征值 $\lambda_i$ 为

$$\lambda_i = \begin{cases}B_{k_i} + \sigma_f^2 & i=1,\cdots m \\ \sigma_f^2 & i=m+1,\cdots,M\end{cases} \tag{3.18}$$

从 $A_{k_i}(t,f)$ 的表达式可以看出 $\lambda_i$ 的取值与混合矩阵的列矢量 $\{\boldsymbol{a}_{k_1},\boldsymbol{a}_{k_2},\cdots,\boldsymbol{a}_{k_m}\}$ 之间的夹角和单源区域 $\Delta\Omega_l$ 内源信号的功率 $P_{k_i} = \frac{1}{|\Delta\Omega_l|}\int_{(t,f)\in\Delta\Omega_l}|S_{k_i}(t,f)|^2\mathrm{d}t\mathrm{d}f$ 有关。当混合矩阵的列矢量 $\{\boldsymbol{a}_{k_1},\boldsymbol{a}_{k_2},\cdots,\boldsymbol{a}_{k_m}\}$ 相互正交时

$$\sum_{j=1}^{i-1}\langle\boldsymbol{a}_{k_i},\boldsymbol{u}_{k_j}\rangle\boldsymbol{u}_{k_j} = 0 \qquad i=2,\cdots,m \tag{3.19}$$

则 $B_{k_i}$ 简化为

$$\begin{aligned} B_{k_i} &= \frac{1}{|\Delta\Omega_l|}\int_{(t,f)\in\Delta\Omega}|A_{k_i}(t,f)|^2\mathrm{d}t\mathrm{d}f \\ &= \frac{1}{|\Delta\Omega_l|}\int_{(t,f)\in\Delta\Omega}|S_{k_i}(t,f)|^2\mathrm{d}t\mathrm{d}f \\ &= P_{k_i} \end{aligned} \tag{3.20}$$

特征值 $\lambda_i$ 可以简化为

$$\lambda_i = \begin{cases} P_{k_i} + \sigma_f^2 & i = 1,\cdots,m \\ \sigma_f^2 & i = m+1,\cdots,M \end{cases} \tag{3.21}$$

定义单源检测量为

$$H = \frac{\lambda_1 - \lambda_M}{\lambda_2 - \lambda_M} \tag{3.22}$$

当同时存在的源信号数目为零时，$H = \frac{\sigma_f^2 - \sigma_f^2}{\sigma_f^2 - \sigma_f^2} = 1$；当同时存在的源信号数目为 1 时，$H = \frac{B_{k_1}}{\sigma_f^2 - \sigma_f^2} = \infty$；当同时存在的源信号数目大于 1 时，$H = \frac{B_{k_1}}{B_{k_2}}$，即

$$H = \begin{cases} \dfrac{\sigma_f^2 - \sigma_f^2}{\sigma_f^2 - \sigma_f^2} = 1 & m = 0 \\ \dfrac{B_{k_1}}{B_{k_2}} & m > 1 \\ \dfrac{B_{k_1}}{\sigma_f^2 - \sigma_f^2} = \infty & m = 1 \end{cases} \tag{3.23}$$

上面从理论上推导了基于特征值分解的单源检测算法的有效性。由于无法计算准确的自相关矩阵 $\boldsymbol{R}_l$，可以利用集合平均代替统计平均，则 $\boldsymbol{R}_l$ 的估计 $\hat{R}_l$ 可以表示为[2]

$$\hat{\boldsymbol{R}}_l = \frac{1}{|\Delta\Omega_l|}\int_{(t,f)\in\Delta\Omega}\boldsymbol{X}(t,f)\boldsymbol{X}(t,f)^{\mathrm{H}}\mathrm{d}t\mathrm{d}f \tag{3.24}$$

计算 $L$ 个自相关矩阵 $\{\hat{\boldsymbol{R}}_l \mid l = 1,\cdots,L\}$，分别对 $\hat{\boldsymbol{R}}_l$ 进行特征值分解并估计出单源检测量 $\hat{H}$。由于单源区域的 $H$ 是无穷大，在实际中可以通过设置一个门限值 th，把 $\hat{H}$ 与检测门限 th 比较，判断时频区域 $\Delta\Omega_l$ 是否为单源区域，当 $\hat{H} < \mathrm{th}$ 时，源信号数目

$m$ 为 1,即 $\Delta\Omega_l$ 是单源区域;当 $\hat{H}<\text{th}$ 时,源信号数目 $m$ 不为 1,即 $\Delta\Omega_l$ 不是单源区域。

通过上面的单源检测方法,不妨设从 $L$ 个时频邻域中检测出 $K\ (N<K<L)$ 个单源邻域 $\Delta\Omega_{l_i}(i=1,2,\cdots,K)$,其中 $\{l_1,l_2,\cdots,l_K\}\subset\{1,2,\cdots,L\}$。对于任意单源邻域 $\Delta\Omega_{l_i}$,假设当前不为零的源信号为 $S_k(t,f)$,则

$$\boldsymbol{X}(t,f)=\boldsymbol{a}_k S_k(t,f)+\boldsymbol{V}(t,f)\qquad (t,f)\in\Delta\Omega_{l_i}\tag{3.25}$$

$\boldsymbol{X}(t,f)$ 的自相关矩阵 $\boldsymbol{R}_{l_i}$ 可以表示为

$$\boldsymbol{R}_{l_i}=\boldsymbol{a}_k\boldsymbol{a}_k^{\mathrm{H}}\frac{1}{|\Delta\Omega_{l_i}|}\int_{(t,f)\in\Delta\Omega_{l_i}}|S_k(t,f)|^2\mathrm{d}t\mathrm{d}f+\sigma_f^2\boldsymbol{I}_M\tag{3.26}$$

对 $\boldsymbol{R}_{l_i}$ 进行特征值分解,则最大特征值对应的特征矢量 $\boldsymbol{d}_i$ 就是源信号 $S_k(t,f)$ 对应的混合矢量 $\boldsymbol{a}_k$ 的估计,$\boldsymbol{d}_i$ 和 $\boldsymbol{a}_k$ 只相差一个复系数,考虑到盲源分离问题存在固有的幅度模糊,这并不会影响后续源信号波形的恢复。

综上所述,时频单源邻域检测方法详细步骤如表 3.1 所列。

表 3.1　时频单源邻域检测方法

| |
|---|
| Step1:根据式(3.1)计算观测信号的 STFT; |
| Step2:根据式(3.6)把信号 $\boldsymbol{X}(t,f)$ 的整个时频平面 $\Omega$ 划分为 $F(F\gg N)$ 个不相联的时频邻域 $\Delta\Omega_i(1\leqslant i\leqslant F)$; |
| Step3:根据式(3.7)检测时频支撑邻域; |
| Step4:在每个时频支撑邻域上,根据式(3.24)计算自相关阵 $\boldsymbol{R}_l$; |
| Step5:对每个时频支撑邻域上的 $\boldsymbol{R}_l$ 进行特征值分解,并根据式(3.22)计算单源检测量 $\hat{H}$; |
| Step6:当 $\hat{H}>th$ 时,源信号数目 $m$ 为 1,即 $\Delta\Omega_l$ 是单源区域;当 $\hat{H}<th$ 时,源信号数目 $m$ 不为 1,即 $\Delta\Omega_l$ 不是单源区域。 |

#### 3.2.1.3　算法说明与讨论

1）时频邻域的划分

式(3.6)中合适的 $K_1$ 和 $K_2$ 的选取取决于源信号的稀疏性。$K_1$ 和 $K_2$ 的选取要保证假设条件 3.2.2 能够得到满足。对于充分稀疏的源信号(源信号在时频域重叠较少),假设条件 3.2.2 很容易满足,$K_1$ 和 $K_2$ 的取值可以相对较小,使得每个时频邻域内的样点数目足够多,以提高源信号估计的精度;对于非充分稀疏的源信号(源信号在时频域重叠严重),为了保证假设条件 3.2.2 能够满足,应该选取相对较大的 $K_1$ 和 $K_2$。

2）噪声阈值的选取(时频支撑域选取)

一方面,阈值的选取和噪声水平相关,在实际应用中可以通过多次试验确定。另一方面,选取时频支撑域的主要目的是减少计算量,因而并不是本节算法的关键步骤,在应用中也可以省略此步骤。

### 3.2.2 单源点检测方法

本小节讨论基于时频单源点检测的欠定混合矩阵估计算法。由于混合信号在时频单源点处的时频比等于该源信号对应的混合矢量,该算法的核心步骤就是检测所有源信号的时频单源点,再通过对时频单源点对应的混合矢量集合进行聚类分析就能完成混合矩阵的估计。相比3.3.1节讨论的单源领域检测方法,该算法是对信号的时频点进行检测,不需要假设源信号时频单源点是连续的且构成单源邻域。

为了完成欠定混合矩阵估计,本小节作出如下假设。

假设条件3.2.3:混合矩阵$\boldsymbol{A}\in\mathbb{C}^{M\times N}$的任意$M\times M$的子矩阵是非奇异的。

假设条件3.2.4:任何源信号至少存在多个时频单源邻域。

#### 3.2.2.1 时频支撑点检测

为了剔除仅存在噪声的时频点,有效减少估计过程的计算量,首先要从所有时频点中确定混合信号的时频支撑点。根据定义3.1,如果时频点是时频支撑点,则满足$\|\boldsymbol{X}(t,f)\|_2^2>0$,考虑到噪声的影响,可以通过式(3.27)来判定时频支撑点

$$\|\boldsymbol{X}(t,f)\|_2^2>\xi \tag{3.27}$$

式中:$\xi$是与噪声相关的门限值。不妨设满足式(3.27)的时频点数目为$L$,即混合信号的时频支撑点集合为$\boldsymbol{\Theta}=\cup_{i=1}^{L}(t_i,f_i)$。由假设条件3.2.4可知,所有源信号都存在多个时频单源点。因此,如果能分别检测出不同源信号的时频单源点就可以完成对应的混合矢量的估计。

#### 3.2.2.2 基于时频比的时频单源点检测

假设源信号$S_k(t,f)$的时频单源点集合为$\boldsymbol{\Lambda}_k=\cup_{i=1}^{L_k}(t_{k_i},f_{k_i})\subset\boldsymbol{\Theta}$,$L_k$表示$S_k(t,f)$的时频单源点数目。则$\forall(t_{k_i},f_{k_i})\in\boldsymbol{\Lambda}_k$,$\boldsymbol{X}(t,f)$可以表示为

$$\boldsymbol{X}(t,f)=\boldsymbol{a}_kS_k(t,f)+\boldsymbol{V}(t,f) \tag{3.28}$$

暂时忽略噪声的影响,$\forall m\in\{1,\cdots,M\}$,计算各通道观测信号与第$m$个通道观测信号的时频比,可以得到

$$\begin{aligned}\boldsymbol{w}&=\left[\frac{X_1(t,f)}{X_m(t,f)},\cdots,\frac{X_{m-1}(t,f)}{X_m(t,f)},1,\frac{X_{m+1}(t,f)}{X_m(t,f)},\cdots,\frac{X_M(t,f)}{X_m(t,f)}\right]^{\mathrm{T}}\\&=\left[\frac{a_{k1}}{a_{km}},\cdots,\frac{a_{k(m-1)}}{a_{km}},1,\frac{a_{k(m+1)}}{a_{km}},\cdots,\frac{a_{kM}}{a_{km}}\right]^{\mathrm{T}}=\frac{1}{a_{km}}\boldsymbol{a}_k\end{aligned} \tag{3.29}$$

式(3.29)表明,混合信号$\boldsymbol{X}(t,f)$在单源点处的时频比是一个常数。不妨设信号

$S_k(t,f)$ 所有的时频单源点为 $(t_{k_i},f_{k_i})\in\Lambda_k(i=1,\cdots,L_k)$，则所有时频单源点处对应时频比矩阵可以表示为

$$\begin{bmatrix} \frac{X_1(t_{k_1},f_{k_1})}{X_m(t_{k_1},f_{k_1})} & \frac{X_1(t_{k_2},f_{k_2})}{X_m(t_{k_2},f_{k_2})} & \cdots & \frac{X_1(t_{k_{L_k}},f_{k_{L_k}})}{X_m(t_{k_{L_k}},f_{k_{L_k}})} \\ \vdots & \vdots & & \vdots \\ \frac{X_{m-1}(t_{k_1},f_{k_1})}{X_m(t_{k_1},f_{k_1})} & \frac{X_{m-1}(t_{k_2},f_{k_2})}{X_m(t_{k_2},f_{k_2})} & \cdots & \frac{X_{m-1}(t_{k_{L_k}},f_{k_{L_k}})}{X_m(t_{k_{L_k}},f_{k_{L_k}})} \\ 1 & 1 & \cdots & 1 \\ \frac{X_{m+1}(t_{k_1},f_{k_1})}{X_m(t_{k_1},f_{k_1})} & \frac{X_{m+1}(t_{k_2},f_{k_2})}{X_m(t_{k_2},f_{k_2})} & \cdots & \frac{X_{m+1}(t_{k_{L_k}},f_{k_{L_k}})}{X_m(t_{k_{L_k}},f_{k_{L_k}})} \\ \vdots & \vdots & & \vdots \\ \frac{X_M(t_{k_1},f_{k_1})}{X_m(t_{k_1},f_{k_1})} & \frac{X_M(t_{k_2},f_{k_2})}{X_m(t_{k_2},f_{k_2})} & \cdots & \frac{X_M(t_{k_{L_k}},f_{k_{L_k}})}{X_m(t_{k_{L_k}},f_{k_{L_k}})} \end{bmatrix}$$

$$= \begin{bmatrix} \frac{a_{k1}}{a_{km}} & \frac{a_{k1}}{a_{km}} & \cdots & \frac{a_{k1}}{a_{km}} \\ \vdots & \vdots & & \vdots \\ \frac{a_{k(m-1)}}{a_{km}} & \frac{a_{k(m-1)}}{a_{km}} & \cdots & \frac{a_{k(m-1)}}{a_{km}} \\ 1 & 1 & \cdots & 1 \\ \frac{a_{k(m+1)}}{a_{km}} & \frac{a_{k(m+1)}}{a_{km}} & \cdots & \frac{a_{k(m+1)}}{a_{km}} \\ \vdots & \vdots & & \vdots \\ \frac{a_{kM}}{a_{km}} & \frac{a_{kM}}{a_{km}} & \cdots & \frac{a_{kM}}{a_{km}} \end{bmatrix} \tag{3.30}$$

考虑噪声的影响，可以利用式(3.31)完成源信号 $S_k(t,f)$ 对应的混合矢量 $\boldsymbol{a}_k$ 的估计，

$$\hat{\boldsymbol{a}}_k = \left[\frac{1}{L_k}\sum_{i=1}^{L_k}\frac{X_1(t_{k_i},f_{k_i})}{X_m(t_{k_i},f_{k_i})},\cdots\frac{1}{L_k}\sum_{i=1}^{L_k}\frac{X_M(t_{k_i},f_{k_i})}{X_m(t_{k_i},f_{k_i})}\right]^{\mathrm{T}} \tag{3.31}$$

$\hat{\boldsymbol{a}}_k$和$\boldsymbol{a}_k$仅相差一个复系数，由于盲源分离存在固有的幅度模糊性，这并不影响混合矩阵的估计结果。从式(3.31)可以看出，混合信号在时频单源点处的时频比矩阵每一列都等于该源信号对应的混合矢量。考虑噪声的影响，式(3.31)的矩阵每一行元素不可能完全相同，但却具有明显的直线聚类特性，即时频单源点处的时频比矩阵的实部和虚部可以分别聚成$N$条直线，每条直线的高度分别是混合矢量$\boldsymbol{a}_k$实部和虚部的一个元素的估计值(图3.2(b))。时频单源点的检测就转变为对时频比矩阵分布图中$N$条直线的检测。不妨设时频比矩阵的第$l$行的实部取值范围为$[r_l,R_l]$，将$[r_l,R_l]$划分成若干段，并对第$l$行的实部的所有元素进行直方图统计，根据统计结果确定时频单源点对应的混合矢量第$l$个元素实部的取值。同样，采用相同的方法对时频比矩阵的虚部进行直方图统计，确定时频单源点对应的混合矢量第$l$个元素虚部的取值。可以利用奇异值分解的方法进一步提高混合矩阵的估计精度。任意一个时频单源点集$\tilde{\Lambda}_i$上的混合信号可以表示为

$$\tilde{\boldsymbol{X}}_i=\begin{bmatrix} X_1(\tilde{t}_1,\tilde{f}_1) & X_1(\tilde{t}_2,\tilde{f}_2) & \cdots & X_1(\tilde{t}_{\hat{N}_i},\tilde{f}_{\hat{N}_i}) \\ X_2(\tilde{t}_1,\tilde{f}_1) & X_2(\tilde{t}_2,\tilde{f}_2) & \cdots & X_2(\tilde{t}_{\hat{N}_i},\tilde{f}_{\hat{N}_i}) \\ \vdots & \vdots & & \vdots \\ X_M(\tilde{t}_1,\tilde{f}_1) & X_M(\tilde{t}_2,\tilde{f}_2) & \cdots & X_M(\tilde{t}_{\hat{N}_i},\tilde{f}_{\hat{N}_i}) \end{bmatrix}$$

$$(\tilde{t}_j,\tilde{f}_j)\in\tilde{\Lambda}_i \quad j=1,\cdots,\hat{N}_i \tag{3.32}$$

计算$\tilde{\boldsymbol{X}}_i$的自相关矩阵$\tilde{\boldsymbol{R}}_i=\mathrm{E}\{\tilde{\boldsymbol{X}}_i\tilde{\boldsymbol{X}}_i^{\mathrm{H}}\}$，对$\tilde{\boldsymbol{R}}_i$进行奇异值分解，得$\tilde{\boldsymbol{R}}_i=\boldsymbol{USU}^{\mathrm{H}}$，diag$\{\boldsymbol{S}\}$表示奇异值，$\boldsymbol{U}=[\boldsymbol{u}_1,\cdots,\boldsymbol{u}_M]$是酉矩阵。文献[3]证明了在只存在一个源信号的条件下，$\tilde{\boldsymbol{R}}_i$最大奇异值对应的奇异矢量是混合矢量的估计，即

$$\hat{\boldsymbol{e}}_i=\boldsymbol{u}_1 \tag{3.33}$$

综上所述，时频单源点检测算法具体描述总结如表3.2所列。

表3.2 时频单源点检测算法

| |
|---|
| Step1：根据式(3.1)计算观测信号的STFT； |
| Step2：根据式(3.27)检测时频支撑点； |
| Step3：不妨设$m=1$，首先计算时频支撑点上的时频比矩阵 |

（续）

$$\boldsymbol{W}=\begin{bmatrix} 1 & 1 & \cdots & 1 \\ \dfrac{X_2(t_1,f_1)}{X_1(t_1,f_1)} & \dfrac{X_2(t_2,f_2)}{X_1(t_2,f_2)} & \cdots & \dfrac{X_2(t_L,f_L)}{X_1(t_L,f_L)} \\ \vdots & \vdots & & \vdots \\ \dfrac{X_M(t_1,f_1)}{X_1(t_1,f_1)} & \dfrac{X_M(t_2,f_2)}{X_1(t_2,f_2)} & \cdots & \dfrac{X_M(t_L,f_L)}{X_1(t_L,f_L)} \end{bmatrix}$$

由于 $\boldsymbol{W}$ 是 $M\times L$ 的复矩阵，需要分别对 $\boldsymbol{W}$ 的实部 $\boldsymbol{R}$ 和虚部 $\boldsymbol{I}$ 进行直方图统计；

Step4（实部统计）：假设 $\boldsymbol{R}$ 的第 $l$ 行（$l\neq1$）的元素取值范围为 $\mathrm{Re}\left[\dfrac{X_n(t_i,f_i)}{X_1(t_i,f_i)}\right]\in[r_l,R_l]$，$(t_i,f_i)\in\Theta$。将 $[r_l,R_l]$ 划分为 $M_1$ 段，把 $\mathrm{Re}\left[\dfrac{X_n(t_i,f_i)}{X_1(t_i,f_i)}\right]$ 划分成 $M_1$ 组，各组对应的列矢量构成 $M_1$ 个子矩阵 $\boldsymbol{R}_j(j=1,\cdots,M_1)$，剔除其中列数目少于 $K_1$ 的矩阵，则剩余 $N_1$ 个矩阵 $\boldsymbol{R}_{j_k}(k=1,\cdots,N_1)$。其对应的时频点集合分别为 $\Lambda_{j_1},\cdots,\Lambda_{j_{N_1}}$；

Step5（虚部统计）：对 Step2 得到的不同时频点集合对应的虚部矩阵 $\boldsymbol{I}(\Lambda_{j_k})(k=1,\cdots,N_1)$ 分别进行直方图统计。假设 $\boldsymbol{I}(\Lambda_{j_k})$ 第 $n$ 行的元素取值范围为 $\mathrm{lm}\left[\dfrac{X_n(t_i,f_i)}{X_1(t_i,f_i)}\right]\in[i_l,I_l]$，$(t_i,f_i)\in\Lambda_{j_k}$。将 $[i_l,I_l]$ 划分为 $M_2$ 段，把 $\mathrm{lm}\left[\dfrac{X_n(t_i,f_i)}{X_1(t_i,f_i)}\right]$ 划分成 $M_2$ 组，各组对应的列矢量构成 $M_2$ 个子矩阵 $\tilde{\boldsymbol{I}}_j(k=1,\cdots,M_2)$，剔除其中列数目小于 $K_2$ 的矩阵，则剩余的 $\widetilde{N}_{j_k}$ 个矩阵可表示为 $\tilde{\boldsymbol{I}}_{j_k}(k=1,\cdots,\widetilde{N}_{j_k})$。其对应的时频点集合分别为 $\widetilde{\Lambda}_{j_k}^{(1)},\cdots,\widetilde{\Lambda}_{j_k}^{(\widetilde{N}_{j_k})}$；

Step6：（混合矢量估计）：对所有的 $\boldsymbol{I}(\Lambda_{j_k})$ $(k=1,\cdots,N_1)$ 完成直方图统计后，共得到 $\sum_{k=1}^{N_1}\widetilde{N}_{j_k}$ 个时频点集合 $\{\widetilde{\Lambda}_i\}\left(i=1,\cdots,\sum_{k=1}^{N_1}\widetilde{N}_{j_k}\right)=\{\widetilde{\Lambda}_{j_1}^{(1)},\cdots,\widetilde{\Lambda}_{j_1}^{(\widetilde{N}_{j_1})},\widetilde{\Lambda}_{j_2}^{(1)},\cdots,\widetilde{\Lambda}_{j_{N_1}}^{(1)},\cdots,\widetilde{\Lambda}_{j_{N_1}}^{(\widetilde{N}_{j_{N_1}})}\}$。将每个时频单源点集表示成式（3.32）的形式，并对其进行特征值分解，根据式（3.33）估计该单源点集合对应的混合矢量；

Step7：改变 $m$ 的取值，重复 Step1 ~ Step4 的过程（其中 $n\neq m$），可以得到一组新的混合矢量估计

#### 3.2.2.3　算法说明与讨论

1）噪声阈值的选取（时频支撑点选取）

一方面，阈值的选取和噪声水平相关，在实际应用中可以通过多次试验确定；另一方面，选取时频支撑点的主要目的是减少计算量，因而并不是本节算法的关键步骤，在应用中也可以省略此步骤。

2）单源点检测算法中门限值的选取

时频单源点检测过程中用到的门限值集合$\{M_1,K_1,M_2,K_2\}$与噪声水平相关，不同的信噪比条件下可以通过多次试验确定，当单源点检测后的混合矢量集具有明显的直线聚类特性时，$\{M_1,K_1,M_2,K_2\}$即为合适的时频单源点检测门限值，这点可以在后续的仿真分析中得到充分验证。

## 3.3 源个数及混合矩阵估计

通过3.2节的单源检测方法得到的$\{\tilde{\boldsymbol{e}}_1,\tilde{\boldsymbol{e}}_2,\cdots,\tilde{\boldsymbol{e}}_K\}$中每个列矢量都是混合矩阵$\boldsymbol{A}$某一列的估计。特别地，对于单源点检测方法，由于对不同的$m$进行多次估计，$\boldsymbol{A}$的各个列矢量可能被估计多次。因此，需要对$\tilde{\boldsymbol{e}}$进行聚类分析，就可以估计出混合矢量$\{\boldsymbol{a}_1,\boldsymbol{a}_2,\cdots,\boldsymbol{a}_N\}$。而类的数目表示源个数。

为了便于后续讨论，首先说明一下类和类的聚类中心，我们把由多个特征向量组成的集合称为类，如果类$\boldsymbol{C}_p=\{\tilde{\boldsymbol{e}}_{k_1},\tilde{\boldsymbol{e}}_{k_2},\cdots,\tilde{\boldsymbol{e}}_{k_M}\}$，则类$\boldsymbol{C}_p$的聚类中心$\overline{\boldsymbol{C}}_p$为

$$\overline{\boldsymbol{C}}_p=\frac{1}{|\boldsymbol{C}_p|}\sum_{i=1}^{M}\tilde{\boldsymbol{e}}_{k_i} \tag{3.34}$$

式中：$|\boldsymbol{C}_p|=M$表示类$\boldsymbol{C}_p$中样本的数目。将$\{\tilde{\boldsymbol{e}}_1,\tilde{\boldsymbol{e}}_2,\cdots,\tilde{\boldsymbol{e}}_K\}$聚成$N$类$\{\boldsymbol{C}_k^{(J)},k=1,2,\cdots,N\}$，则类心就是混合矩阵的估计。

传统的聚类算法，如$k$均值[4]、模糊$C$[4]等，需要假设源信号个数已知并作为算法的输入参数。然而在实际中，源信号个数往往无法事先获取，同时欠定条件下的源个数估计也是一个难题。针对上述问题，分别引入系统聚类和聚类验证的思路，同时完成源信号数目和混合矩阵的估计。

### 3.3.1 基于系统聚类的源个数和混合矩阵联合估计

首先定义任意两个特征矢量$\tilde{\boldsymbol{e}}_i$和$\tilde{\boldsymbol{e}}_j$之间的欧氏距离$d_{ij}$[5]

$$d_{ij}=\|\tilde{\boldsymbol{e}}_i-\tilde{\boldsymbol{e}}_j\|_2 \tag{3.35}$$

由于$\tilde{\boldsymbol{e}}_k(1\leqslant k\leqslant K)$是归一化的，即$\|\tilde{\boldsymbol{e}}_k\|_2=1\ (1\leqslant k\leqslant K)$，则$0\leqslant d_{ij}\leqslant 2$。

定义两类之间的距离为两类中样本聚类中心的距离，用$D_{pq}$表示类$\boldsymbol{C}_p$与类$\boldsymbol{C}_q$之间的距离，则

$$D_{pq}=\|\overline{\boldsymbol{C}}_p-\overline{\boldsymbol{C}}_q\|_2 \tag{3.36}$$

系统聚类的核心思路是通过不断合并待聚类的特征矢量集合完成聚类。因此，系统聚类方法需要设置两个重要参数，一是类间距离的最小门限，用于控制合并准则；二是类元素数目的最小值，用于剔除虚假类。详细步骤如表3.3所列。

表3.3 基于系统聚类的源个数和混合矩阵估计方法

| |
|---|
| *Step*1：把特征矢量集合$\{\tilde{\boldsymbol{e}}_1,\tilde{\boldsymbol{e}}_2,\cdots,\tilde{\boldsymbol{e}}_K\}$分为$K$类，每个样本为一类，即$\boldsymbol{C}_1=\{\tilde{\boldsymbol{e}}_1\},\boldsymbol{C}_2=\{\tilde{\boldsymbol{e}}_2\},\cdots,\boldsymbol{C}_K=\{\tilde{\boldsymbol{e}}_K\}$，分别计算任意两类$\boldsymbol{C}_p$与$\boldsymbol{C}_q$之间的距离$D_{pq}$，则任意两类之间的距离$D_{pq}$可以构成一个$K\times K$的距离矩阵$\boldsymbol{R}^{(0)}$，由于$D_{pq}=D_{qp}$，故矩阵$\boldsymbol{R}^{(0)}$为对称矩阵； |
| Step2：定义门限$\varepsilon$为两类之间的最小距离，如果距离矩阵$\boldsymbol{R}^{(0)}$中第$(p,q)$个元素$D_{pq}$小于门限值$\varepsilon$，将$D_{pq}$对应的类$\boldsymbol{C}_p$和$\boldsymbol{C}_q$合并成一个新的类，记为$\boldsymbol{C}_r$，则$\boldsymbol{C}_r=\{\boldsymbol{C}_p,\ \boldsymbol{C}_q\}$； |
| Step3：计算新类$\boldsymbol{C}_r$与其他类$\boldsymbol{C}_k(k=1,2,\cdots K,k\neq p,k\neq q)$之间的距离$D_{rk}$，将矩阵$\boldsymbol{R}^{(0)}$中的$p$、$q$行和$p$、$q$列合并为一个新的行和列，对应$\boldsymbol{C}_r$到其他类之间的距离$D_{rk}$，得到一个新的矩阵记为$\boldsymbol{R}^{(1)}$； |
| Step4：对矩阵$\boldsymbol{R}^{(1)}$重复步骤2和3，得到$\boldsymbol{R}^{(2)}$，如此重复直到得到的距离矩阵中所有的元素取值大于门限值$\varepsilon$。如果某一步中小于$\varepsilon$的元素不止一个，则把这些元素对应的类同时合并； |
| Step5：最后得到矩阵为$N_1\times N_1$的矩阵$\boldsymbol{R}$，则特征矢量的集合$\{\boldsymbol{d}_1,\boldsymbol{d}_2,\cdots,\boldsymbol{d}_K\}$被聚为$N_1$类，由于噪声的影响，在$N_1$类中，可能会有噪声引起的虚假类，剔除元素数目小于门限的类，最后得到的类的数目就是源信号的数目$N$，每类结果为：$\boldsymbol{C}_k=\{\boldsymbol{d}_{k_1},\cdots,\boldsymbol{d}_{k_{M_k}}\}(1\leqslant k\leqslant N)$，其中$\sum\limits_{k=1}^{N}M_k=K,\ \bigcup\limits_{k=1}^{N}\{k_1,\cdots,k_{M_k}\}=\{1,2,\cdots,K\}$； |
| Step6：此时，类$\boldsymbol{C}_k$中的每个特征矢量都是混合矢量$\boldsymbol{a}_k$的估计，为了提高估计的精度，降低噪声的影响，把$\boldsymbol{C}_k$中的特征矢量排列成矩阵$D_k=[\boldsymbol{d}_{k_1},\cdots,\boldsymbol{d}_{k_{M_k}}]\ (1\leqslant k\leqslant N)$，对矩阵$D_k$进行奇异值分解，则最大奇异值对应的奇异矢量就是混合矢量$\boldsymbol{a}_k$的估计。 |

### 3.3.2 基于聚类验证的源个数和混合矩阵联合估计

本节引入聚类验证思路[6-8]，即遍历所有可能的类数目分别完成聚类，选取一个最优的聚类结果，实现源个数和混合矩阵的联合估计。因此，聚类验证方法需要设置两个重要参数，一是最大可能的类数目，二是衡量不同聚类结果优劣的评价函数。

首先假设最大可能的类数目为$c_{\max}$，分别利用$k$均值聚类算法（或其他聚类算法）将混合矢量集合$\tilde{\boldsymbol{e}}$聚成$c(c=1,\cdots,c_{\max})$类$\boldsymbol{\Psi}=\{\Psi_1,\cdots,\Psi_c\}$。不妨设每个类中的元素数目为$H_i(i=1,\cdots,c)$，类心为$\hat{\boldsymbol{A}}_c=\{\hat{\boldsymbol{a}}_1,\cdots,\hat{\boldsymbol{a}}_c\}$。良好的聚类结果一般具有类间元素聚集性好而类元素之间距离远的特点。定义同一类类间的紧密程度为

$$\mathrm{Scat}(c)=\frac{1}{c}\sum_{i=1}^{c}\sigma_{\Psi_i}\Big/\sigma_e \tag{3.37}$$

式中

$$\sigma_e=\frac{1}{N_0}\sum_{i=1}^{N_0}(\tilde{\boldsymbol{e}}_i-\bar{\boldsymbol{e}})^2 \tag{3.38}$$

$$\bar{\boldsymbol{e}} = \frac{1}{N_0}\sum_{i=1}^{N_0}\tilde{\boldsymbol{e}}_i \tag{3.39}$$

$$\sigma_{\Psi_i} = \frac{1}{H_i}\sum_{i=1}^{H_i}(\tilde{\boldsymbol{e}}_{l_i} - \hat{\boldsymbol{a}}_i)^2 \quad \tilde{\boldsymbol{e}}_{l_i} \in \boldsymbol{\Psi}_i \tag{3.40}$$

同一类间的元素越接近,Scat($c$)的取值越小,表明该类的聚类结果越好。定义不同类之间的可分离程度为

$$\mathrm{Sep}(c) = \frac{d_{\max}^2}{d_{\min}^2}\sum_{i=1}^{c}\left(\sum_{j=1}^{c}(\hat{\boldsymbol{a}}_i - \hat{\boldsymbol{a}}_j)^2\right)^{-1} \tag{3.41}$$

其中,

$$d_{\max} = \max_{i\neq j}|\hat{\boldsymbol{a}}_i - \hat{\boldsymbol{a}}_j| \tag{3.42}$$

$$d_{\min} = \min_{i\neq j}|\hat{\boldsymbol{a}}_i - \hat{\boldsymbol{a}}_j| \tag{3.43}$$

聚类结果可分离性越好,Sep($c$)的取值越小。定义类验证函数为

$$V(\tilde{\boldsymbol{e}},\boldsymbol{\Psi},c) = \mathrm{Scat}(c) + \frac{\mathrm{Sep}(c)}{\mathrm{Sep}(c_{\max})} \tag{3.44}$$

使得 $V(\tilde{\boldsymbol{e}},\boldsymbol{\Psi},c)$取得最小值的 $c$ 就是源个数的估计结果,即

$$\tilde{N} = \arg\min_{c} V(\tilde{\boldsymbol{e}},\boldsymbol{\Psi},c) \tag{3.45}$$

类数目取 $\tilde{N}$ 时的聚类结果的类心就是混合矩阵的估计 $\hat{\boldsymbol{A}} = \{\hat{\boldsymbol{a}}_1,\cdots,\hat{\boldsymbol{a}}_N\}$。

综上所述,基于聚类验证的源个数和混合矩阵联合估计方法具体步骤如表 3.4 所列。

表 3.4　基于聚类验证的源个数和混合矩阵估计方法

| |
|---|
| Step1:设置最大可能的类数目为 $c_{\max}$; |
| Step2:将混合矢量集合 $\tilde{\boldsymbol{e}}$ 聚成 $c(c=1,\cdots,c_{\max})$类 $\boldsymbol{\Psi}=\{\Psi_1,\cdots,\Psi_c\}$; |
| Step3:根据式(3.44)计算聚类验证函数 $V(\tilde{\boldsymbol{e}},\boldsymbol{\Psi},c)$; |
| Step4:根据式(3.45)计算源个数,对应的聚类结果的类心即混合矩阵估计结果。 |

### 3.3.3　性能仿真与分析

根据源信号稀疏程度的不同,可以选择不同的单源检测方法组合不同的聚类方法实现混合矩阵的估计。为了简化表述,基于单源邻域检测的欠定混合盲辨识方法简称为 SSRBIUM,即联合运用表 3.1 方法 + 表 3.3 或者表 3.4 方法。基于单源点检测的欠定混合盲辨识方法简称为 SSPBIUM(Single Source Point Blind

Identification of Underdetermined Mixtures),即联合运用表 3.2 + 表 3.3 或者表 3.4 方法。

#### 3.3.3.1　SSRBIUM 方法仿真分析

仿真实验 3.3.1:验证单源邻域检测算法的性能。

源信号为 4 个高斯最小频移键控(GMSK)调制的信号,入射方向 $\theta_k(1\leqslant k\leqslant 4)$ 分别为 π/8、π/3,3π/5 和 3π/4,接收天线为阵元数目 $M=3$ 的均匀线阵,相邻阵元之间的距离为半个波长,信号的中频频率为 400kHz、450kHz、500kHz、550kHz,信息速率为 200 千符号/s,采样率为 2 兆符号/s,则混合矩阵 $\boldsymbol{A}$ 的第 $k$ 个混合矢量 $\boldsymbol{a}_k$ 可以表示为

$$\boldsymbol{a}_k=[1,\ \exp(-\mathrm{j}\pi\cos\theta_k),\ \exp(-\mathrm{j}2\pi\cos\theta_k)]^{\mathrm{T}} \tag{3.46}$$

表 3.1 为每个源信号的持续时间、频率、信息速率、入射方向等参数。

表 3.5　仿真实验 3.3.1 源信号参数列表

| 源信号 | 信号持续时间/ms | 中频频率/kHz | 信息速率/千符号/s | 入射方向 $\theta_k$ |
|---|---|---|---|---|
| 源信号 1 | 0~2.3, 6.8~7.6 | 400 | 200 | π/8 |
| 源信号 2 | 1.5~4.5 | 450 | 200 | π/3 |
| 源信号 3 | 3.8~6 | 500 | 200 | 3π/5 |
| 源信号 4 | 0~0.8, 5.3~7.6 | 550 | 200 | 3π/4 |

图 3.2 为单源检测前后特征矢量 $\boldsymbol{d}_i\in\mathbb{C}^{M\times 1}$ 的实部与虚部的散布图,由于阵元数 $M=3$,则 $x,y,z$ 轴分别表示特征矢量 $\boldsymbol{d}_i$ 的三个分量的实部或虚部。图 3.2(a)、(b)分别为单源检测前特征矢量的实部与虚部的空间散布图,从图中可以看出 $L$ 个特征矢量 $\{\tilde{\boldsymbol{e}}_1,\tilde{\boldsymbol{e}}_2,\cdots,\tilde{\boldsymbol{e}}_L\}$ 并没有聚类特性,(c)、(d)为单源检测后 $K$ 个单源区域对应的特征矢量 $\{\tilde{\boldsymbol{e}}_1,\tilde{\boldsymbol{e}}_2,\cdots,\tilde{\boldsymbol{e}}_K\}$ 的散布图,从图中可以看出明显的聚类特性,通过对 $\{\tilde{\boldsymbol{e}}_1,\tilde{\boldsymbol{e}}_2,\cdots,\tilde{\boldsymbol{e}}_K\}$ 进行聚类分析就可以估计出混合矢量 $\{\boldsymbol{a}_1,\boldsymbol{a}_2,\cdots,\boldsymbol{a}_N\}$。

选择直接聚类法和基于时频单源邻域检测的 TIFROM 算法[9]与本节方法进行比较。图 3.3 为混合矩阵估计误差随信噪比变化曲线。从图中可以看出本节研究的基于特征分解的单源邻域检测方法估计精度高,$E_{\mathrm{A}}$ 比其他两种算法的估计误差大约低 5dB。

#### 3.3.3.2　SSPBIUM 方法仿真分析

仿真实验 3.3.2:验证单源点检测方法的性能。

设源信号为 4 个 QPSK 信号,信息速率均为 200 千符号/s,其他参数见表 3.6。接收天线为 3 阵元的均匀线阵,相邻阵元之间距离为源信号 1 的半个波长,采样率

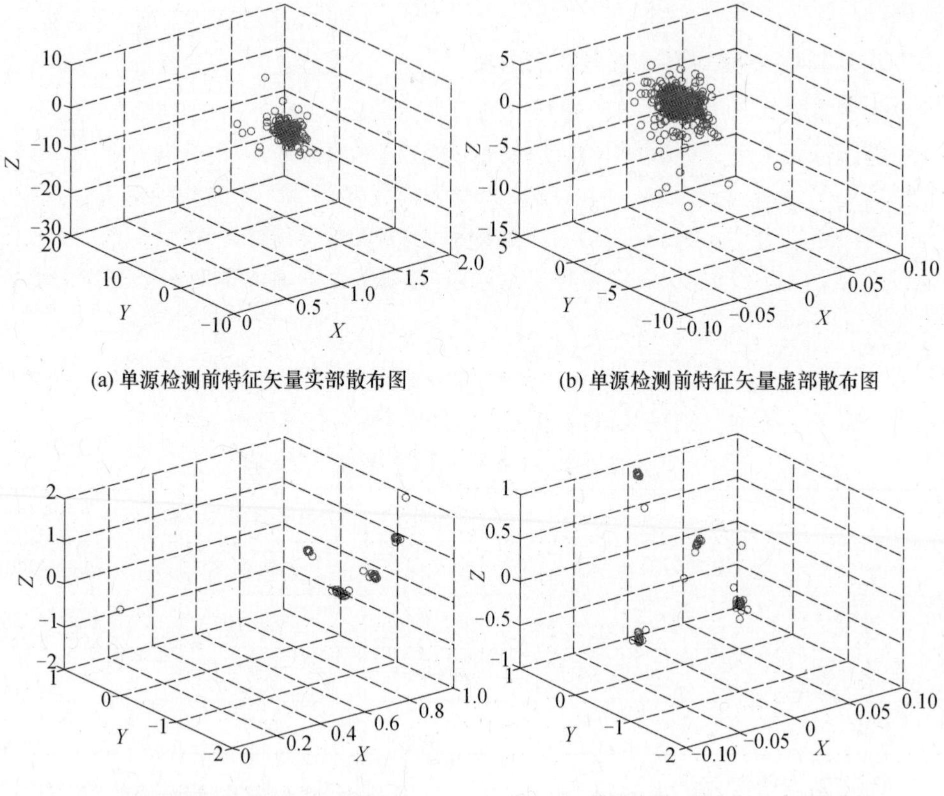


(a) 单源检测前特征矢量实部散布图　(b) 单源检测前特征矢量虚部散布图

(c) 单源检测后特征矢量实部散布图　(d) 单源检测后特征矢量虚部散布图

图 3.2　单源邻域检测前后特征矢量的实部和虚部散布图

为 2MHz。信噪比为 0～40dB，在不同信噪比条件下分别进行 100 次仿真实验。时频支撑点检测门限 $\xi$，直方图分段统计参数 $M_1$、$M_2$ 以及剔除子矩阵的列数目下限 $K_1$、$K_2$ 与噪声水平相关，不同的信噪比条件下可以通过多次试验确定，以保证时频单源点检测后的混合信号时频比矩阵具有明显的聚类特性。

表 3.6　仿真实验 3.3.2 源信号参数列表

| 源信号 | 频率/kHz | 持续时间/ms | 入射角/(°) |
|---|---|---|---|
| 1 | 400 | 0～5.3；8.6～12.4；15.6～17.2 | 20.5 |
| 2 | 405 | 4.1～7.8；9.1～16.4 | 60 |
| 3 | 410 | 2.6～5.7；6.5～8.7；13.5～15.5；17.8～18.9 | −18 |
| 4 | 400 | 0～1.9；6.7～7.8；15.2～16.3；18.7～20 | −65 |

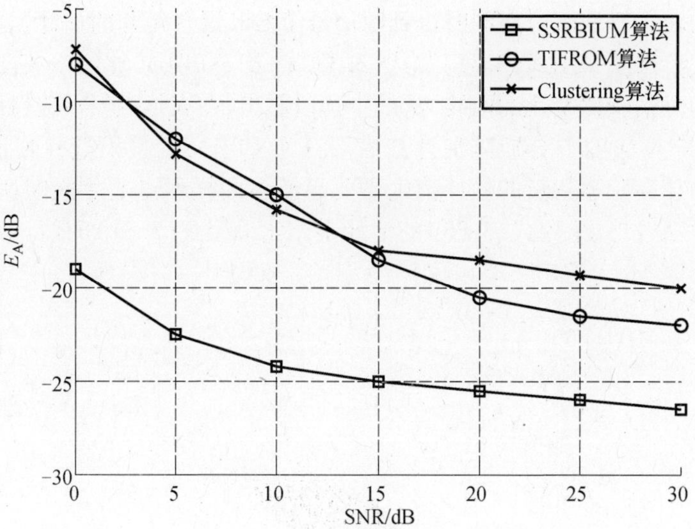


图 3.3　SSRBIUM 算法混合矩阵估计误差随信噪比变化曲线

由于源信号不是充分稀疏的，传统的基于直接聚类的算法以及 DUET 算法等无法完成混合矩阵的估计。同时，由于不同源信号的时频单源点构成的时频单源邻域较小，本章 3.3.1 节阐述的单源邻域检测算法、基于时频单源邻域检测的 TIFROM 算法[9]，以及其他类似算法[10,11]很难有效检测。

图 3.4(a)、(b)分别为采用 SSPBIUM 方法进行单源点检测前混合信号实部和虚部的散布图，其中，$x$、$y$ 和 $z$ 轴分别表示三个通道的观测数据值。从图中可以看出，在源信号时频混叠的情况下，其实部和虚部没有聚类特性。图 3.5 给出了信噪比为 20dB 时，时频单源点检测过程中时频比矩阵实部和虚部的散布结果。其中，图 3.5(a)给出时频比矩阵 $\boldsymbol{W}$ 实部的第二行元素的取值，在未进行时频单源点检测之前，未表现出聚类特性；图 3.5(b)给出完成时频单源点检测算法 Step2 后的时频比矩阵 $\boldsymbol{W}$ 实部的第二行剩余元素的分布。从图中可以看出，剩余的元素呈现了明显的"直线"聚类特性，每条"直线"的纵坐标就是源信号对应的混合矢量第二个元素实部的估计。图 3.5(c)(e)(g)(i)分别是图 3.5(b)不同"直线"对应的时频点集合处的虚部矩阵 $\boldsymbol{I}(\Lambda_{j_k})$ 的第二行元素的取值；图 3.5(d)(f)(h)(j)分别给出了单源点检测算法 Step3 的输出，从图中可以看出，$\boldsymbol{I}(\Lambda_{j_k})$ 第二行剩余的元素也呈现了明显的直线聚类特性，每条"直线"的纵坐标就是源信号对应的混合矢量第二个元素虚部的估计。此时，$\{M_1, K_1, M_2, K_2\}$ 取值分别为 1500、1200、450 和 35。从图 3.5 可以看出，SSPBIUM 算法可有效检测出不同源信号对应的离散时频单源

点。对不同时频单源点集合对应的混合矢量估计结果应用 3.4.2 节研究的基于 $k$ 均值的聚类验证算法就可以同时得到源信号个数和混合矩阵的估计。

图 3.6 给出了采用式(3.31)和式(3.33)以及 FOBIUM 算法[12]估计得到的混合矩阵误差随信噪比变化的曲线,从图中可以看出,在满足时频稀疏性假设的条件下,SSPBIUM 算法的混合矩阵估计精度要高于基于高阶累积量的张量分解类方法。这是由于高阶累积量的估计精度需要足够多的样本点数才能保证。此外,在不同信噪比条件下,采用式(3.33)的估计误差比采用式(3.31)的估计误差下降了 2dB 左右。

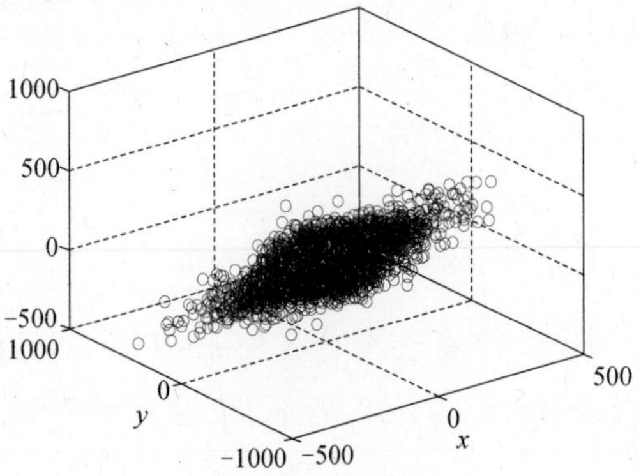


(a) 混合信号实部

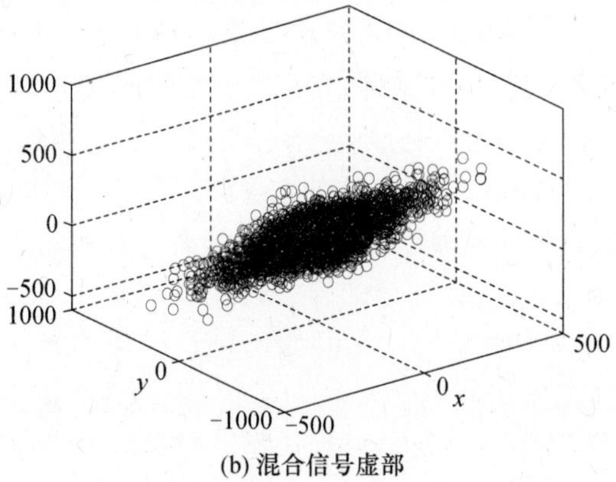


(b) 混合信号虚部

图 3.4　时频域混合信号实部和虚部散布图

本章主要讨论时频稀疏信号的欠定混合矩阵估计问题。由于不同电子信息系统的工作时间、工作频段和参数不会完全相同,从而使得不同源信号在时频域内不一定完全重叠,在很多情况下,不同源信号至少存在一个单源邻域或者多个单源点。在时频单源邻域或者单源点上的观测信号仅包含该信号的混合矢量信息,所

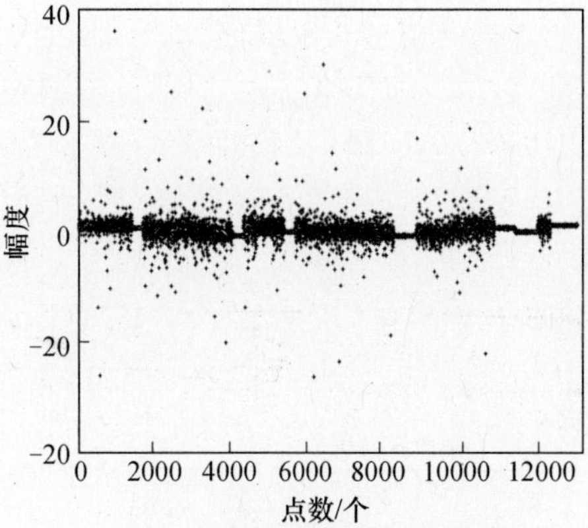


(a) 单元检测前时频比矩阵$W$的实部

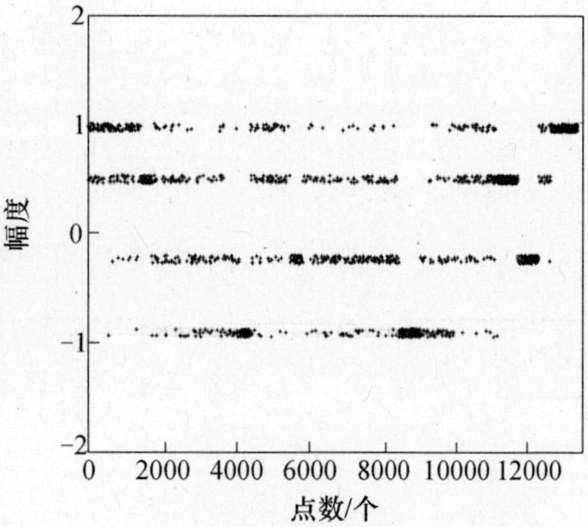


(b) 单元检测后时频比矩阵$W$的实部

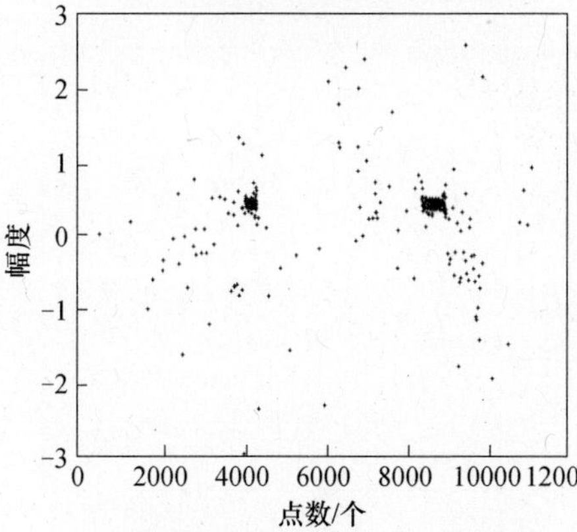


(c) 时频比矩阵$W$实部第一行对应虚部

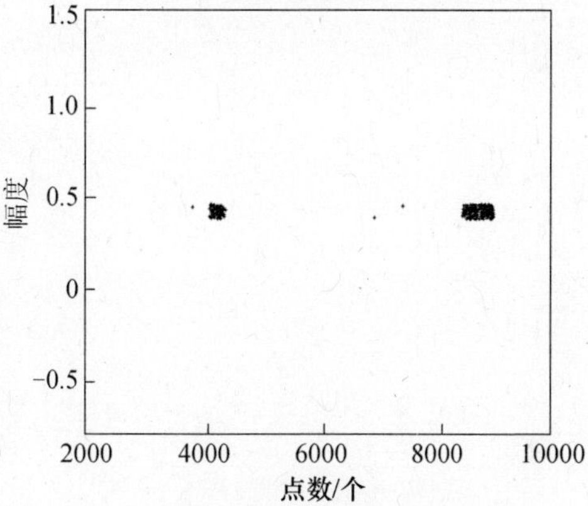


(d) 时频比矩阵$W$实部第一行对应虚部
单源点检测结果

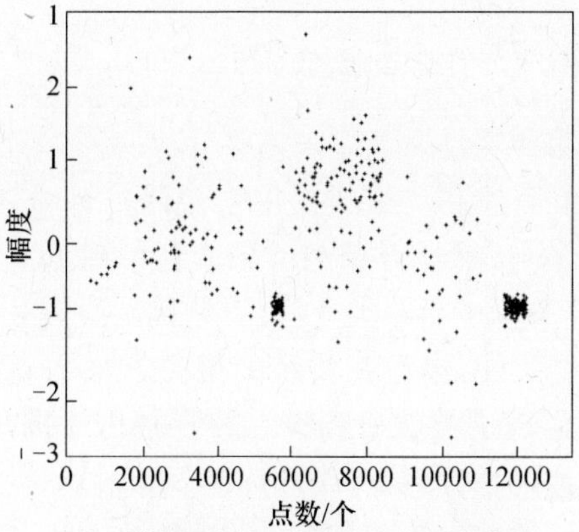


(e) 时频比矩阵$W$实部第二行对应虚部

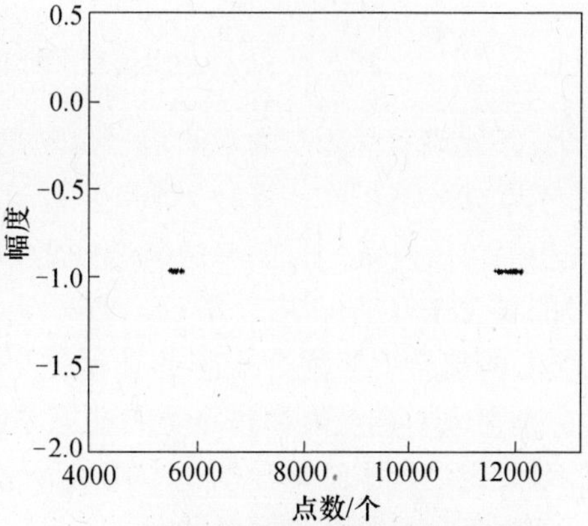


(f) 时频比矩阵$W$实部第二行对应虚部
单源点检测结果

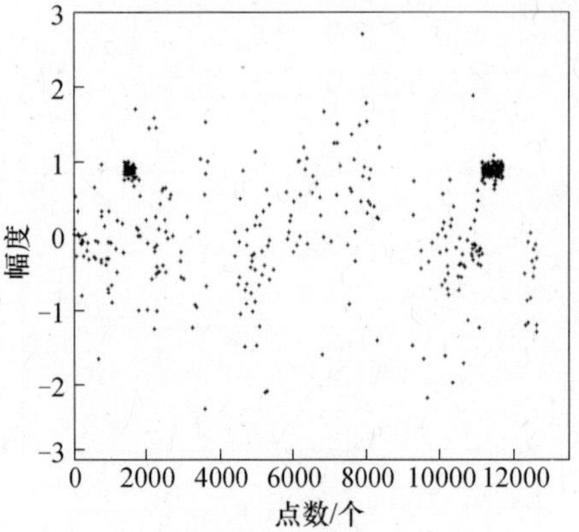


(g) 时频比矩阵$\boldsymbol{W}$实部第三行对应虚部

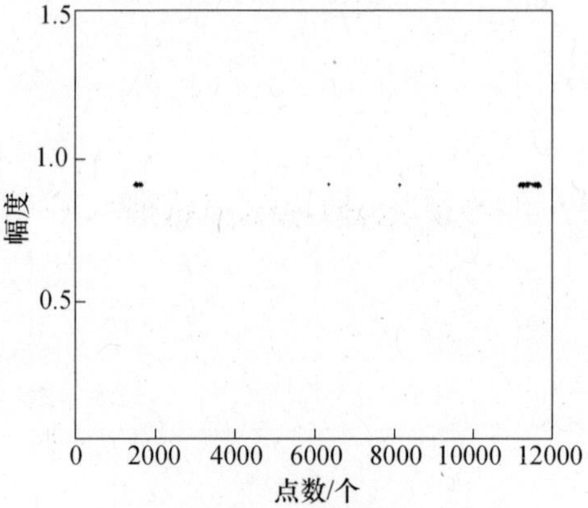


(h) 时频比矩阵$\boldsymbol{W}$实部第三行对应虚部单源点检测结果

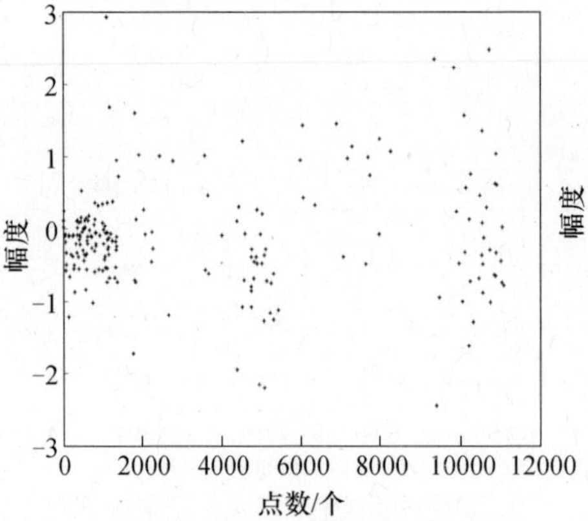


(i) 时频比矩阵$\boldsymbol{W}$实部第四行对应虚部

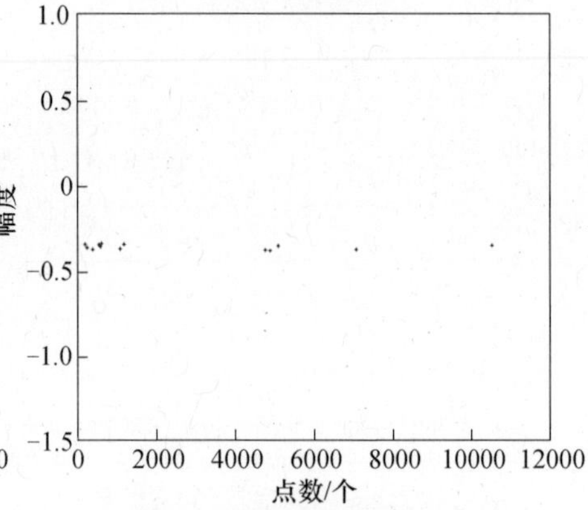


(j) 时频比矩阵$\boldsymbol{W}$实部第四行对应虚部单源点检测结果

图 3.5　单源检测过程中时频比矩阵实部和虚部散布图

有单源邻域或者单源点的观测信号呈现出聚类特性。

本章充分利用这一特性，研究了基于单源检测与聚类的混合矩阵估计方法。首先检测出所有源信号的单源邻域或者单源点，然后对单源邻域或者单源点上源信号的混合矢量进行估计，最后对所有混合矢量进行聚类分析，类数目是源信号个数，类心的集合就是混合矩阵的估计结果。此外，本章在传统的聚类方法的基础上，分别引入了系统聚类和聚类验证思路，实现了类数目和类心的同时估计，解决了传统欠定混合矩阵估计问题中源信号个数的估计问题。

表 3.7 归纳总结了本章所研究的基于聚类的欠定混合矩阵估计算法的特点及适用条件。

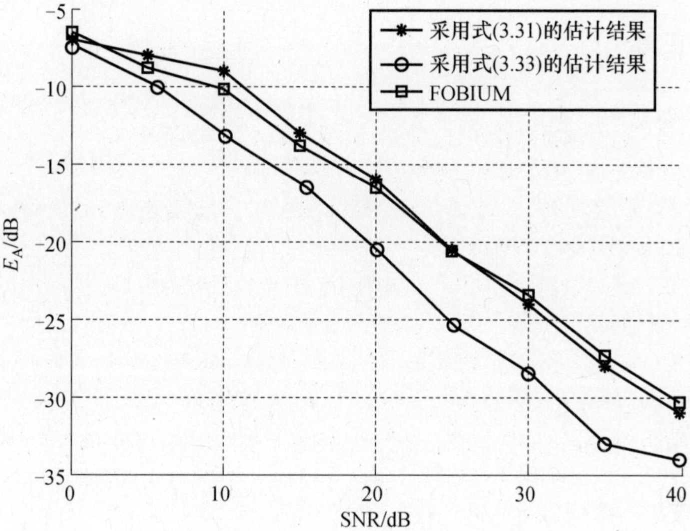


图 3.6　SSPBIUM 算法的混合矩阵估计误差随信噪比变化曲线

表 3.7　基于聚类的欠定混合矩阵估计算法特点及适用条件

| 算法名称 | 过程 | 适用条件 | 特点 |
|---|---|---|---|
| 基于单源邻域检测及聚类的混合矩阵估计算法（SSRBIUM） | 表 3.1 + 表 3.3 或者表 3.4 | 条件 1：混叠矩阵 $A$ 的任意 $M \times M$ 的子矩阵是非奇异的；<br>条件 2：任何源信号至少存在一个时频单源邻域 | 1）需要进行合适时频邻域划分，取决于信号的稀疏性。<br>2）计算量小。<br>3）能够应用于超定/适定情况 |
| 基于单源点检测及聚类的混合矩阵估计算法（SSPBIUM） | 表 3.2 + 表 3.3 或者表 3.4 | 条件 1：混叠矩阵 $\boldsymbol{A}$ 的任意 $M \times M$ 的子矩阵是非奇异的；<br>条件 2：任何源信号至少存在多个时频单源点； | 1）无需进行时频邻域划分，但是要求每个源信号存在多个时频单源点。<br>2）计算量小。<br>3）能够应用于超定/适定情况 |

虽然本章研究的分离方法能够实现欠定条件下非稀疏信号的分离，但是源信号数目也不能无限增多。一方面，当源信号数目增加时，假设条件 3.2.2 或者假设条件 3.2.4 越来越难满足；另一方面，电子信息系统中大都采用阵列天线，此时源信号对应的混合矢量是由入射角度和阵列结构决定的。随着源信号的增多，两个源信号入射角度临近的可能性随之增加，即导致不同源信号的混合矢量相关性增强，也会影响聚类方法的性能。

## 参考文献

[1] 胡广书. 现代信号处理教程[M]. 北京:清华大学出版社, 2004.

[2] 张贤达. 矩阵分析[M]. 北京: 清华大学出版社, 2008.

[3] 陆凤波,黄知涛,姜文利. 基于时频域单源区域的延迟欠定混合非平稳信号盲分离[J]. 电子学报, 2011, 39(4): 854 - 858.

[4] 孙即祥. 现代模式识别[M]. 长沙: 国防科学技术大学出版社, 2003.

[5] 孙即祥. 现代模式识别[M]. 北京:高等教育出版社, 2007.

[6] SUN H, WANG S, JIANG Q. FCM-based model selection algorithms for determining the number of clusters[J]. Pattern Recognition, 2004, 37: 2027 - 2037.

[7] GUO P, CHEN C L P, LYU M R. Cluster number selection for a small set of samples using the Bayesian Ying-Yang model[J]. IEEE Trans. on Neural Networks, 2002, 13(3): 757 - 763.

[8] PAKHIRA M K, BANDYOPADHYAY S, MAULIK U. Validity index for crisp and fuzzy clusters [J]. Pattern Recognition, 2004, 37: 487 - 501.

[9] ABRARD F, DEVILLE Y. A time-frequency blind signal separation method applicable to underdetermined mixtures of dependent sources[J]. Signal Processing, 2005, 85: 1389 - 1403.

[10] 肖明,谢胜利,等. 基于频域单源区间的具有延迟的欠定盲源分离[J]. 电子学报, 2007, 35(12): 2279 - 2283.

[11] 刘琨,杜利民,等. 基于时频域单源主导区的盲源欠定分离方法[J]. 中国科学 E 辑, 2008, 38(8): 1284 - 1301.

[12] FERRÉOL A, ALBERA L, CHEVALIER P. Fourth-Order Blind Identification of Underdetermined Mixtures of Sources [J]. IEEE Trans. on Signal Processing, 2005, 53 (5): 1640 - 1653.

# 第 4 章

# 基于维数扩展的非稀疏信号欠定混合矩阵估计理论与方法

第 3 章主要针对时频稀疏信号完成混合矩阵估计，需要假设每个源信号在时频域上存在至少一个单源邻域或者多个单源点，从而可以利用源信号的时频稀疏性完成混合矩阵估计。然而当源信号在时频域完全混叠时，仅利用源信号的时频稀疏性就难以完成混合矩阵的估计，必须利用更多关于源信号或者观测信号的信息。

在阵列信号处理领域中，B. Porat 等[1]通过计算观测信号的四阶累积量矩阵实现欠定条件下到达角(DOA)估计。随后，Chevalier 等[2]将四阶累积量推广到任意阶累积量，完整地提出了“虚拟阵元”的概念，其本质思路就是利用代数方法对多个高阶累积量矩阵进行排列，实现阵列的虚拟扩展，等价于增加了观测阵元数目，从而可以适应更多的源信号数目。Ferréol 等[3]将这一思路引入欠定混合矩阵估计问题中，首先计算观测到的混合信号的四阶累积量，通过代数方法对多个四阶累积量矩阵进行特定的排列实现了观测矩阵的维数扩展，再构造三阶张量或者维数更高的矩阵，从而能够适应更多的源信号数目。随后，文献[4 - 7]又进一步推广改进了这类方法。本章给出了基于维数扩展的欠定混合矩阵估计理论框架，并且充分利用雷达通信类无线电信号固有的循环平稳特性和时频特性，分别研究基于循环平稳自相关的矩阵扩维方法和基于空间时频分布的矩阵扩维方法，进一步提高了此类方法对混合矩阵的估计精度。

本章的安排如下：4.1 节详细分析基于维数扩展的欠定混合矩阵估计算法原理，总结了算法的处理框架；4.2 节分别介绍基于信号循环平稳特性和空间时频分布特性的两类观测信号维数扩展方法；4.3 节在 4.2 节的基础上，介绍基于张量分解和基于联合对角化的源个数与混合矩阵估计方法，并对算法能适应的最大源个数进行详细分析；在本章末尾对全章进行了总结，比较分析本章所研究算法的特点和应用条件，并对算法应用过程中的参数选择和设置问题进行了讨论和说明。

## 4.1 算法理论框架

假设源信号是相互独立的，文献[8]通过计算不同时间延迟对应的协方差矩阵提出基于二阶统计量的欠定混合盲辨识(SOBIUM)方法，计算信号不同时延下的协方差矩阵 $\boldsymbol{C}_k(1 \leqslant k \leqslant K)$，即

$$\boldsymbol{C}_k = \mathrm{E}[\boldsymbol{x}(t)\boldsymbol{x}(t-\tau_k)^{\mathrm{H}}] = \boldsymbol{A}\boldsymbol{D}_k\boldsymbol{A}^{\mathrm{H}} \tag{4.1}$$

定义三阶张量 $\mathcal{C}$ 为

$$(\mathcal{C})_{ijk} = (\boldsymbol{C}_k)_{ij} \tag{4.2}$$

定义矩阵 $\boldsymbol{D} \in \mathbb{C}^{K \times N}$，其中 $\boldsymbol{D}$ 的第$(k,n)$个元素为

$$(\boldsymbol{D})_{kn} = (\boldsymbol{D}_k)_{nn} \qquad k=1,\cdots,K,\ n=1,\cdots,N \tag{4.3}$$

从张量的角度看，协方差矩阵集合$\{\boldsymbol{C}_k | 1 \leqslant k \leqslant K\}$可以表示成张量形式

$$\mathcal{C} = \sum_{r=1}^{N} \boldsymbol{a}_{\mathrm{r}} \circ \boldsymbol{a}_{\mathrm{r}}^{*} \circ \boldsymbol{d}_{\mathrm{r}} \tag{4.4}$$

式中：$(\mathcal{C})_{ijk} = \sum_{r=1}^{N} a_{i\mathrm{r}} a_{j\mathrm{r}}^{*} d_{k\mathrm{r}}$，$\boldsymbol{a}_{\mathrm{r}}$、$\boldsymbol{a}_{\mathrm{r}}^{*}$、$\boldsymbol{d}_{\mathrm{r}}$ 分别为矩阵 $\boldsymbol{A}$、$\boldsymbol{A}^{*}$ 和 $\boldsymbol{D}$ 的列矢量；符号“$\circ$”表示矢量的外积。从式(4.4)中可以看出，三阶张量 $\mathcal{C}$ 中含有源信号混合矢量的信息。因此，对等式(4.4)进行张量分解就可以估计出混合矩阵 $\boldsymbol{A}$。

从矩阵的角度看，可以将 $\boldsymbol{C}_1,\cdots,\boldsymbol{C}_K$表示成如下的矩阵 $\boldsymbol{C} \in \mathbb{C}^{\mathrm{M}^2 \times \mathrm{K}}$：

$$(\boldsymbol{C})_{(i-1)\times M+j,k} = (\boldsymbol{C}_k)_{ij} \qquad i=1,\cdots,M, j=1,\cdots,M, k=1,\cdots,K \tag{4.5}$$

则矩阵 $\boldsymbol{C}$ 可以表示为

$$\boldsymbol{C} = (\boldsymbol{A} \odot \boldsymbol{A}^{*})\boldsymbol{D}^{\mathrm{T}} \tag{4.6}$$

式中：$\boldsymbol{A} \odot \boldsymbol{A}^{*} = [\boldsymbol{a}_1 \otimes \boldsymbol{a}_1^{*},\cdots,\boldsymbol{a}_N \otimes \boldsymbol{a}_N^{*}] \in \mathbb{C}^{M^2 \times N}$，符号$\odot$和$\otimes$分别表示 Khatri-Rao 乘积和 Kronecker 乘积。从式(4.6)中可以看出，矩阵 $\boldsymbol{C}$ 的维数已经拓展为 $M^2 \times N$，且 $\boldsymbol{C}$ 中含有混合矩阵的信息。因此，对等式(4.6)进行特征值分析就可以估计出混合矩阵 $\boldsymbol{A}$。

综上所述，基于维数扩展的欠定混合矩阵估计方法流程如图 4.1 所示。

其中，通过计算观测信号特定矩阵集合构造三阶张量或者扩展矩阵维数是算法的核心步骤，该步骤实现了观测通道的虚拟拓展。在此基础上，通过估计张量的秩或者扩展维数后矩阵的秩就能完成源信号的个数，进而利用张量分解或者矩阵特征值分析就能够完成混合矩阵的估计。

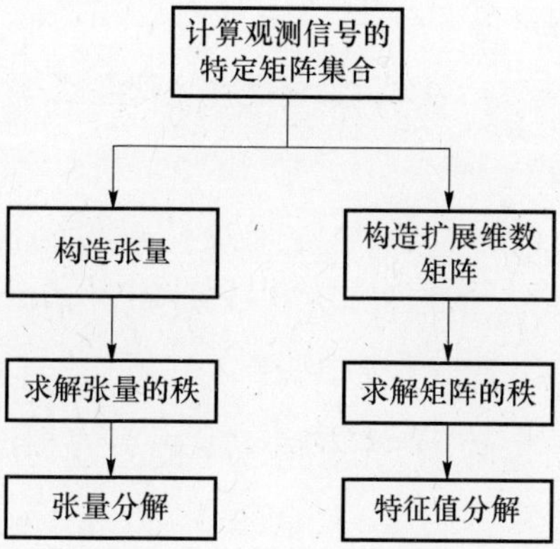


图 4.1　基于维数扩展的的欠定混合矩阵估计方法基本流程

## 4.2　维数扩展方法

本节主要研究两种不同的张量构造或者扩展矩阵构造方法。4.3.1 小节利用雷达通信类信号的循环平稳特性对已有的高阶累积量或者延迟相关矩阵方法进行改进，通过计算多个循环自相关矩阵来构造张量或者扩展矩阵，进一步提高混合矩阵的估计性能；4.3.2 小节利用雷达通信类信号的时频特性，通过空间时频分布构造张量或者扩展矩阵。

### 4.2.1　基于循环相关的张量/扩展矩阵构造方法

混合信号模型为式(1.17)。为了能完成欠定混合矩阵的估计，本小节假设混合矩阵 $\boldsymbol{A}$ 和源信号 $\boldsymbol{s}(t)$ 满足以下条件。

假设 4.2.1　混合矩阵 $\boldsymbol{A}\in\mathbb{C}^{M\times N}$ 的任意 $M\times M$ 的子矩阵是非奇异的。

假设 4.2.2　源信号 $\boldsymbol{s}(t)$ 之间是相互独立的。

假设 4.2.3　源信号 $\boldsymbol{s}(t)$ 是循环平稳信号。

#### 4.2.1.1　基于循环相关的张量构造

根据式(2.36)和式(2.38)可以计算观测信号 $\boldsymbol{x}(t)$ 的循环相关矩阵

$$\boldsymbol{R}_{\boldsymbol{x}}^{\alpha}(\tau)\overset{\text{def}}{=}\langle\boldsymbol{x}(t)\boldsymbol{x}(t-\tau)^{\mathrm{H}}\mathrm{e}^{-\mathrm{j}2\pi\alpha t}\rangle_{t} \tag{4.7}$$

式中：$\boldsymbol{R}_{\boldsymbol{x}}^{\alpha}(\tau)\in\mathbb{C}^{M\times M}$，$\boldsymbol{R}_{\boldsymbol{x}}^{\alpha}(\tau)$ 的第 $(i,j)$ 个元素记为 $[\boldsymbol{R}_{\boldsymbol{x}}^{\alpha}(\tau)]_{ij}$；符号 $(\cdot)^{\mathrm{H}}$ 表示共轭转置。

$$[\boldsymbol{R}_{\boldsymbol{x}}^{\alpha}(\tau)]_{ij}=\langle x_i(t)x_j(t-\tau)^{\mathrm{H}}\mathrm{e}^{-\mathrm{j}2\pi\alpha t}\rangle_{t}\qquad 1\leqslant i,j\leqslant M \tag{4.8}$$

把式(1.17)代入式(4.7)可得

$$\boldsymbol{R}_{\boldsymbol{x}}^{\alpha}(\tau)=\boldsymbol{A}\boldsymbol{R}_{\boldsymbol{s}}^{\alpha}(\tau)\boldsymbol{A}^{\mathrm{H}} \tag{4.9}$$

式中

$$\boldsymbol{R}_{\boldsymbol{s}}^{\alpha}(\tau)=\langle \boldsymbol{s}(t)\boldsymbol{s}(t-\tau)^{\mathrm{H}}\mathrm{e}^{-\mathrm{j}2\pi\alpha t}\rangle_t \tag{4.10}$$

由假设条件4.2.2可知,源信号$\{s_i(t)\,|\,1\leqslant i\leqslant N\}$是相互独立的,则

$$[\boldsymbol{R}_{\boldsymbol{s}}^{\alpha}(\tau)]_{ij}=\langle s_i(t)s_j^*(t-\tau)\mathrm{e}^{-\mathrm{j}2\pi\alpha t}\rangle_t=0 \qquad i\neq j,1\leqslant i,j\leqslant N \tag{4.11}$$

因此,矩阵$\boldsymbol{R}_{\boldsymbol{s}}^{\alpha}(\tau)$是对角矩阵,并且对角线上的元素为源信号的循环自相关函数,即

$$[\boldsymbol{R}_{\boldsymbol{s}}^{\alpha}(\tau)]_{ii}=\langle s_i(t)s_i^*(t-\tau)\mathrm{e}^{-\mathrm{j}2\pi\alpha t}\rangle_t \qquad 1\leqslant i\leqslant N \tag{4.12}$$

对矩阵$\boldsymbol{R}_{\boldsymbol{x}}^{\alpha}(\tau)$在循环频率$\alpha$处分别取$N+1$个值$\{\alpha_i\,|\,0\leqslant i\leqslant N\}$,其中,$\alpha_0=0$表示循环频率为零,$\{\alpha_i\,|\,1\leqslant i\leqslant N\}$为源信号$s_i(t)$的不为零的循环频率;在时延$\tau$上分别取$K$个不同的值$\{\tau_k\,|\,1\leqslant k\leqslant K\}$,则可以得到$(N+1)K$个对应不同循环频率和时间延迟的循环相关矩阵$\boldsymbol{R}_{\boldsymbol{x}}^{\alpha_i}(\tau_k)$,即

$$\boldsymbol{R}_{\boldsymbol{x}}^{\alpha_i}(\tau_k)=\boldsymbol{A}\boldsymbol{R}_{\boldsymbol{s}}^{\alpha_i}(\tau_k)\boldsymbol{A}^{\mathrm{H}} \qquad 0\leqslant i\leqslant N,1\leqslant j\leqslant K \tag{4.13}$$

令$\boldsymbol{R}_{\boldsymbol{x}}^{\alpha_i}(\tau_k)=\boldsymbol{R}_{\boldsymbol{x}}^{l}$, $\boldsymbol{R}_{\boldsymbol{s}}^{\alpha_i}(\tau_k)=\boldsymbol{R}_{\boldsymbol{s}}^{l}(1\leqslant l\leqslant L)$,其中$l=K\times i+j$,$L=(N+1)\times K$,式(4.13)可以表示为

$$\boldsymbol{R}_{\boldsymbol{x}}^{l}=\boldsymbol{A}\boldsymbol{R}_{\boldsymbol{s}}^{l}\boldsymbol{A}^{\mathrm{H}} \qquad 1\leqslant l\leqslant L \tag{4.14}$$

定义张量$\boldsymbol{\mathcal{C}}\in\mathbb{C}^{M\times M\times L}$和矩阵$\boldsymbol{R}\in\mathbb{C}^{L\times N}$,令张量$\boldsymbol{\mathcal{C}}$的第$(i,\,j,\,h)$个元素$(\boldsymbol{\mathcal{C}})_{ijh}=[\boldsymbol{R}_{\boldsymbol{x}}^{l}]_{ij}$,矩阵$\boldsymbol{R}$的第$(l,\,n)$个元素$r_{ln}=[\boldsymbol{R}_{\boldsymbol{s}}^{l}]_{nn}$,则

$$(\boldsymbol{\mathcal{C}})_{ijl}=\sum_{n=1}^{N}a_{in}a_{jn}^*r_{ln} \qquad 1\leqslant i,j\leqslant M,1\leqslant l\leqslant L \tag{4.15}$$

令$\boldsymbol{a}_n,\boldsymbol{a}_n^*,\boldsymbol{r}_n$分别为矩阵$\boldsymbol{A},\boldsymbol{A}^*$和$\boldsymbol{R}$的第$n$个列矢量,式(4.15)可以表示成张量形式

$$\boldsymbol{\mathcal{C}}=\sum_{n=1}^{N}\boldsymbol{a}_n\circ\boldsymbol{a}_n^*\circ\boldsymbol{r}_n \tag{4.16}$$

从式(4.16)中可以看出,三阶张量$\boldsymbol{\mathcal{C}}$中含有源信号混合矢量的信息。因此,对式(4.16)进行张量分解就可以估计出混合矩阵$\boldsymbol{A}$。

#### 4.2.1.2 基于循环相关的扩展矩阵构造

从矩阵的角度来分析,定义拓展矩阵$\boldsymbol{C}\in\mathbb{C}^{M^2\times L}$,其中$\boldsymbol{\mathcal{C}}_{(i-1)M+j,k}=(\boldsymbol{\mathcal{C}})_{ijk}$,由4.2.1小节中分析可知,式(4.16)可以表示成矩阵乘积的形式,即

$$\boldsymbol{C}=(\boldsymbol{A}\odot\boldsymbol{A}^*)\cdot\boldsymbol{R}^{\mathrm{T}} \tag{4.17}$$

式中：$A \odot A^* = [a_1 \otimes a_1^*, \cdots, a_N \otimes a_N^*] \in \mathbb{C}^{M^2 \times N}$。从式(4.17)中可以看出，矩阵 $C$ 的维数已经拓展为 $M^2 \times N$，且 $C$ 中含有混合矩阵的信息。因此，对等式(4.17)进行特征值分析就可以估计出混合矩阵 $A$。

如果源信号是独立的，但是不满足假设条件4.2.3或者循环频率难以精确估计时，只需要令式(4.7)中的 $\alpha=0$，计算观测信号的协方差矩阵完成张量的构造，即上述构造方法退化为传统的SOBIUM算法。

综上所述，基于循环相关的张量/扩展矩阵构造算法具体步骤如表4.1所列。

表4.1 基于循环相关的张量/扩展矩阵构造算法步骤

| |
|---|
| Step1：计算混合信号的循环谱，通过搜索峰值位置估计出 $N+1$ 个不同的循环频率 $\{\hat{\alpha}_i \mid 0 \leqslant i \leqslant N\}$，其中，$\alpha_0=0$ 表示循环频率为零。（如果目标信号循环频率已知，此步骤可以省略）。 |
| Step2：取 $K$ 个不同的值 $\{\tau_k \mid 1 \leqslant k \leqslant K\}$，根据式(2.36)分别计算观测信号在不同循环频率 $\{\hat{\alpha}_i \mid 0 \leqslant i \leqslant N\}$ 和不同延时 $\{\tau_k \mid 1 \leqslant k \leqslant K\}$ 处的循环自相关矩阵 $R_x^{\alpha_i}(\tau_k) = R_x^l (1 \leqslant l \leqslant L)$。转向Step3或者Step4。 |
| Step3（张量构造）：将 $L$ 个循环相关矩阵，按照 $(\mathcal{C})_{ijh} = [R_x^l]_{ij}$ 的方式计算三阶张量 $\mathcal{C}$。 |
| Step4（扩展矩阵构造）：将 $L$ 个循环相关矩阵，按照 $C_{(i-1)M+j,k} = [R_x^l]_{ij}$ 的方式表示成 $M^2 \times L$ 矩阵 $C$ 的形式。 |

### 4.2.2 基于空间时频分布的张量/扩展矩阵构造方法

本节采用空间时频分布实现对观测信号的张量或者扩展矩阵构造。混合信号模型为式(1.17)。为了能完成欠定混合信号的盲源分离，本小节假设混合矩阵 $A$ 和源信号 $s(t)$ 满足以下条件：

假设4.2.4 混合矩阵 $A \in \mathbb{C}^{M \times N}$ 的任意 $M \times M$ 的子矩阵是非奇异的。

假设4.2.5 在时频平面上信号的自源时频点与互源时频点几乎是不混叠的。

根据式(2.29)和式(2.30)可知，观测信号矢量 $x(t)$ 和源信号矢量 $s(t)$ 的空间时频分布分别定义为

$$D_{xx}(t,f) = \iiint x(u+\tau/2) x^{\mathrm{H}}(u-\tau/2) \phi(\tau,v) \mathrm{e}^{-\mathrm{j}2\pi(tv+\tau f-uv)} \mathrm{d}u \mathrm{d}v \mathrm{d}\tau \tag{4.18}$$

$$D_{ss}(t,f) = \iiint s(u+\tau/2) s^{\mathrm{H}}(u-\tau/2) \phi(\tau,v) \mathrm{e}^{-\mathrm{j}2\pi(tv+\tau f-uv)} \mathrm{d}u \mathrm{d}v \mathrm{d}\tau \tag{4.19}$$

式中：$x(t)$ 的空间时频分布矩阵 $D_{xx}(t,f) \in \mathbb{C}^{M \times M}$；$D_{xx}(t,f)$ 的第 $(i,j)$ 个元素 $[D_{xx}(t,f)]_{ij} = D_{x_i x_j}(t,f)$，$s(t)$ 的时频分布矩阵 $D_{ss}(t,f) \in \mathbb{C}^{N \times N}$；$D_{ss}(t,f)$ 的第 $(i,j)$ 个元素 $[D_{ss}(t,f)]_{ij} = D_{s_i s_j}(t,f)$。把式(1.17)代入式(4.18)，可得

$$D_{xx}(t,f) = \iiint A s(u+\tau/2) s^{\mathrm{H}}(u-\tau/2) A^{\mathrm{H}} \phi(\tau,v) \mathrm{e}^{-\mathrm{j}2\pi(tv+\tau f-uv)} \mathrm{d}u \mathrm{d}v \mathrm{d}\tau$$

$$= \boldsymbol{A}\left(\iiint \boldsymbol{s}(u+\tau/2)\boldsymbol{s}^{\mathrm{H}}(u-\tau/2)\phi(\tau,v)\mathrm{e}^{-\mathrm{j}2\pi(tv+\tau f-uv)}\mathrm{d}u\mathrm{d}v\mathrm{d}\tau\right)\boldsymbol{A}^{\mathrm{H}} \tag{4.20}$$

把式(4.19)代入式(4.20),则观测信号矢量 $\boldsymbol{x}(t)$ 的空间时频分布矩阵可以表示为

$$\boldsymbol{D}_{xx}(t,f) = \boldsymbol{A}\boldsymbol{D}_{ss}(t,f)\boldsymbol{A}^{\mathrm{H}} \tag{4.21}$$

令 $\Omega$ 为观测信号 $\boldsymbol{x}(t)$ 的时频支撑域,即

$$\begin{aligned} &\boldsymbol{D}_{xx}(t,f) \neq \boldsymbol{0} \qquad (t,f)\in\Omega \\ &\boldsymbol{D}_{xx}(t,f) = \boldsymbol{0} \qquad (t,f)\notin\Omega \end{aligned} \tag{4.22}$$

为了剔除仅存在噪声的时频点,有效减少估计过程的计算量,首先要从所有时频点中确定混合信号的时频支撑点。通过式(4.23)来选择信号能量足够大的时频点 $(t,f)\in\Omega$ 作为时频支撑点

$$\frac{\|\boldsymbol{D}_{xx}(t,f)\|}{\max\limits_{f}\|\boldsymbol{D}_{xx}(t,f)\|_F} > \varepsilon_1 \tag{4.23}$$

式中:$\|\cdot\|_{\mathrm{F}}$ 为弗罗贝尼乌斯范数;$\varepsilon_1$ 为时频支撑点检测门限值。

由于信号 $x_i(t)(1\leqslant i\leqslant M)$ 是 $N$ 个源信号 $s_i(t)$ $(1\leqslant i\leqslant N)$ 的线性组合,则根据式(2.32)可知,$x_i(t)$ 的时频分布中除了每个源信号的时频分布(自项),还有不同源信号之间相互交叉产生的互时频分布(交叉项),把只含有自项的时频点称为自源点(auto-source point),只含有交叉项的时频点称为互源点(cross-source point)。

#### 4.2.2.1 自源点选择

不妨设信号 $\boldsymbol{x}(t)$ 的所有自源时频点的集合为 $\Omega_s$,文献[9]提出一种基于预白化的自源时频点选择方法。首先计算信号 $\boldsymbol{x}(t)$ 的白化矩阵 $\boldsymbol{W}$,使

$$(\boldsymbol{W}\boldsymbol{A})(\boldsymbol{W}\boldsymbol{A})^{\mathrm{H}} = \boldsymbol{U}\boldsymbol{U}^{\mathrm{H}} = \boldsymbol{I} \tag{4.24}$$

式中:$\boldsymbol{W} = \boldsymbol{\Lambda}^{-1/2}\boldsymbol{U}^{\mathrm{H}}$ 为白化矩阵;$\boldsymbol{\Lambda}$、$\boldsymbol{U}$ 分别为协方差矩阵 $\boldsymbol{R} = \mathrm{E}[\boldsymbol{x}(t)\boldsymbol{x}(t)^{\mathrm{H}}]$ 的特征值矩阵和特征矢量矩阵。

在时频分布矩阵 $\boldsymbol{D}_{xx}(t,f)$ 的两边分别乘上白化矩阵 $\boldsymbol{W}$ 和 $\boldsymbol{W}^{\mathrm{H}}$,得到矩阵 $\tilde{\boldsymbol{D}}_{xx}(t,f)$

$$\begin{aligned} \tilde{\boldsymbol{D}}_{xx}(t,f) &= \boldsymbol{W}\boldsymbol{D}_{xx}(t,f)\boldsymbol{W}^{\mathrm{H}} \\ &= \boldsymbol{W}\boldsymbol{A}\boldsymbol{D}_{ss}(t,f)(\boldsymbol{W}\boldsymbol{A})^{\mathrm{H}} \\ &= \boldsymbol{U}\boldsymbol{D}_{ss}(t,f)\boldsymbol{U}^{\mathrm{H}} \end{aligned} \tag{4.25}$$

如果时频点$(t,f)\in\Omega$是源信号矢量$\boldsymbol{s}(t)$的互源时频点，则有

$$\operatorname{trace}\{\tilde{\boldsymbol{D}}_{xx}(t,f)\}=\operatorname{trace}\{\boldsymbol{U}\boldsymbol{D}_{ss}(t,f)\boldsymbol{U}^{\mathrm{H}}\}\approx 0 \tag{4.26}$$

因此，可以通过式(4.27)找出信号的自源时频点为

$$\frac{\operatorname{trace}(\tilde{\boldsymbol{D}}_{xx}(t,f))}{\|\tilde{\boldsymbol{D}}_{xx}(t,f)\|_{\mathrm{F}}}>\varepsilon_2 \tag{4.27}$$

式中：$\varepsilon_2$为自源点检测门限值。

文献[10]提出了基于谱图的自源点选择方法。首先构造对角矩阵$\boldsymbol{D}_{xx}^{\mathrm{SPEC}}(t,f)$，其中$\boldsymbol{D}_{xx}^{\mathrm{SPEC}}(t,f)$的第$(i,j)$个元素$[\boldsymbol{D}_{xx}^{\mathrm{SPEC}}(t,f)]_{ij}$为

$$[\boldsymbol{D}_{xx}^{\mathrm{SPEC}}(t,f)]_{ij}=\begin{cases}\mathrm{SPEC}_{x_i}(t,f) & i=j\\ 0 & i\neq j\end{cases} \tag{4.28}$$

式中：$\mathrm{SPEC}_{x_i}(t,f)=|\mathrm{STFT}_{x_i}(t,f)|^2$。如果每个源信号的谱图没有重叠分布，那么混合信号的谱图就没有交叉项，因此可以通过矩阵$\boldsymbol{D}_{xx}^{\mathrm{SPEC}}(t,f)$与时频分布矩阵$\boldsymbol{D}_{xx}(t,f)$的 Hadamard 乘积来找出自源点，即

$$\boldsymbol{D}_{xx}^{M}(t,f)=\boldsymbol{D}_{xx}(t,f)\odot\boldsymbol{D}_{xx}^{\mathrm{SPEC}}(t,f) \tag{4.29}$$

再通过式(4.30)找出信号的自源点

$$\frac{\|\boldsymbol{D}_{xx}^{M}(t,f)\|_{\mathrm{F}}}{\max\limits_{f}\|\boldsymbol{D}_{xx}^{M}(t,f)\|_{\mathrm{F}}}>\varepsilon_2 \tag{4.30}$$

通过式(4.27)或式(4.30)就可以得到信号$\boldsymbol{x}(t)$的空间时频分布的所有自源点的集合$\Omega_s$，则对任意时频点$(t,f)\in\Omega_s$有

$$\begin{aligned}\boldsymbol{D}_{xx}(t,f)&=\boldsymbol{A}\boldsymbol{D}_{ss}(t,f)\boldsymbol{A}^{\mathrm{H}}\\&=\boldsymbol{A}\overline{\boldsymbol{D}}_{ss}(t,f)\boldsymbol{A}^{\mathrm{H}}\end{aligned} \tag{4.31}$$

式中：$\overline{\boldsymbol{D}}_{ss}(t,f)$为对角矩阵；$\overline{\boldsymbol{D}}_{ss}(t,f)=\operatorname{diag}[D_{s_1s_1}(t,f),\cdots,D_{s_Ns_N}(t,f)]$。图 4.4 给出了自源点检测前后的时频分布图。

#### 4.2.2.2　基于时频分布的张量构造

由式(4.31)可知，对于任意自源点$(t,f)\in\Omega_s$，观测信号$\boldsymbol{x}(t)$的空间时频分布矩阵可以表示为

$$\boldsymbol{D}_{xx}(t,f)=\boldsymbol{A}\overline{\boldsymbol{D}}_{ss}(t,f)\boldsymbol{A}^{\mathrm{H}} \tag{4.32}$$

不妨令集合$\Omega_s$中包含$L$个自源时频点，即$\Omega_s=\{(t,f)_k\,|\,1\leqslant k\leqslant L\}$，对应的$L$

个时频分布矩阵为$\{\boldsymbol{D}_{xx}(t,f)_k \mid 1\leqslant k\leqslant L\}$，即

$$\begin{aligned}\boldsymbol{D}_{xx}(t,f)_1 &= \boldsymbol{A}\overline{\boldsymbol{D}}_{ss}(t,f)_1\boldsymbol{A}^{\mathrm{H}}\\ &\vdots\\ \boldsymbol{D}_{xx}(t,f)_L &= \boldsymbol{A}\overline{\boldsymbol{D}}_{ss}(t,f)_L\boldsymbol{A}^{\mathrm{H}}\end{aligned} \tag{4.33}$$

定义张量$\mathcal{C}\in\mathbb{C}^{M\times M\times L}$和矩阵$\boldsymbol{D}\in\mathbb{C}^{L\times N}$，其中$\mathcal{C}$的第$(i,j,k)$个元素$(\mathcal{C})_{ijk}=[\boldsymbol{D}_{xx}(t,f)_k]_{ij}(1\leqslant i,j\leqslant M,1\leqslant k\leqslant L)$，$\boldsymbol{D}$的第$(k,r)$个元素$d_{kr}=[\overline{\boldsymbol{D}}_{ss}(t,f)_k]_{rr}=D_{s_rs_r}(t,f)_k$，式(4.33)可以表示成张量形式

$$\mathcal{C}=\sum_{n=1}^{N}\boldsymbol{a}_n\circ\boldsymbol{a}_n^*\circ\boldsymbol{d}_n \tag{4.34}$$

从式(4.34)中可以看出，三阶张量$\mathcal{C}$中含有源信号混合矢量的信息。因此，对等式(4.34)进行张量分解就可以估计出混合矩阵$\boldsymbol{A}$。如果自源点的数目$L$很大，矩阵$\boldsymbol{D}$的维数很高，则直接对式(4.34)张量进行分解计算复杂度太大。因此，为了降低张量分解的计算复杂度，可以把含有$L$个自源点的集合$\Omega_s$分为$K$ ($N\leqslant K\ll L$)个不相交的自源时频区域，其中第$k$个自源时频区域$\Omega_s^{(k)}(1\leqslant k\leqslant K)$为

$$\Omega_s^{(k)}=\{(t,f)_{k_i}\mid 1\leqslant i\leqslant L_k,1\leqslant k_i\leqslant L\} \tag{4.35}$$

式中：$L_k$表示第$k$个自源时频区域中的时频点数，则$\sum_{k=1}^{K}L_k=L$，$\Omega_s=\bigcup_{k=1}^{K}\Omega_s^{(k)}$且$\Omega_s^{(j)}\cap\Omega_s^{(k)}=\varnothing,j\neq k$。令矩阵$\widetilde{\boldsymbol{D}}_{xx}^{(k)}$、$\widetilde{\boldsymbol{D}}_{ss}^{(k)}$分别表示第$k$个自源时频区域中$L_k$个时频分布矩阵$\boldsymbol{D}_{xx}(t,f)$、$\overline{\boldsymbol{D}}_{ss}(t,f)$之和，即

$$\begin{aligned}\widetilde{\boldsymbol{D}}_{xx}^{(k)} &= \sum_{l\in\Omega_s^{(k)}}\boldsymbol{D}_{xx}(t,f)_l\\ \widetilde{\boldsymbol{D}}_{ss}^{(k)} &= \sum_{l\in\Omega_s^{(k)}}\overline{\boldsymbol{D}}_{ss}(t,f)_l\end{aligned} \tag{4.36}$$

则$K$个时频自源区域对应的时频分布矩阵可以表示为

$$\begin{aligned}\widetilde{\boldsymbol{D}}_{xx}^{(1)} &= \boldsymbol{A}\widetilde{\boldsymbol{D}}_{ss}^{(1)}\boldsymbol{A}^{\mathrm{H}}\\ &\vdots\\ \widetilde{\boldsymbol{D}}_{xx}^{(K)} &= \boldsymbol{A}\widetilde{\boldsymbol{D}}_{ss}^{(K)}\boldsymbol{A}^{\mathrm{H}}\end{aligned} \tag{4.37}$$

由于$\boldsymbol{D}_{ss}(t,f)_l(1\leqslant l\leqslant L)$为对角矩阵，则$\widetilde{\boldsymbol{D}}_{ss}^{(k)}$也为对角矩阵，定义矩阵$\widetilde{\boldsymbol{D}}\in\mathbb{C}^{K\times N}$，其中$\tilde{d}_{kn}=[\widetilde{\boldsymbol{D}}_{ss}^{(k)}]_{nn}$，式(4.37)可以表示成三阶张量的形式

$$\tilde{\mathcal{C}} = \sum_{n=1}^{N} \boldsymbol{a}_n \circ \boldsymbol{a}_n^* \circ \tilde{d}_n \tag{4.38}$$

式中：$\tilde{\mathcal{C}}_{ijk} = \sum_{n=1}^{N} a_{in} a_{jn}^* \tilde{d}_{kn}$。

#### 4.2.2.3　基于时频分布的扩展矩阵构造

从矩阵的角度来分析，定义拓展矩阵 $\boldsymbol{C} \in \mathbb{C}^{M^2 \times L}$，其中 $\boldsymbol{C}_{(i-1)M+j,k} = (\mathcal{C})_{ijk}$，由 4.2.1 小节中分析可知，式(4.34)可以表示成矩阵乘积的形式，即

$$\boldsymbol{C} = (\boldsymbol{A} \odot \boldsymbol{A}^*) \cdot \boldsymbol{D}^{\mathrm{T}} \tag{4.39}$$

式中：$\boldsymbol{A} \odot \boldsymbol{A}^* = [\boldsymbol{a}_1 \otimes \boldsymbol{a}_1^*, \cdots, \boldsymbol{a}_N \otimes \boldsymbol{a}_N^*] \in \mathbb{C}^{M^2 \times N}$。从式(4.17)中可以看出，矩阵 $\boldsymbol{C}$ 的维数已经拓展为 $M^2 \times N$，且 $\boldsymbol{C}$ 中含有混合矩阵的信息。因此，对等式(4.17)进行特征值分析就可以估计出混合矩阵 $\boldsymbol{A}$。

综上所述，基于空间时频分布的维数扩展方法具体步骤如表 4.2 所列。

表 4.2　基于空间时频分布的张量/扩展矩阵构造算法步骤

| |
|---|
| Step1：根据式(4.18)计算出观测信号 $\boldsymbol{x}(t)$ 的时频分布矩阵 $\boldsymbol{D}_{\boldsymbol{xx}}(t,f)$； |
| Step2：根据式(4.23)选择观测信号的时频支撑点； |
| Step3：根据式(4.27)或式(4.30)选择信号的自源点的集合 $\Omega_s$，转向 Step4 或者 Step5； |
| Step4(张量构造)：将 $L$ 个自源点集合对应的 $M \times M$ 的空间时频分布矩阵 $\{\boldsymbol{D}_{\boldsymbol{xx}}(t,f)_l \mid 1 \leqslant l \leqslant L\}$，按照 $(\mathcal{C})_{ijk} = [\boldsymbol{D}_{\boldsymbol{xx}}(t,f)_k]_{ij}$ 的方式表示成三阶张量 $\mathcal{C}$； |
| Step5(扩展矩阵构造)：把 $L$ 个自源时频点对应的 $M \times M$ 的空间时频分布矩阵 $\{\boldsymbol{D}_{\boldsymbol{xx}}(t,f)_l \mid 1 \leqslant l \leqslant L\}$，按照 $\boldsymbol{C}_{(i-1)M+j,k} = [\boldsymbol{D}_{\boldsymbol{xx}}(t,f)_k]_{ij}$ 的方式表示成 $M^2 \times L$ 矩阵 $\boldsymbol{C}$ 的形式。 |

## 4.3　源个数及混合矩阵估计

### 4.3.1　最大适应源个数分析

通常条件下，可以假设 $N \leqslant \min(M^2, L)$。在这个假设条件下，文献[11]证明了，当源信号数目 $N$ 和阵元数目 $M$ 满足式(4.40)时

$$2N(N-1) \leqslant M^2(M-1)^2 \tag{4.40}$$

矩阵 $\boldsymbol{A} \odot \boldsymbol{A}^*$ 和 $\boldsymbol{D}^{\alpha}$ 是列满秩矩阵，即

$$\operatorname{rank}(\boldsymbol{A} \odot \boldsymbol{A}^*) = N \tag{4.41}$$

$$\text{rank}((\boldsymbol{D})^{\mathrm{T}}) = N \tag{4.42}$$

此时，拓展矩阵 $\boldsymbol{C}$ 的秩等于源信号数目，即

$$\text{rank}(\boldsymbol{C}) = N \tag{4.43}$$

文献[11]同时证明了，当满足式(4.40)时，式(4.16)或式(4.34)中张量 $\mathcal{C}$ 能够进行唯一正则分解。

根据式(4.40)可知，基于维数扩展的欠定混合矩阵估计算法可以有效处理的源信号数目的最大值 $N_{\max}$ 应满足

$$N_{\max} \leqslant \tilde{N}_{\max} = \left\lfloor \sqrt{\frac{M^2(M-1)^2}{2} + \frac{1}{4}} + \frac{1}{2} \right\rfloor \tag{4.44}$$

式中：$\lfloor \alpha \rfloor$ 表示不大于 $\alpha$ 的最大整数。示例结果如表 4.3 所列。

表 4.3　式(4.44)与阵元数目关系的示例

| $M$ | 2 | 3 | 4 | 5 | 6 | 7 | 8 |
|---|---|---|---|---|---|---|---|
| $\tilde{N}_{\max}$ | 2 | 4 | 9 | 14 | 21 | 30 | 40 |

文献[12,13]从理论上提出了虚拟阵元(VS)的概念，分析了不同阵列结构可以等价的虚拟阵元数目，而不同阵列结构可能处理的最大源信号数目应小于虚拟阵元数目。表 4.4 给出了均匀线阵不同阵元数目对应的虚拟阵元数目。

表 4.4　均匀线阵虚拟阵元数目与阵元数目关系的示例

| $M$ | 2 | 3 | 4 | 5 | 6 | 7 | 8 |
|---|---|---|---|---|---|---|---|
| VS | 3 | 5 | 7 | 9 | 11 | 13 | 15 |

因此，分析本章算法的源信号数目适应能力时应同时考虑虚拟阵元数目和式(4.44)的约束。例如，对于 4 阵元的均匀线阵，综合表 4.3 和表 4.4 可得，算法能处理的最大信号数目应为 $N_{\max} = \min(9,7) = 7$。

### 4.3.2　源个数估计

根据 4.4.1 小节的分析，拓展矩阵 $\boldsymbol{C}$ 的秩等于源信号数目。因此，可以采用经典的信息论准则完成源个数的估计。文献[14]中提出了两种基于信息论准则的信号源个数估计方法——赤池信息准则(AIC)和最小描述长度(MDL)准则。

首先，对扩展矩阵 $\mathcal{C}$ 进行特征值分解，得到 $M^2$ 个奇异值 $\{\lambda_k \mid 1 \leqslant k \leqslant M^2\}$。AIC 准则和 MDL 准则分别为

$$\text{AIC}(k) = -2\log\left(\frac{\left(\prod_{i=k+1}^{k}\lambda_i\right)^{\frac{1}{M-k}}}{\frac{1}{M-k}\sum_{i=k+1}^{M}\lambda_i}\right)^{(M-k)P} + 2k(2M-k) \tag{4.45}$$

$$\mathrm{MDL}(k) = -\log\left(\frac{\left(\prod_{i=k+1}^{k} \varsigma_i\right)^{\frac{1}{M-k}}}{\frac{1}{M-k}\sum_{i=k+1}^{M}\lambda_i}\right)^{(M-k)P} + \frac{1}{2}k(2M-k)\log L \tag{4.46}$$

式中：$P$ 为观测信号的样本数目。源个数估计可以通过检测使得 AIC 或 MDL 函数值取最小的 $k_0 \in \{0,\cdots,M-1\}$ 给出，即

$$\hat{N} = \underset{k}{\arg\min}\,\mathrm{AIC}(k) \qquad 0 \leqslant k \leqslant M-1 \tag{4.47}$$

$$\hat{N} = \underset{k}{\arg\min}\,\mathrm{MDL}(k) \qquad 0 \leqslant k \leqslant M-1 \tag{4.48}$$

## 4.3.3　基于张量分解的混合矩阵估计

对 4.3 节得到的三阶张量 $\mathcal{C}$ 进行正则分解就是求解矩阵 $(\hat{\boldsymbol{U}},\hat{\boldsymbol{V}},\hat{\boldsymbol{W}})$，使代价函数 $f(\hat{\boldsymbol{U}},\hat{\boldsymbol{V}},\hat{\boldsymbol{W}})$ 最小，其中，$\hat{\boldsymbol{U}} \in \mathbb{C}^{I\times N}$，$\hat{\boldsymbol{V}} \in \mathbb{C}^{J\times N}$，$\hat{\boldsymbol{W}} \in \mathbb{C}^{K\times N}$，函数 $f(\hat{\boldsymbol{U}},\hat{\boldsymbol{V}},\hat{\boldsymbol{W}})$ 的表达式如式(4.49)所示。

$$f(\hat{\boldsymbol{U}},\hat{\boldsymbol{V}},\hat{\boldsymbol{W}}) = \left\| \mathcal{C} - \sum_{n=1}^{N} \hat{\boldsymbol{u}}_n \circ \hat{\boldsymbol{v}}_n \circ \hat{\boldsymbol{w}}_n \right\|^2 = \sum_{ijk}\left| d_{ijk} - \sum_{n=1}^{N} \hat{u}_{in}\hat{v}_{jn}\hat{w}_{kn} \right|^2 \tag{4.49}$$

采用 2.4.2 小节中介绍的 ELS－ALS 算法完成式(4.49)的最优化过程即可以得到 $(\hat{\boldsymbol{U}},\hat{\boldsymbol{V}},\hat{\boldsymbol{W}})$ 的估计。而通过式(4.16)或式(4.34)可知，矩阵 $\hat{\boldsymbol{U}}$ 和 $\hat{\boldsymbol{V}}$ 是互为共轭的，因此为了提高估计精度，构造新的矩阵 $[\hat{\boldsymbol{u}}_n,\hat{\boldsymbol{v}}_n^*]$，并进行奇异值分解，则最大奇异值对应的奇异矢量就是混合矢量 $\boldsymbol{a}_n$ 的估计 $\hat{\boldsymbol{a}}_n$。综上所述，基于张量分解的混合矩阵估计算法步骤总结如表 4.5 所列。

表 4.5　基于张量分解的混合矩阵估计算法

| |
|---|
| Step1：初始化矩阵 $\boldsymbol{U}^{(it)}$，$V^{(it)}$，$\boldsymbol{W}^{(it)}$，其中 $it=0$，设置迭代收敛门限 th； |
| Step2：把初始矩阵代入式(2.52)进行交替更新，得到 $\boldsymbol{U}^{(it+1)}$，$\boldsymbol{V}^{(it+1)}$，$\boldsymbol{W}^{(it+1)}$，其中，<br>$\boldsymbol{U}^{(it+1)} = ((\boldsymbol{V}^{(it)} \odot \boldsymbol{W}^{(it)})^{+}\boldsymbol{C}_3)^{\mathrm{T}}$<br>$\boldsymbol{V}^{(it+1)} = ((\boldsymbol{W}^{(it)} \odot \boldsymbol{U}^{(it+1)})^{+}\boldsymbol{C}_2)^{\mathrm{T}}$<br>$\boldsymbol{W}^{(it+1)} = ((\boldsymbol{U}^{(it+1)} \odot \boldsymbol{V}^{(it+1)})^{+}\boldsymbol{C}_1)^{\mathrm{T}}$ |
| Step3：根据式(2.53)计算迭代步长 $R_u$、$R_v$ 和 $R_w$； |
| Step4：根据下式更新 $\boldsymbol{U}^{(\mathrm{new})}$，$\boldsymbol{V}^{(\mathrm{new})}$，$\boldsymbol{W}^{(\mathrm{new})}$，<br>$\boldsymbol{U}^{(\mathrm{new})} = \boldsymbol{U}^{(it-1)} + R_u(\boldsymbol{U}^{(it)} - \boldsymbol{U}^{(it-1)})$<br>$\boldsymbol{V}^{(\mathrm{new})} = \boldsymbol{V}^{(it-1)} + R_v(\boldsymbol{V}^{(it)} - \boldsymbol{V}^{(it-1)})$<br>$\boldsymbol{W}^{(\mathrm{new})} = \boldsymbol{W}^{(it-1)} + R_w(\boldsymbol{W}^{(it)} - \boldsymbol{W}^{(it-1)})$ |

（续）

| |
|---|
| Step5：计算估计误差 $\text{Error}^{(\text{new})} = \| \boldsymbol{C}_1 - (\boldsymbol{U}^{(\text{new})} \odot \boldsymbol{V}^{(\text{new})})(\boldsymbol{W}^{(\text{new})})^{\text{T}} \|_F^2$；$\text{Error}^{(it+1)} = \| \boldsymbol{C}_1 - (\boldsymbol{U}^{(it+1)} \odot \boldsymbol{V}^{(it+1)})(\boldsymbol{W}^{(it+1)})^{\text{T}} \|_{\text{F}}^2$； |
| Step6：如果 $\lvert \text{Error}^{(\text{new})} - \text{Error}^{(it+1)} \rvert > \text{th}$，则把 $\boldsymbol{U}^{(\text{new})}$、$\boldsymbol{V}^{(\text{new})}$、$\boldsymbol{W}^{(\text{new})}$ 当作新的初始矩阵返回 Step2 继续迭代；如果 $\lvert \text{Error}^{(\text{new})} - \text{Error}^{(it+1)} \rvert < \text{th}$，则算法达到收敛，$\boldsymbol{U}^{(\text{new})}$、$\boldsymbol{V}^{(\text{new})}$、$\boldsymbol{W}^{(\text{new})}$ 分别为矩阵 $\boldsymbol{U}$、$\boldsymbol{V}$ 和 $\boldsymbol{W}$ 的估计。 |

### 4.3.4 基于联合对角化的混合矩阵估计

本节通过对等式(4.17)或等式(4.39)对角化的思路实现混合矩阵的估计。对扩维后的 $M^2 \times L$ 矩阵 $\boldsymbol{C}$ 进行奇异值分解，可得

$$\boldsymbol{C} = \boldsymbol{U}\boldsymbol{\Lambda}\boldsymbol{V}^{\text{H}} \tag{4.50}$$

式中：$\boldsymbol{U} \in \mathbb{C}^{M^2 \times N}$为左奇异矩阵；$\boldsymbol{V} \in \mathbb{C}^{L \times N}$为右奇异矩阵；$\boldsymbol{\Lambda} \in \mathbb{R}^{N \times N}$为对角矩阵。把式(4.17)或式(4.39)代入式(4.50)，可得

$$\boldsymbol{A} \odot \boldsymbol{A}^* = \boldsymbol{U}\boldsymbol{\Lambda}\boldsymbol{V}^{\text{H}}(\boldsymbol{D}^{\text{T}})^{-1} \tag{4.51}$$

令 $\boldsymbol{F} = \boldsymbol{V}^{\text{H}}(\boldsymbol{D}^{\text{T}})^{-1} \in \mathbb{C}^{N \times N}$，式(4.51)可以简化为

$$\boldsymbol{A} \odot \boldsymbol{A}^* = \boldsymbol{U}\boldsymbol{\Lambda}\boldsymbol{F} \tag{4.52}$$

令 $\widetilde{\boldsymbol{A}} = \boldsymbol{A} \odot \boldsymbol{A}^* = [\boldsymbol{a}_1 \otimes \boldsymbol{a}_1^*, \cdots, \boldsymbol{a}_N \otimes \boldsymbol{a}_N^*]$，则 $\widetilde{\boldsymbol{A}}$ 的第 $i$ 个列矢量 $\tilde{\boldsymbol{a}}_i \in \mathbb{C}^{M^2}$为$\tilde{\boldsymbol{a}}_i = \boldsymbol{a}_i \otimes \boldsymbol{a}_i^*$。把列矢量 $\tilde{\boldsymbol{a}}_i$表示成 $M \times M$ 的矩阵 $\widetilde{\boldsymbol{A}}_i = [a_{1i}\boldsymbol{a}_i^*, \cdots, a_{Mi}\boldsymbol{a}_i^*]$，由于 $\widetilde{\boldsymbol{A}}_i$的任意两个列矢量是线性相关的，则 $\text{rank}(\widetilde{\boldsymbol{A}}_i) = 1$，且最大特征值对应的特征矢量为 $\boldsymbol{a}_i^*$ 的估计（与 $\boldsymbol{a}_i^*$ 相差一个复系数）。因此，只需要估计出矩阵 $\boldsymbol{F}$ 就可以完成混合矩阵 $\boldsymbol{A}$ 的估计。

为了估计矩阵 $\boldsymbol{F}$，定义映射

$$\boldsymbol{\Phi}: (\boldsymbol{X}, \boldsymbol{Y}) \in \mathbb{C}^{M \times M} \times \mathbb{C}^{M \times M} \mapsto \boldsymbol{\Phi}(\boldsymbol{X}, \boldsymbol{Y}) = \mathcal{P} \in \mathbb{C}^{M \times M \times M \times M} \tag{4.53}$$

式中：四阶张量 $\mathcal{P}$的第$(i, j, k, l)$的元素 $p_{ijkl} = x_{ij}y_{kl} + y_{ij}x_{kl} - x_{il}y_{kj} - y_{il}x_{kj}$。如果 $\boldsymbol{\Phi}(\boldsymbol{X}, \boldsymbol{X}) = 0$，则 $\text{rank}(\boldsymbol{X}) \leqslant 1$[61]。$\text{rank}(\cdot)$表示矩阵的秩。

令 $\boldsymbol{H} = \boldsymbol{U}\boldsymbol{\Lambda}$，$\boldsymbol{H}_r = \text{unvec}(\boldsymbol{h}_r)$，其中 $\boldsymbol{h}_k$为矩阵 $H$ 的第 $k$ 个列矢量，$\text{unvec}(\cdot)$表示把矢量写成矩阵形式，即$(\boldsymbol{H}_k)_{ij} = (\boldsymbol{h}_k)_{(i-1)M+j}$，则 $\boldsymbol{H}_k$可以表示为

$$\boldsymbol{H}_k = \sum_{i=1}^{N} (\boldsymbol{a}_i\boldsymbol{a}_i^{\text{H}})(\boldsymbol{F}^{-1})_{ik} \tag{4.54}$$

定义张量 $\mathcal{P}_{st}$为

$$\mathcal{P}_{st} = \Phi(\boldsymbol{H}_s,\boldsymbol{H}_t) = \sum_{i,j=1}^{N}(\boldsymbol{F}^{-1})_{is}(\boldsymbol{F}^{-1})_{jt}\Phi(\boldsymbol{a}_i\boldsymbol{a}_i^{\mathrm{H}},\boldsymbol{a}_j\boldsymbol{a}_j^{\mathrm{H}}) \tag{4.55}$$

由文献[11]可知,由于混合矩阵 $\boldsymbol{A}$ 的任何 $M\times M$ 子矩阵是非奇异的,张量 $\Phi(\boldsymbol{a}_i\boldsymbol{a}_i^{\mathrm{H}},\boldsymbol{a}_j\boldsymbol{a}_j^{\mathrm{H}})$, $1\leqslant i<j\leqslant N$ 是线性不相关的,则存在 $N$ 个线性不相关的对称矩阵 $\boldsymbol{M}_i(1\leqslant i\leqslant N)$,使

$$\sum_{s,t=1}^{N}(\boldsymbol{M}_i)_{st}\mathcal{P}_{st} = 0 \tag{4.56}$$

并且矩阵 $\boldsymbol{F}$ 能够使矩阵集合 $\{\boldsymbol{M}_i|1\leqslant i\leqslant N\}$ 联合对角化,即满足

$$\begin{gathered}\boldsymbol{M}_1=\boldsymbol{F}\boldsymbol{\Lambda}_1\boldsymbol{F}^{\mathrm{T}}\\ \vdots\\ \boldsymbol{M}_N=\boldsymbol{F}\boldsymbol{\Lambda}_N\boldsymbol{F}^{\mathrm{T}}\end{gathered} \tag{4.57}$$

式中:$\boldsymbol{\Lambda}_1,\cdots,\boldsymbol{\Lambda}_N\in\mathbb{R}^{N\times N}$为对角矩阵。因此通过式(4.56)求出矩阵集合$\{\boldsymbol{M}_i|1\leqslant i\leqslant N\}$,然后再进行联合对角化就可以估计出矩阵 $\boldsymbol{F}$。

对于等式(4.56),文献[8]提出了基于奇异值分解的求解算法,根据式(4.58)构造矩阵 $\boldsymbol{P}\in\mathbb{C}^{M^4\times N(N+1)/2}$,即

$$\boldsymbol{P}=(\mathrm{vec}(\mathcal{P}_{11}),\cdots,\mathrm{vec}(\mathcal{P}_{1N}),\mathrm{vec}(\mathcal{P}_{22}),\cdots,\mathrm{vec}(\mathcal{P}_{2N}),\cdots,\mathrm{vec}(\mathcal{P}_{(N-1)N})) \tag{4.58}$$

式中:符号 $\mathrm{vec}(\mathcal{P})$ 表示把张量 $\mathcal{P}$表示成矢量形式,若 $\boldsymbol{h}=\mathrm{vec}(\mathcal{P})$,则 $h_{(i-1)M^3+(j-1)M^2+(k-1)M+l}=p_{ijkl}$。对矩阵 $\boldsymbol{P}$ 进行特征值分解,则矩阵 $\boldsymbol{P}$ 等于零的 $N$ 个特征值对应的特征矢量$\{\boldsymbol{v}_1,\cdots,\boldsymbol{v}_N\}$就是方程(4.56)的线性无关解。把矢量 $\boldsymbol{v}_i$ 表示成上三角矩阵 $\tilde{\boldsymbol{M}}_i$,则 $M$ 个线性无关矩阵为$\{\boldsymbol{M}_i=\tilde{\boldsymbol{M}}_i+\tilde{\boldsymbol{M}}_i^{\mathrm{T}}|1\leqslant i\leqslant N\}$。

下面通过对矩阵集合$\{\boldsymbol{M}_i|1\leqslant i\leqslant N\}$进行联合近似对角化估计出矩阵 $\boldsymbol{F}$。联合近似对角化就是使式(4.59)的代价函数最小

$$C_{LS}(\boldsymbol{F},\boldsymbol{\Lambda}_1,\cdots,\boldsymbol{\Lambda}_N) = \sum_{k=1}^{N}\|\boldsymbol{M}_k-\boldsymbol{F}\boldsymbol{\Lambda}_k\boldsymbol{F}^{\mathrm{T}}\|_{\mathrm{F}}^2 \tag{4.59}$$

文献[15]提出了基于 AC-DC 的联合近似对角化算法。首先初始化矩阵 $\boldsymbol{F}$ 和对角矩阵$\{\boldsymbol{\Lambda}_k|1\leqslant k\leqslant N\}$,然后通过式(4.59)计算矩阵 $\boldsymbol{G}$

$$\boldsymbol{G} = \sum_{k=1}^{N}w_k\lambda_l^k[\boldsymbol{M}_k-\sum_{n=l,n\neq l}^{N}\lambda_l^k\boldsymbol{f}_n\boldsymbol{f}_n^{\mathrm{T}}]^* \tag{4.60}$$

令矩阵 $\tilde{\boldsymbol{G}}=\begin{bmatrix}\mathrm{Re}(\boldsymbol{G}) & -\mathrm{Im}(\boldsymbol{G})\\ -\mathrm{Im}(\boldsymbol{G}) & -\mathrm{Re}(\boldsymbol{G})\end{bmatrix}$,Re( · )表示取实部,Im( · )表示收虚部; $\boldsymbol{f}_l$

为矩阵 $\boldsymbol{F}$ 的第 $l$ 个列矢量；$\mu$ 为矩阵 $\tilde{\boldsymbol{G}}$ 的最大特征值；$\boldsymbol{z}\in\mathbb{R}^{2N}$ 为对应的特征矢量。如果 $\mu<0$，$\boldsymbol{f}_l=0$，否则 $\boldsymbol{f}_l$ 为

$$\boldsymbol{f}_l = \frac{(\gamma + j\delta)\sqrt{\mu}}{\sqrt{\sum_{k=1}^{N} w_k |\lambda_l^k|^2}} \tag{4.61}$$

其中，$\boldsymbol{z}=\begin{bmatrix}\gamma\\ \delta\end{bmatrix}$，$\gamma,\delta\in\mathbb{R}^N$。利用式(4.61)更新对角矩阵 $\boldsymbol{\Lambda}_k$ 即

$$\boldsymbol{\Lambda}_k = \mathrm{diag}\{\boldsymbol{Q}\cdot \mathrm{diag}\{\boldsymbol{F}^{\mathrm{H}}\boldsymbol{M}_k\boldsymbol{F}^*\}\} \tag{4.62}$$

式中：$\boldsymbol{Q}=[(\boldsymbol{F}^{\mathrm{H}}\boldsymbol{F})\odot(\boldsymbol{F}^{\mathrm{H}}\boldsymbol{F})]^{-1}$。重复式(4.60)～式(4.62)，直到代价函数取值小于门限。

因此，通过式(4.52)可以估计出矩阵 $\tilde{\boldsymbol{A}}=\boldsymbol{A}\odot\boldsymbol{A}^*=\boldsymbol{U\Lambda F}$，再对矩阵 $\tilde{\boldsymbol{A}}_i$ 进行特征值分解，则最大特征值对应的特征矢量就是矢量 $\boldsymbol{a}_i^*$ 的估计。综上所述，基于矩阵对角化的混合矩阵估计算法步骤总结如表 4.6 所列。

表 4.6　基于联合对角化的混合矩阵估计算法

| |
|---|
| Step1：对扩展维数后的 $M^2\times L$ 矩阵 $\boldsymbol{C}$ 进行 SVD，得 $\boldsymbol{A}\odot\boldsymbol{A}^*=\boldsymbol{U\Lambda F}$； |
| Step2：记 $\boldsymbol{H}=\boldsymbol{\Lambda F}$，令 $h_{(i-1)M^3+(j-1)M^2+(k-1)M+l}=p_{ijkl}$，根据式(4.58)构造矩阵 $\boldsymbol{P}$； |
| Step3：对矩阵 $\boldsymbol{P}$ 并通过 SVD 估计出矩阵集合 $\{\boldsymbol{M}_i \mid 1\leqslant i\leqslant N\}$； |
| Step4：利用 AC－DC 联合近似对角化算法即式(4.60)～式(4.62)估计出矩阵 $F$，进而估计出矩阵 $\tilde{\boldsymbol{A}}=\boldsymbol{A}\odot\boldsymbol{A}^*$； |
| Step5：把矩阵 $\tilde{\boldsymbol{A}}$ 的列矢量 $\tilde{\boldsymbol{a}}_i$ 表示成矩阵 $\tilde{\boldsymbol{A}}_i$ 并进行特征值分解，则最大特征值对应的特征矢量为矢量 $\boldsymbol{a}_i^*$ 的估计（$\boldsymbol{a}_i^*$ 为 $\boldsymbol{a}_i$ 的共轭）。 |

### 4.3.5　性能仿真与分析

根据源信号的时频特性或者循环相关特性，可以选择不同的张量构造或者扩展矩阵构造方法，并采用张量分解或者联合对角化方法实现混合矩阵的估计。为了简化表述，基于循环相关的欠定混合盲辨识方法简称为 CSOBIUM，即联合运用表 4.1 方法＋表 4.5 或者表 4.6 的方法。基于空间时频分布的欠定混合盲辨识方法简称为 TFDBIUM，即联合运用表 4.2＋表 4.5 或者表 4.6 的方法。

#### 4.3.5.1　CSOBIUM 方法仿真分析

仿真实验 4.3.1　验证本章研究的 CSOBIUM 方法性能。

源信号为 4 个二相键控(BPSK)信号，接收天线为阵元数目为 3，半径为 1/2

波长的均匀圆阵，采样频率为30MHz，每个源信号的码元数目为1000，噪声为加性高斯白噪声，信噪比变化范围为0～30dB，在不同信噪比条件下分别进行500次蒙特卡洛仿真。则混合矩阵 $\boldsymbol{A}$ 的第 $(m,n)$ 个元素 $a_{mn}$ 可以表示为

$$a_{mn}=\exp(2\pi\mathrm{j}(x_m\cos(\theta_n)\cos(\phi_n)+y_m\cos(\theta_n)\sin(\phi_n))) \tag{4.63}$$

式中：$x_m=0.5\cos(2\pi(m-1)/M)$，$y_m=0.5\sin(2\pi(m-1)/M)$。表4.7为每个源信号的中频频率、信号速率、入射方向等参数。

表4.7 仿真实验4.3.1中的源信号参数设置

| 源信号 | 中频频率/kHz | 符号速率/(千符号/s) | 入射方位角/(°) | 入射俯仰角/(°) |
|---|---|---|---|---|
| 1 | 400 | 200 | 3π/10 | 7π/10 |
| 2 | 800 | 200 | 3π/10 | 9π/10 |
| 3 | 800 | 200 | 2π/5 | 3π/5 |
| 4 | 640 | 200 | 0 | 4π/5 |

定义频偏系数 $\mathrm{Coeffi}=\dfrac{\Delta f}{f}$。$\Delta f$ 为信号之间的频率差，$f$ 为参考信号的频率。假设源信号1为参考信号，信号2、信号3、信号4的频偏系数分别为1、1、0.6，平均频偏系数为1.2。图4.2为本章研究的CSOBIUM与基于四阶累积量的欠定盲辨识(FOBIUM)算法[16]、基于二阶统计量的欠定盲辨识算法(SOBIUM)[8]在不同信噪比条件下的估计性能，从图中可以看出当频偏系数Coeffi=0即源信号在频域几乎完全重叠时，SOBIUM算法不能估计出混合矩阵 $\boldsymbol{A}$，而CSOBIUM算法能够很好地估计出混合矩阵算法的估计性能比SOBIUM算法性能高约7dB，与FOBIUM算法性能相近，但是当频偏系数Coeffi=1.2时，CSOBIUM算法的估计精度比FOBIUM算法高约5dB。

重新设置源信号参数，考察频谱不同混叠程度条件对混合矩阵估计性能的影响。设置源信号符号速率分别2兆符号/s，2.5兆符号/s，3兆符号/s，5兆符号/s，信号的中频频率分别为0，$\Delta f$，$2\Delta f$，$3\Delta f$，Coeffi越小信号在频域的混叠程度越高，当Coeffi=0时信号在时频域完全混叠，信号入射方位角 $\theta_k$ 分别为3π/10、3π/10、2π/5和0，俯仰角 $\varphi_k$ 分别为7π/10、9π/10、3π/5和4π/5。

图4.3为信噪比等于5dB时，不同频偏系数条件下CSOBIUM算法与SOBIUM算法、FOBIUM算法的性能比较。从图中可以看出，当频偏系数较小即源信号在频域几乎完全重叠时，SOBIUM算法不能估计出混合矩阵 $\boldsymbol{A}$，而CSOBIUM算法能够很好地估计出混合矩阵且估计性能远优于SOBIUM算法。随着频偏系数的增大，三种算法的估计性能都随之提高，但CSOBIUM算法的估计性能远优于FOBIUM，当频偏系数大于0.6时，CSOBIUM算法的估计性能略优于SOBIUM算法。总之，

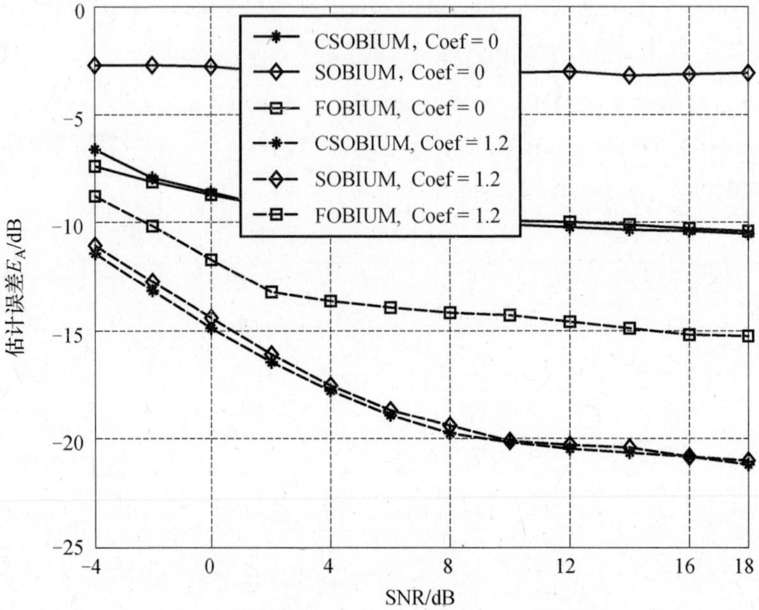


图 4.2　混合矩阵估计性能随信噪比变化曲线

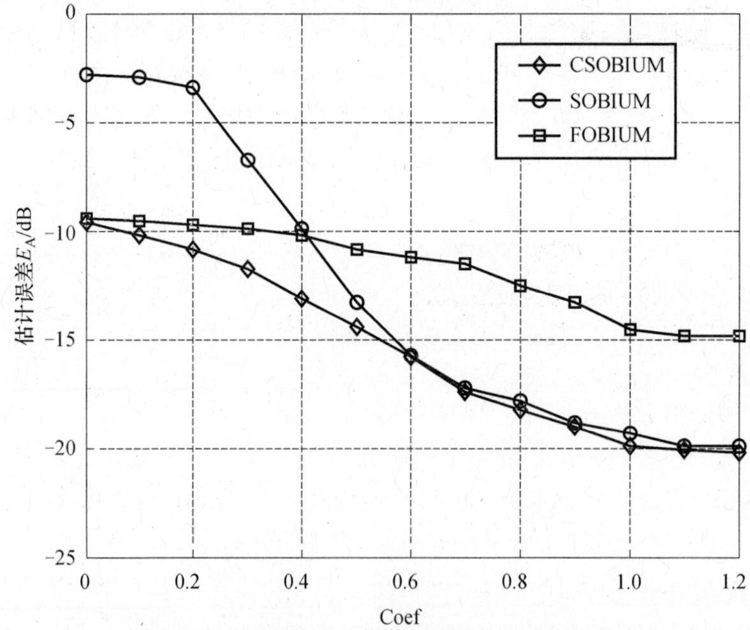


图 4.3　混合矩阵估计性能随频偏系数变化曲线

无论频偏系数如何变化，三种算法中 CSOBIUM 算法的估计性能是最优的。

#### 4.3.5.2　TFDBIUM 方法仿真分析

仿真实验 4.3.2：验证本章研究的 TFDBIUM 方法性能。

源信号为 4 个 LFM 信号，接收天线为 3 阵元、半径为 1/2 波长的均匀圆阵，接收的中频信号参数以及入射角、方位角见表 4.8 所列。此时混合矩阵 $\boldsymbol{A}$ 的第$(m,n)$个元素可以表示为

$$a_{mn}=\exp(\mathrm{j}2\pi(x_m\cos(\theta_n)\cos(\phi_n)+y_m\cos(\theta_n)\sin(\phi_n))) \tag{4.64}$$

式中：$x_m=0.5\cos(2\pi(m-1)/M)$，$y_m=0.5\sin(2\pi(m-1)/M)$，采样频率为 5kHz，信号样点数为 256，噪声为加性高斯白噪声，信噪比变化范围为 −5 ~ 30dB，在不同信噪比条件下分别进行 100 次蒙特卡洛仿真。

表 4.8　仿真实验 4.3.2 中的源信号参数设置

| 源信号 | 中频频率/kHz | 调制斜率/(kHz/s) | 入射方位角/(°) | 入射俯仰角/(°) |
|---|---|---|---|---|
| 1 | 250 | 18 | 3π/10 | 7π/10 |
| 2 | 255 | −16 | 3π/10 | 9π/10 |
| 3 | 260 | −16 | 2π/5 | 3π/5 |
| 4 | 265 | 18 | 0 | 4π/5 |

图 4.4 给出了其中一个通道观测信号的时频分布自源点选择前后的分布结果。从图中可以看出，通过自源点选择可以有效消除交叉项的影响。

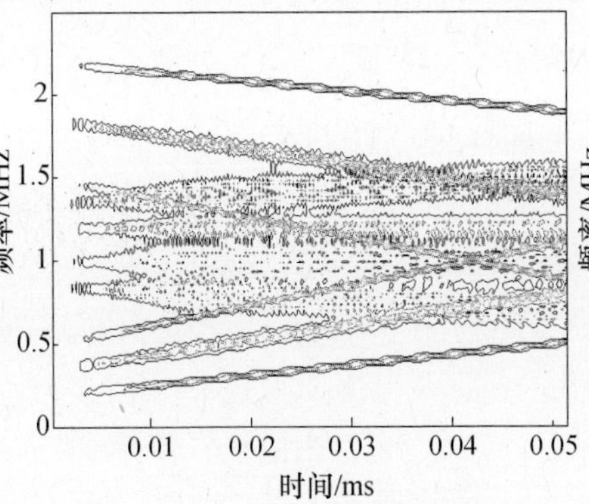

(a) 混合信号的时频分布图

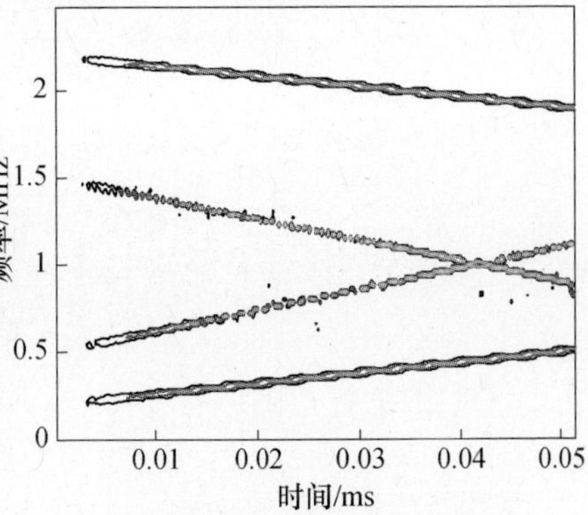

(b) 自源点选择后的时频分布图

图 4.4　混合信号自源点选择前后的时频分布(见彩图)

图 4.5 为 TFDBIUM 算法与基于四阶累积量的欠定盲辨识(FOBIUM)算法[16]、基于二阶统计量的欠定盲辨识(SOBIUM)算法[8]在不同信噪比条件下的估

计性能比较，其中 TFDBIUM1 和 TFDBIUM2 分别指采用联合近似对角化和张量分解的盲辨识算法，从图中可以看出，这两种方法的估计性能几乎相同。由于四个线性调频信号在频域是相互混叠的，源信号之间存在一定的相关性，所以导致 FOBIUM 和 SOBIUM 算法估计性能的降低。此外，TFDBIUM 算法通过选择能量较大的自源点，提高了算法的鲁棒性。从图中可以看出，TFDBIUM 算法估计误差小且信噪比适应能力强，在相同信噪比条件下估计误差 $E_A$ 比其他两种算法小约 3dB。

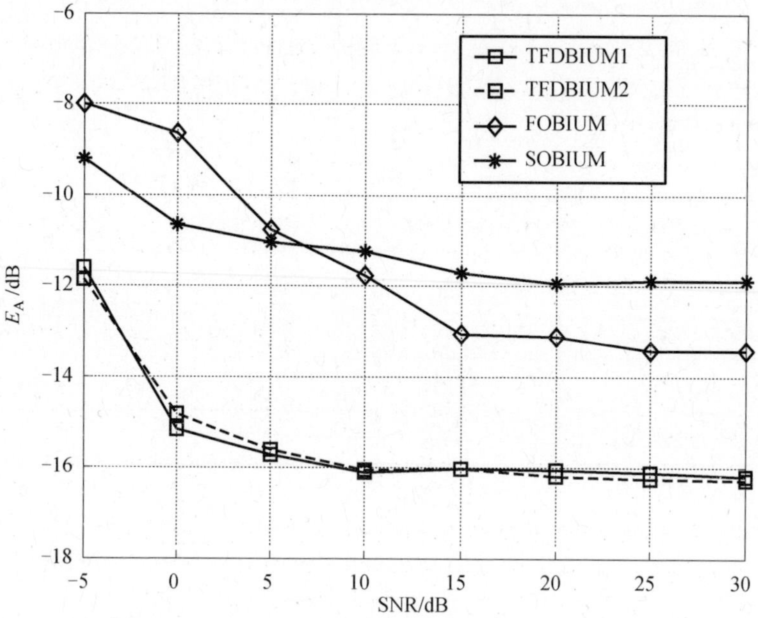


图 4.5　基于时频分布的欠定混合矩阵估计性能

仿真实验 4.3.3：验证 TFDBIUM 算法在不同源信号数条件下的估计性能。

接收阵元数目 $M$ 为 4，在仿真实验 4.2 的基础上增加两个 LFM 源信号，起始频率分别为 1kHz、0.8kHz，调制斜率为 −16MHz/s、−10MHz/s，入射方位角分别为 $\pi/10$、$3\pi/4$，俯仰角分别为 $4\pi/5$、$\pi/5$，其他仿真条件与仿真实验 4.2 相同。

图 4.6 为接收阵元数目 $M$ 为 4 时，源信号数目 $N$ 分别为 4、5、6 时，混合矩阵的估计误差随信噪比变换曲线。从图中可以看出，当阵元数目一定时，随着源信号数目的增加，混合矩阵的估计误差变大。

本章主要研究时频非稀疏信号的欠定混合矩阵估计问题。在一些实际应用中，由于各种有意无意干扰信号大量存在，源信号在时频域可能混叠严重，难以利用时频稀疏性实现混合矩阵估计。本章方法的核心思路是利用雷达通信类源

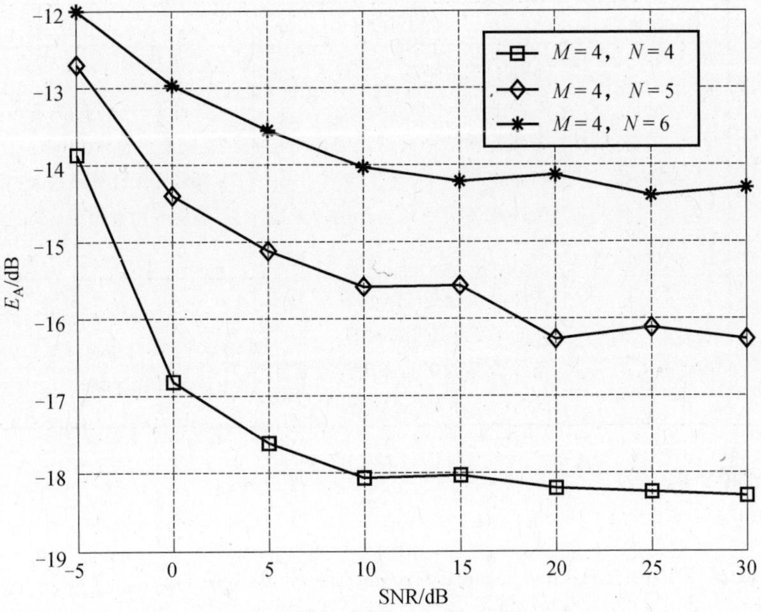


图4.6 不同源信号数时混合矩阵的估计误差

信号的循环平稳特性和时频分布特性，通过代数学手段实现观测通道的虚拟扩展。

当源信号的循环平稳特性已知或者利用循环谱完成循环频率估计时，可以通过构造不同循环频率，不同时间延迟的多个循环自相关矩阵实现多通道观测的虚拟扩展，即本章研究讨论的CSOBIUM算法。仿真结果表明，该算法具有很好的估计性能，不仅能适应欠定条件，还能应用于适定和超定条件，且混合矩阵估计性能随着阵元数的增加而增加。相比经典的基于二阶累积量或者高阶累积量的算法，CSOBIUM算法能适应频谱混叠更加严重的情况，即对源信号的时频稀疏性要求更低，且估计性能更好。

当源信号在时频平面上信号的自源时频点与互源时频点几乎是不混叠时，可以利用时频平面上的自源点处对应的多个时频分布矩阵实现多通道观测的虚拟拓展，即本章研究讨论的TFDBIUM算法。仿真结果表明，该算法具有很好的估计性能，不仅能适应欠定条件，还能应用于适定和超定条件，且混合矩阵估计性能随着阵元数的增加而增加。

表4.9归纳总结了本章所研究的基于维数扩展的欠定混合矩阵估计算法的特点及适用条件。

表4.9 基于维数扩展的欠定混合矩阵估计算法的特点及适用条件

| 算法名称 | 过程 | 适用条件 | 特点 |
|---|---|---|---|
| CSOBIUM | 表4.1+表4.5或者表4.6 | 条件1:混叠矩阵 $\boldsymbol{A}$ 的任意 $M\times M$ 的子矩阵是非奇异的;<br>条件2:源信号 $\boldsymbol{s}(t)$ 之间是相互独立的;<br>条件3:源信号 $\boldsymbol{s}(t)$ 是循环平稳信号 | 1)条件3不是必须满足的,如果不满足算法退化成SOBIUM;<br>2)循环相关计算量较大;<br>3)能够应用于超定/适定情况 |
| TFDBIUM | 表4.2+表4.5或者表4.6 | 条件1:混叠矩阵 $\boldsymbol{A}$ 的任意 $M\times M$ 的子矩阵是非奇异的;<br>条件2:信号的自源时频点与互源时频点几乎是不混叠的 | 1)对于时频聚集度较好的源信号如LFM等,较容易满足条件2;<br>2)能够应用于超定/适定情况 |

## 参考文献

[1] PORAT B, FRIEDLANDER B. Direction finding algorithms based on higher order statistics[J]. IEEE Trans. Signal Process. 1991, 39(9): 2016-2024.

[2] CHEVALIER P, FERREOL A, ALBERA L. High resolution direction finding from higher order statistics: the 2q-MUSIC algorithm[J]. IEEE Trans. Signal Process, 2006, 54: 2986-2997.

[3] FERRéOL A, ALBERA L, CHEVALIER P. Fourth-Order Blind Identification of Underdetermined Mixtures of Sources[J]. IEEE Trans. on Signal Processing, 2005, 53(5): 1640-1653.

[4] LATHAUWER L D, CASTAING J, CARDOSO J F. Four-Order cumulant-based blind identification of underdetermined mixtures[J]. IEEE Trans. on Signal Processing, 2007, 55(6): 2965-2973.

[5] KARFOUL A, ALBERA L, BIROT G. Blind underdetermined mixture identification by joint canonical decomposition of HO cumulants[J]. IEEE Trans. on Signal Processing, 2010, 58(2): 638-649.

[6] ALMEIDA A, LUCIANI X, COMON P. Blind identification of underdetermined mixtures based on the hexacovariance and higher-order cyclostationarity[C]. Cardiff, UK: 2009 IEEE/SP 15th Workshop on Statistical Signal Processing, 2009: 669-672.

[7] SOON V C, TONG L, HUANG Y F, et al. An extended fourth order blind identification algorithm in spatially correlated noise[C]. Albuquersue, NM: International Conference on Acoustics, Speech and Signal Processing 1990: 1365-1368.

[8] LATHAUWER L D, CASTAING J. Blind identification of underdetermined mixtures by simultaneous matrix diagonalization [J]. IEEE Trans. on Signal Processing, 2008, 56 (3): 1096-1105.

[9] NGUYEN LT, BELOUCHRANI A, ABED MERAIM K. Separating more sources than sensors using Time-Frequency distributions[C]. , Kuala Lumpur, Malaysia:International Symposium on Signal Processing and its Applications (ISSPA) ,13 – 16 August, 2001: 583 – 586.

[10] AISSA-EL-BEY A, LINH-TRUNG N, et al. Underdetermined blind separation of nondisjoint sources in the time-frequency domain[J]. IEEE Trans. on Signal Processing, 2007, 55(3): 897 – 907.

[11] LATHAUWER L D. A link between the canonical decomposition in multilinear algebra and simultaneous matrix diagonalization[J]. SIAM J. Matrix Anal. Appl, 2006, 28(3): 642 – 666.

[12] DOGAN M C, MENDEL J M. Applications of cumulants to array processing—Part I: Aperture extension and array calibration [J]. IEEE Trans. Signal Processing, 1995, 43(5): 1200 – 1216.

[13] CHEVALIER P, ALBERA L, FERREOL A. On the virtual array concept for higher order array processing[J]. IEEE Trans. Signal Process, 2005, 53: 1254 – 1271.

[14] WAX M, KAILATH T. Detection of Signals by Information Theoretic Criteria[J]. IEEE Trans. ASSP, 1985, 33(2): 387 – 392.

[15] YEREDOR A. Non-orthogonal joint diagonalization in the least-squares sense with application in blind source separation[J]. IEEE Trans. on Signal Processing, 2002, 50(7): 1545 – 1553.

[16] LATHAUWER L D, CASTAING J, CARDOSO J F. Four-Order cumulant-based blind identification of underdetermined mixtures[J]. IEEE Trans. on Signal Processing, 2007, 55(6): 2965 – 2973.

# 第5章 欠定源信号恢复理论与方法

根据式(1.17),当完成混合矩阵估计或者在混合矩阵已知的情况下,源信号恢复问题就等价于线性方程组 $\boldsymbol{y}(t)=\boldsymbol{As}(t)$ 的求解问题。然而,欠定条件下线性方程组存在无穷多解,为了保证解的唯一性,必须增加约束条件。通常有两个思路:一是假设不同时刻或者时频点同时存在的源信号数目不大于阵元数目,可以通过在时频平面上构造不同的二元掩蔽函数将欠定问题转换为局部的适定或超定问题来求解;二是通过时频分布把观测信号从时域变换到时频域,在时频域分离出源信号的自源点,再利用时频综合恢复出源信号的时域波形。

本章分别针对上述两种思路对欠定源信号恢复展开研究讨论。首先分别针对稀疏信号和非稀疏信号,研究基于二元掩蔽的欠定源信号恢复方法,将欠定问题转换为多个局部的超定或适定问题求解;其次,基于空间时频分布,把时频平面上所有自源点对应的欠定方程转化为超定方程,然后通过求解伪逆矩阵估计出每个源信号的时频分布。

本章的安排如下:5.1节详细介绍混合矩阵已知条件下欠定源信号恢复算法的原理;5.2节针对稀疏信号,即任意时频点上同时存在的源信号数目小于观测通道数目的情况,介绍基于改进子空间投影的欠定源信号恢复算法;5.3节针对非稀疏信号,即任意时频邻域上同时存在的源信号数目不大于观测通道数目的情况,介绍基于联合对角化的欠定源信号恢复算法;5.4节针对非稀疏信号,介绍基于空间时频分布的欠定源信号恢复算法;本章最后对全章进行了总结,比较分析本章所介绍算法的特点和应用条件。

## 5.1 欠定源信号恢复理论框架

利用第3章和第4章的方法首先估计出混合矩阵,则源信号恢复就是在混合矩阵已知的条件下求解式(1.17)。图5.1为观测信号 $x_i(t)$ 在整个时频平面上的示意图。时频示意图上的方形区域表示被划分成的时频邻域。不同颜色的区域分别表示混合信号在时频域上存在不同的单个源信号、多个源信号以及没有信号的时频邻域区域。

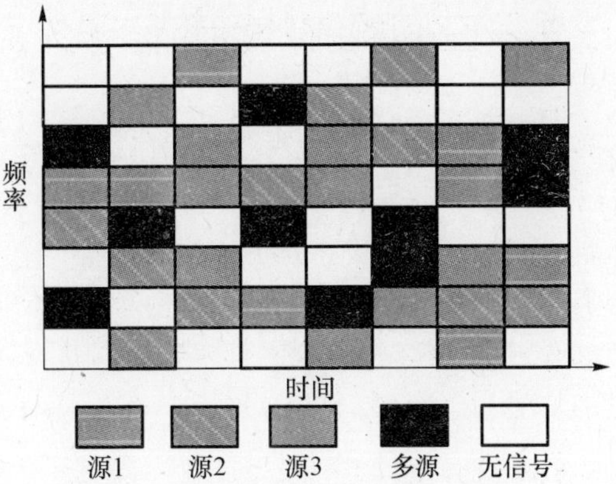


图5.1 混合信号的时频划分示意图

假设信号在时频域是不完全混叠的,不妨设任意时频邻域 $\Delta\Omega_{l_q}$ 内同时存在 $m(m\leqslant N)$ 个信号,记为 $\boldsymbol{I}_m=\{k_1,\cdots,k_m\}\subset\{1,\cdots,N\}$,则对于任意时频点 $(t,f)\in\Delta\Omega_{l_q}$,$\boldsymbol{X}(t,f)$ 可表示为

$$\boldsymbol{X}(t,f)=\boldsymbol{A}_{\boldsymbol{I}_m}\boldsymbol{S}_{\boldsymbol{I}_{tf}}(t,f)+\boldsymbol{V}(t,f) \tag{5.1}$$

式中:$\boldsymbol{S}_{\boldsymbol{I}_m}(t,f)=[S_{k_1}(t,f),\cdots,S_{k_m}(t,f)]^{\mathrm{T}}$ 和 $\boldsymbol{A}_{\boldsymbol{I}_m}=[\boldsymbol{a}_{k_1},\cdots,\boldsymbol{a}_{k_m}]\subset\boldsymbol{A}$ 分别表示 $m$ 个不为零的信号及其对应的混合矩阵。易知,式(5.1)是一个超定或适定方程。记 $\tilde{I}_m$ 表示该时频邻域内其余 $N-m$ 个信号,则源信号通过式(5.2)估计

$$\begin{cases}\hat{\boldsymbol{S}}_{\boldsymbol{I}_m}(t,f)=\boldsymbol{A}_{\boldsymbol{I}_m}^{\dagger}\boldsymbol{X}(t,f)\\ \hat{\boldsymbol{S}}_{\tilde{I}_m}(t,f)=0\end{cases} \tag{5.2}$$

式中:$(\cdot)^{\dagger}$是伪逆符号。从上述分析可知,欠定条件下源信号恢复的本质思路是将欠定方程组的求解问题转换为每个时频邻域内超定或适定方程组的求解。其核心任务就是从混合矩阵中确定每个时频邻域内对应的混合矢量集合 $\boldsymbol{A}_{\boldsymbol{I}_m}$,分别对所有时频邻域内的源信号进行估计,对估计结果进行拼接从而完成整个时频平面内源信号的估计,最后通过逆短时傅里叶变换恢复出源信号的时域波形。

欠定源信号恢复可以分为时频稀疏和时频非稀疏两类。所谓时频稀疏信号,指的是在每个时频邻域上或时频点上同时存在的源信号数目小于观测通道数目,此时,欠定源信号恢复问题就等价为超定方程组求解问题;所谓时频非稀疏信号,

指的是在每个时频邻域上同时存在的源信号数目不多于观测通道数目，此时，欠定源信号恢复问题就等价为适定方程组求解问题。

## 5.2 基于改进子空间投影的稀疏信号欠定恢复方法

本节主要讨论时频稀疏信号的源信号恢复问题作出如下假设：

假设条件 5.2.1：在任意时频点同时存在的信号数目 $m$ 小于阵元数目 $M$，即 $m < M$。

假定任意时频点上同时存在的源信号数目为 $R$，一般情况令 $R = M - 1$（小于阵元数目），令 $R$ 个不为零的源信号对应的混合矩阵列矢量为 $\{\boldsymbol{a}_{k_1}, \boldsymbol{a}_{k_2}, \cdots, \boldsymbol{a}_{k_R}\}$，则

$$\boldsymbol{X}(t,f) = \boldsymbol{A_R S_R}(t,f) + V(t,f) \tag{5.3}$$

式中：$\boldsymbol{A}_R = [\boldsymbol{a}_{k_1}, \boldsymbol{a}_{k_2}, \cdots, \boldsymbol{a}_{k_R}]$，$\boldsymbol{S}_R(t,f) = [S_{k_1}(t,f), S_{k_2}(t,f), \cdots, S_{k_R}(t,f)]^{\mathrm{T}}$。矩阵 $\boldsymbol{A}_R$ 的正交投影矩阵 $\boldsymbol{Q}$ 为

$$\boldsymbol{Q} = \boldsymbol{I} - \boldsymbol{A}_R(\boldsymbol{A}_R^{\mathrm{H}}\boldsymbol{A}_R)^{-1}\boldsymbol{A}_R^{\mathrm{H}} \tag{5.4}$$

式中：$\boldsymbol{I}$ 为单位矩阵。由文献[1]中的定理可知

$$\begin{cases} \boldsymbol{Q}\boldsymbol{a}_k = 0 & k \in \{k_1, k_2, \cdots, k_R\} \\ \boldsymbol{Q}\boldsymbol{a}_k \neq 0 & k \in \{1, 2, \cdots, N\}, k \notin \{k_1, k_2, \cdots, k_R\} \end{cases} \tag{5.5}$$

考虑到噪声的影响，可以通过式(5.6)来估计不为零的源信号对应的混合矢量 $\{\boldsymbol{a}_{k_1}, \boldsymbol{a}_{k_2}, \cdots, \boldsymbol{a}_{k_R}\}$，即

$$\{\boldsymbol{a}_{k_1}, \boldsymbol{a}_{k_2}, \cdots, \boldsymbol{a}_{k_R}\} = \arg\min_{k_1, \cdots, k_R} \{\| \boldsymbol{Q}\boldsymbol{X}(t,f) \| \mid \boldsymbol{A}_R\} \tag{5.6}$$

由于方程(5.3)是一个超定方程，在 $\boldsymbol{A}_R$ 已知的条件下，通过矩阵求逆就可以估计出不为零的源信号。由于该方法不能估计出任意时频点上同时存在的源信号数，当假设的源信号数 $R$ 大于真实的数目 $m$ 时，会引入额外的噪声从而导致估计性能降低。下面进行详细分析。

在任意时频点 $(t_\beta, f_\beta) \in \Omega_x$ 上，不为零的源信号数目为 $m$，对应的混合矢量为 $\{\boldsymbol{a}_{k_1}, \boldsymbol{a}_{k_2}, \cdots, \boldsymbol{a}_{k_m}\}$，则 $\{k_1, k_2, \cdots, k_m\} \subset \{1, 2, \cdots, N\}$，令 $\boldsymbol{A}_m = [\boldsymbol{a}_{k_1}, \boldsymbol{a}_{k_2}, \cdots, \boldsymbol{a}_{k_m}]$，用文献[2]的算法，估计出的第 $k$ 个源信号为 $\hat{S}_k(t_\beta, f_\beta)$ 为

$$\hat{S}_k(t_\beta, f_\beta) = \begin{cases} S_k(t_\beta, f_\beta) + \bar{V}_k(t,f) & k \in \{k_1, k_2, \cdots, k_m\} \\ \bar{V}_k(t_\beta, f_\beta) & k \in \{k_{m+1}, \cdots, k_R\} \\ 0 & k \in \{1, 2, \cdots, N\}, k \notin \{k_1, k_2, \cdots, k_R\} \end{cases} \tag{5.7}$$

式中：$\overline{\boldsymbol{V}}(t,f) = (\boldsymbol{A}_R^{\mathrm{H}}\boldsymbol{A}_R)^{-1}\boldsymbol{A}_R^{\mathrm{H}}\boldsymbol{V}(t,f) = [\overline{V}_1(t,f), \overline{V}_2(t,f), \cdots, \overline{V}_R(t,f)]^{\mathrm{T}}$。

如果事先估计出当前时频点上不为零的源信号数目为 $m$，则估计出的源信号为

$$\hat{S}_k(t_\beta,f_\beta) = \begin{cases} S_k(t_\beta,f_\beta) + \tilde{V}_k(t_\beta,f_\beta) & k \in \{k_1,k_2,\cdots,k_m\} \\ 0 & k \in \{1,2,\cdots,N\}, k \notin \{k_1,k_2,\cdots,k_m\} \end{cases} \tag{5.8}$$

式中：$\tilde{\boldsymbol{V}}(t,f) = (\boldsymbol{A}_m^{\mathrm{H}}\boldsymbol{A}_m)^{-1}\boldsymbol{A}_m^{\mathrm{H}}\boldsymbol{V}(t,f) = [\tilde{V}_1(t,f), \cdots, \tilde{V}_m(t,f)]^{\mathrm{T}}$，如果混合矢量 $\{\boldsymbol{a}_{k_1}, \cdots, \boldsymbol{a}_{k_R}\}$ 是相互正交的，则有

$$\overline{V}_k(t,f) = \tilde{V}_k(t,f) \qquad 1 \leqslant k \leqslant m \tag{5.9}$$

对式(5.9)的详细证明见附录 A。

比较式(5.7)和式(5.8)可以看出，由于子空间投影算法不能估计任意时频点上同时存在的源信号数目，当真实的源信号数 $m$ 小于假设的源信号数 $R$ 时，引入了额外的噪声 $\overline{V}_k(t_\beta,f_\beta)$，并且设定的源信号数目 $R$ 与真实的源信号数 $m$ 相差越大、信噪比越低时，算法性能下降越明显。因此，为了提高源信号的估计性能，在恢复源信号之前，必须先估计出任意时频点上同时存在的源信号的数目 $m$。

假设在任意时频点 $(t_\beta,f_\beta) \in \Omega_x$ 上，同时存在的源信号数为 $m$，为便于分析，暂时忽略噪声项，则有

$$\boldsymbol{X}(t_\beta,f_\beta) = \sum_{i=1}^{m} \boldsymbol{a}_{k_i} S_{k_i}(t_\beta,f_\beta) \tag{5.10}$$

式中：$\{k_1,k_2,\cdots,k_m\} \subset \{1,2,\cdots,N\}$。

令子空间 $\boldsymbol{S}_m = \mathrm{span}\{\boldsymbol{a}_{k_1}, \boldsymbol{a}_{k_2}, \cdots, \boldsymbol{a}_{k_m}\}$，则 $\boldsymbol{X}(t_\beta,f_\beta) \in \boldsymbol{S}_m$，由文献[2]中矢量到子空间的距离理论可知，$\boldsymbol{X}(t_\beta,f_\beta)$ 到子空间 $\boldsymbol{S}_m$ 的距离为零。定义 $D_m$ 为矢量 $\boldsymbol{X}(t_\beta, f_\beta)$ 到子空间 $\boldsymbol{S}_m$ 的距离，则

$$D_m = \| \boldsymbol{X}(t_\beta,f_\beta) - \boldsymbol{P}_m\boldsymbol{X}(t_\beta,f_\beta) \|_2 = 0 \tag{5.11}$$

式中：投影矩阵 $\boldsymbol{P}_m = \boldsymbol{A}_m(\boldsymbol{A}_m^{\mathrm{H}}\boldsymbol{A}_m)^{-1}\boldsymbol{A}_m^{\mathrm{H}}$，$\boldsymbol{A}_m = [\boldsymbol{a}_{k_1}, \boldsymbol{a}_{k_2}, \cdots, \boldsymbol{a}_{k_m}]$。

如果存在任意 $r$ 个混合矢量 $\{\boldsymbol{a}_{k_1}, \boldsymbol{a}_{k2}, \cdots, \boldsymbol{a}_{k_r}\}$，$m \leqslant r \leqslant N$，并且满足

$$\{\boldsymbol{a}_{k_1}, \boldsymbol{a}_{k_2}, \cdots, \boldsymbol{a}_{k_m}\} \subseteq \{\boldsymbol{a}_{k_1}, \boldsymbol{a}_{k_2}, \cdots, \boldsymbol{a}_{k_r}\} \subseteq \{\boldsymbol{a}_1, \boldsymbol{a}_2, \cdots, \boldsymbol{a}_N\} \tag{5.12}$$

令子空间 $\boldsymbol{S}_r = \mathrm{span}\{\boldsymbol{a}_{k_1}, \boldsymbol{a}_{k_2}, \cdots, \boldsymbol{a}_{k_r}\}$，则 $\boldsymbol{S}_m \subseteq \boldsymbol{S}_r$，$\boldsymbol{X}(t_\beta,f_\beta) \in \boldsymbol{S}_r^p$，令 $D_r$ 为信号矢量 $\boldsymbol{X}(t_\beta,f_\beta)$ 到子空间 $\boldsymbol{S}_r$ 的距离，则

$$D_r = \| \boldsymbol{X}(t_\beta, f_\beta) - \boldsymbol{P}_r \boldsymbol{X}(t_\beta, f_\beta)_2 = 0 \tag{5.13}$$

式中：$\boldsymbol{P}_r = \boldsymbol{A}_r(\boldsymbol{A}_r^{\mathrm{H}}\boldsymbol{A}_r)^{-1}\boldsymbol{A}_r^{\mathrm{H}}$，$\boldsymbol{A}_r = [\boldsymbol{a}_{k_1}, \boldsymbol{a}_{k_2}, \cdots, \boldsymbol{a}_{k_r}]$。

如果 $r$ 为小于 $m$ 的任意正整数，$\boldsymbol{X}(t_\beta, f_\beta) \notin \boldsymbol{S}_r$，则由矢量到子空间距离理论可知

$$D_r = \| \boldsymbol{X}(t_\beta, f_\beta) - \boldsymbol{P}_r \boldsymbol{X}(t_\beta, f_\beta)_2 > 0 \tag{5.14}$$

因此，通过对式(5.11)、式(5.13)和式(5.14)的分析可知，当估计的源信号数目 $r$ 小于 $m$ 时，$\boldsymbol{X}(t_\beta, f_\beta)$ 到任意 $r$ 个混合矩阵列矢量张成的子空间的距离都大于零；当估计的源信号数目 $r$ 大于或等于 $m$ 时，存在由 $r$ 个混合矩阵列矢量张成的子空间，使 $\boldsymbol{X}(t_\beta, f_\beta)$ 到子空间的距离为零。因此，任意时频点上同时存在的源信号数目 $m$，就是使观测矢量 $\boldsymbol{X}(t_\beta, f_\beta)$ 到列矢量张成的子空间距离为零时所需要的最少的列矢量数目。此时列矢量组成的矩阵，就是当前时频点上不为零的源信号对应的混合矩阵 $\boldsymbol{A}_m$。

下面具体描述估计任意时频点同时存在的源信号数目 $m$ 的步骤。

Step1：定义 $D_{\min r}(1 \leqslant r \leqslant M)$ 为观测信号矢量 $\boldsymbol{X}(t_\beta, f_\beta)$ 到 $r$ 个混合矢量张成的子空间的最短归一化距离，即

$$D_{\min l} = \min_{\{\boldsymbol{a}_{k_1}, \cdots, \boldsymbol{a}_{k_r}\}} \frac{\| \boldsymbol{X}(t_\beta, f_\beta) - \boldsymbol{P}_r \boldsymbol{X}(t_\beta, f_\beta) \|_2}{\| \boldsymbol{X}(t_\beta, f_\beta) \|_2} \quad 1 \leqslant r < M \tag{5.15}$$

式中：$\boldsymbol{P}_r = \boldsymbol{A}_r(\boldsymbol{A}_r^{\mathrm{H}}\boldsymbol{A}_r)^{-1}\boldsymbol{A}_r^{\mathrm{H}}$，$\boldsymbol{A}_r = [\boldsymbol{a}_{k_1}, \boldsymbol{a}_{k_2}, \cdots, \boldsymbol{a}_{k_r}]$，则 $D_{\min r}$ 的取值范围为 $0 \leqslant D_{\min r} \leqslant 1$。根据式(5.15)可以计算 $\boldsymbol{X}(t_\beta, f_\beta)$ 到 $r$ 个列矢量张成的子空间的最短归一化距离 $D_{\min r}$。不妨设初始值 $r=1$，重复计算不同的 $r$ 取值条件下的 $D_{\min r}$。如果 $D_{\min r}$ 小于门限值 $\varepsilon$，则认为此时的 $r$ 就等于在时频点 $(t_\beta, f_\beta)$ 上同时存在的源信号数目 $m$，最短距离对应的 $m$ 个混合矢量就是不为零的源信号对应的混合矩阵 $\boldsymbol{A}_m$。

Step2：考虑到噪声的影响，定义门限值 $\varepsilon$（一般情况下可设为 0.1），把 $D_{\min r}$ 与门限值 $\varepsilon$ 进行比较。如果 $D_{\min r}$ 大于 $\varepsilon$，则 $r = r + 1$，重复 Step1；如果 $D_{\min r}$ 小于 $\varepsilon$，此时 $r$ 就等于在时频点 $(t_\beta, f_\beta)$ 上同时存在的源信号数目 $m$，最短距离对应的 $m$ 个混合矢量就是不为零的源信号对应的混合矩阵 $\boldsymbol{A}_m$。

上面已经估计出在任意时频点 $(t_\beta, f_\beta)$ 上不为零的源信号的数目 $m$ 及对应的混合矩阵 $\boldsymbol{A}_m$，由假设条件 5.2.1 知，在任意时频点同时存在的源信号的个数 $m$ 小于阵元个数 $M$，式(5.10)是超定方程，不为零的 $m$ 个源信号 $\boldsymbol{S}_m(t_\beta, f_\beta)$ 有唯一解，可以通过计算 $\boldsymbol{A}_m$ 的 Moore-Penrose 伪逆矩阵求得，即

$$\hat{\boldsymbol{S}}_m(t_\beta, f_\beta) = (\boldsymbol{A}_m^{\mathrm{H}}\boldsymbol{A}_m)^{-1}\boldsymbol{A}_m^{\mathrm{H}}\boldsymbol{X}(t_\beta, f_\beta) \tag{5.16}$$

对 $\hat{\boldsymbol{S}}(t_\beta, f_\beta)$ 进行逆短时傅里叶变换（ISTFT），就可以得到源信号 $\boldsymbol{s}(t)$ 的估计 $\hat{\boldsymbol{s}}(t)$。

综上所述,基于改进子空间投影的稀疏信号恢复算法具体步骤如表 5.1 所列。

表 5.1　基于改进子空间投影的稀疏信号恢复算法

| |
|---|
| Step1:根据式(3.1)计算观测信号的 STFT; |
| Step2:根据式(3.27)检测时频支撑点,并根据 Step2 ~ Step7 遍历时频支撑点; |
| Step3:初始化 $r=1$; |
| Step4:根据式(5.15)计算观测信号矢量 $\boldsymbol{X}(t_\beta,f_\beta)$ 到 $r$ 个混合矢量的距离 $D_{\min r}$; |
| Step5:判断 $D_{\min r}$ 是否小于门限 $\varepsilon$,如果超过,则 $r=r+1$,转 Step6;如果小于,则记录 $R=r$,最短距离对应的 $m$ 个混合矢量就是不为零的源信号对应的混合矩阵 $\boldsymbol{A}_m$。转 Step7; |
| Step6:判断 $r$ 是否小于 $M-1$,如果大于,则转 Step7;如果小于,则转 Step4; |
| Step7:根据式(5.16)计算该时频支撑点的源信号 $\hat{\boldsymbol{S}}(t_\beta,f_\beta)$; |
| Step8:对 $\hat{\boldsymbol{S}}(t_\beta,f_\beta)$ 进行逆短时傅里叶变换,得到源信号的估计 $\hat{\boldsymbol{s}}(t)$ |

仿真实验 5.2.1:验证改进子空间算法的源信号恢复性能

下面对基于改进子空间投影的源信号恢复算法进行性能仿真与分析。实验条件同 3.3.1 小节的仿真实验 3.3.1。在相同条件下,与 $k$ - 均值聚类 + 子空间算法(Subspace)[2](先通过 k 均值聚类算法估计出混合矩阵,然后在混合矩阵已知的条件下通过最小 $l_1$ 范数法恢复出源信号),TIFROM 算法[3] + 最小 $l_1$ 范数方法[4](先通过 TIFROM 算法估计出混合矩阵,然后在混合矩阵已知的条件下通过最小 $l_1$ 范数法恢复出源信号),TIFROM 算法[3] + 子空间算法[2](TIFROM 算法替代文献[2]中的基于聚类的混合矩阵估计算法)的源信号恢复性能进行比较。

图 5.2 ~ 图 5.4 分别为源信号、混合信号和分离后的源信号的时频图,此时信噪比等于 10dB。从图中可以看出基于改进子空间投影的算法能够很好地从混合信号中分离出源信号。

图 5.5 为基于改进子空间投影的算法、Subspace 算法、TIFROM + Subspace 算法以及 TIFROM + $l_1$ 范数法等算法的估计性能随信噪比变化曲线。图 5.5(a)和(b)分别给出信干比和误码率结果。从图中可以看出基于改进子空间投影的算法估计性能最优,比次优的 TIFROM + Subspace 算法的估计性能提高了 3 ~ 4dB;在都采用 TIFROM 的方法估计混合矩阵的条件下,子空间算法比最小 $l_1$ 范数法的源信号恢复性能高 4dB 左右;由于 TIFROM 算法的估计精度略优于基于聚类的方法,TIFROM + Subspace 算法的估计性能高于原始的子空间算法。误码率曲线也反映了类似的结果。

图 5.6 为混合矩阵已知时基于改进子空间投影算法、Subspace 算法和最小 $l_1$ 范数法的源信号估计性能随信噪比变化曲线。图 5.6(a)和(b)分别给出信干比和误码率结果。从图中可以看出子空间算法的估计性能明显优于最小 $l_1$ 范数法,

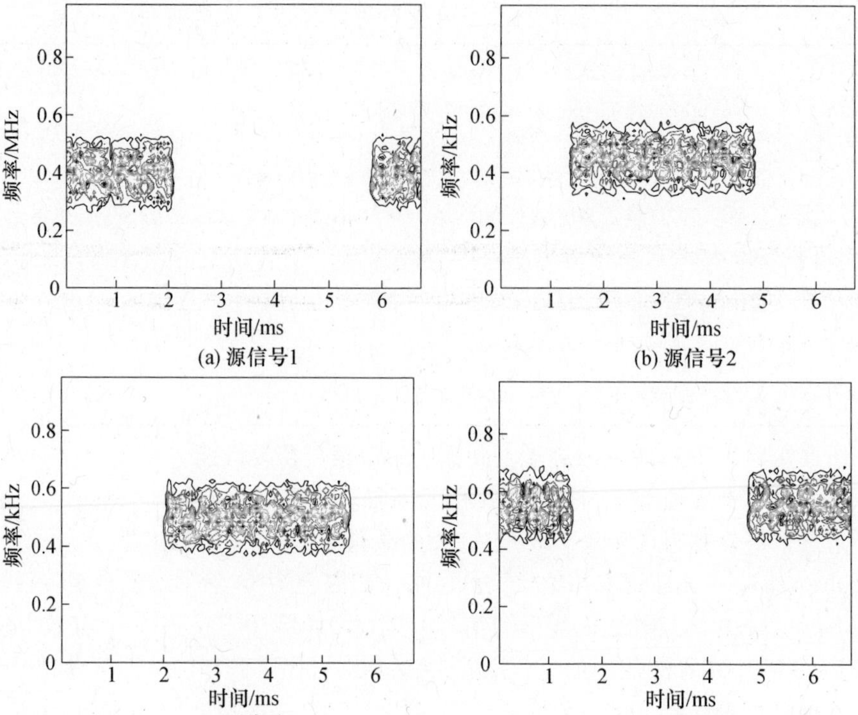

(a) 源信号1　(b) 源信号2　(c) 源信号3　(d) 源信号4

图 5.2　4 个 GMSK 源信号的时频图(见彩图)

改进的子空间算法进一步提高了子空间算法的估计性能,当信噪比较低时性能改善比较明显,这与前面的理论分析结果一致。

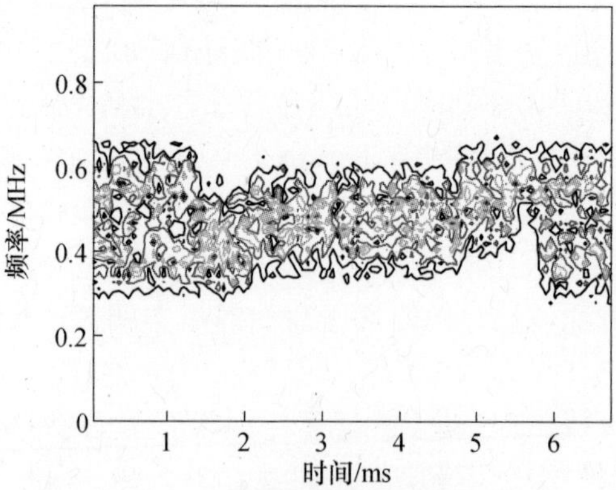

(a) 接收通道1的混叠信号

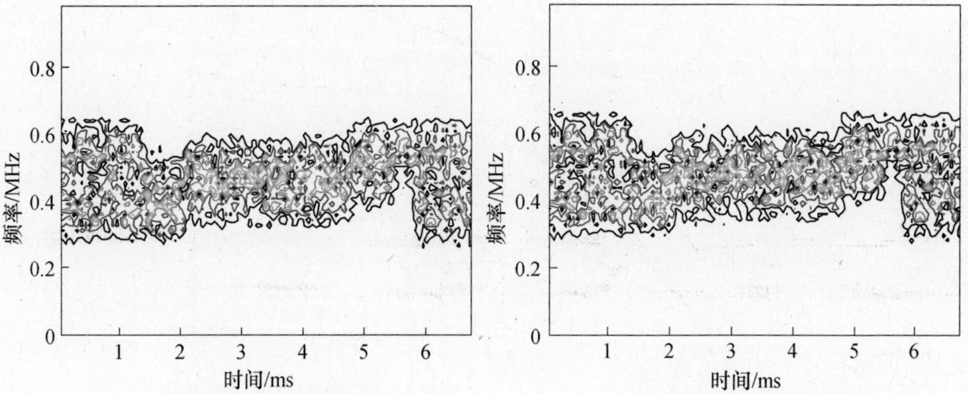


(b) 接收通道2的混叠信号

(c) 接收通道3的混叠信号

图 5.3　3 个阵元接收到的混叠信号的时频图(见彩图)

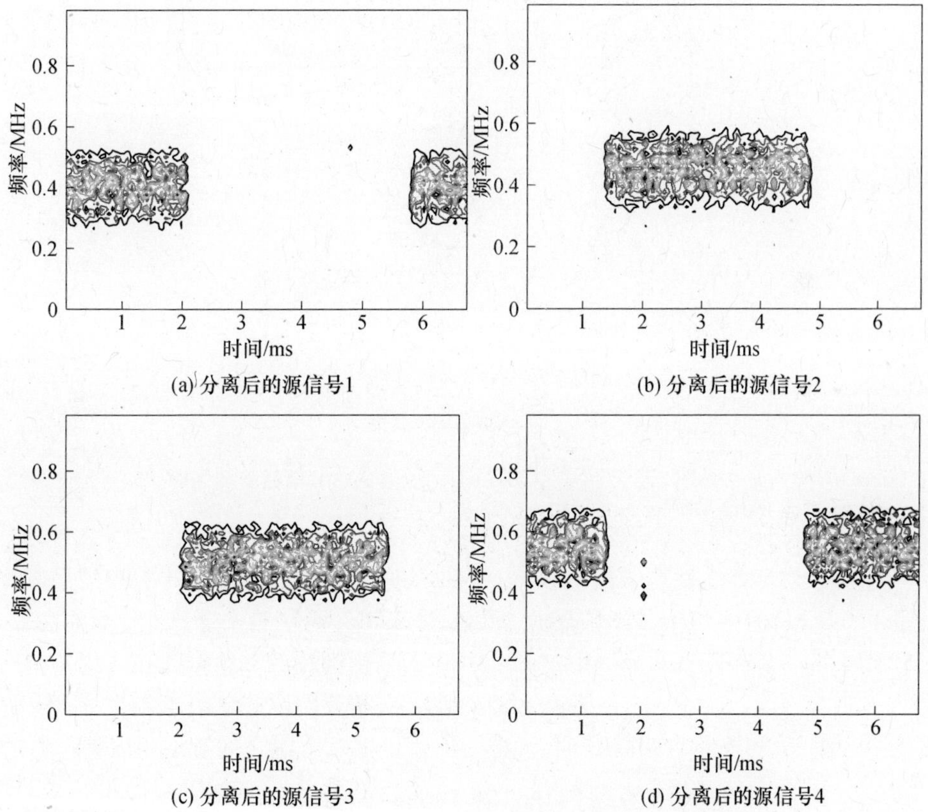


(a) 分离后的源信号1

(b) 分离后的源信号2

(c) 分离后的源信号3

(d) 分离后的源信号4

图 5.4　分离后的 4 个 GMSK 源信号的时频图(见彩图)

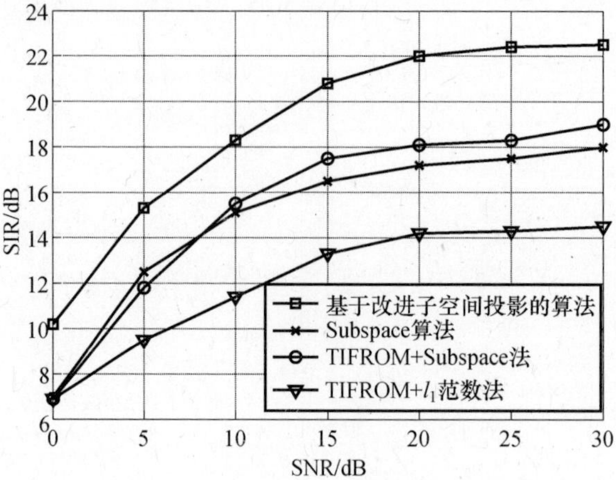

(a) 信干比结果

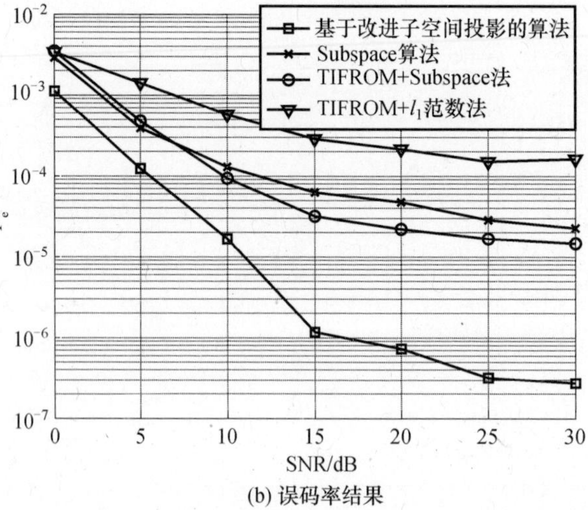

(b) 误码率结果

图 5.5　基于改进子空间投影算法与其他算法的源信号恢复性能比较

仿真实验 5.2.2　验证基于改进子空间投影算法对线性调频信号的分离性能。

源信号为 5 个线性调频信号，对射频信号进行下变频后得到的中频信号频率分别为 0.1MHz、0.4MHz、0.6MHz、0.8MHz、1.2MHz，调制斜率分别为 −60MHz/s、−50MHz/s、−80MHz/s、−50MHz/s、50MHz/s，采样频率为 2.5MHz/s，入射角度分别为 π/8、π/4 ×2π/5 ×3π/4，接收天线阵元数目 $M$ 分别取 2、3 或 4，阵元之间的距离为半个波长，当阵元数 $M$ 为 3 时，混合矩阵 $\boldsymbol{A}$ 的第 $k$ 个混合矢量 $\boldsymbol{a}_k$ 可以表示为

$$\boldsymbol{a}_k = [1,\ \exp(-\mathrm{j}\pi\cos\theta_k),\ \exp(-\mathrm{j}2\pi\cos\theta_k)]^{\mathrm{T}} \tag{5.17}$$

图 5.7 ~ 图 5.9 分别为源信号、混叠信号和分离后的源信号的时频图，此时信

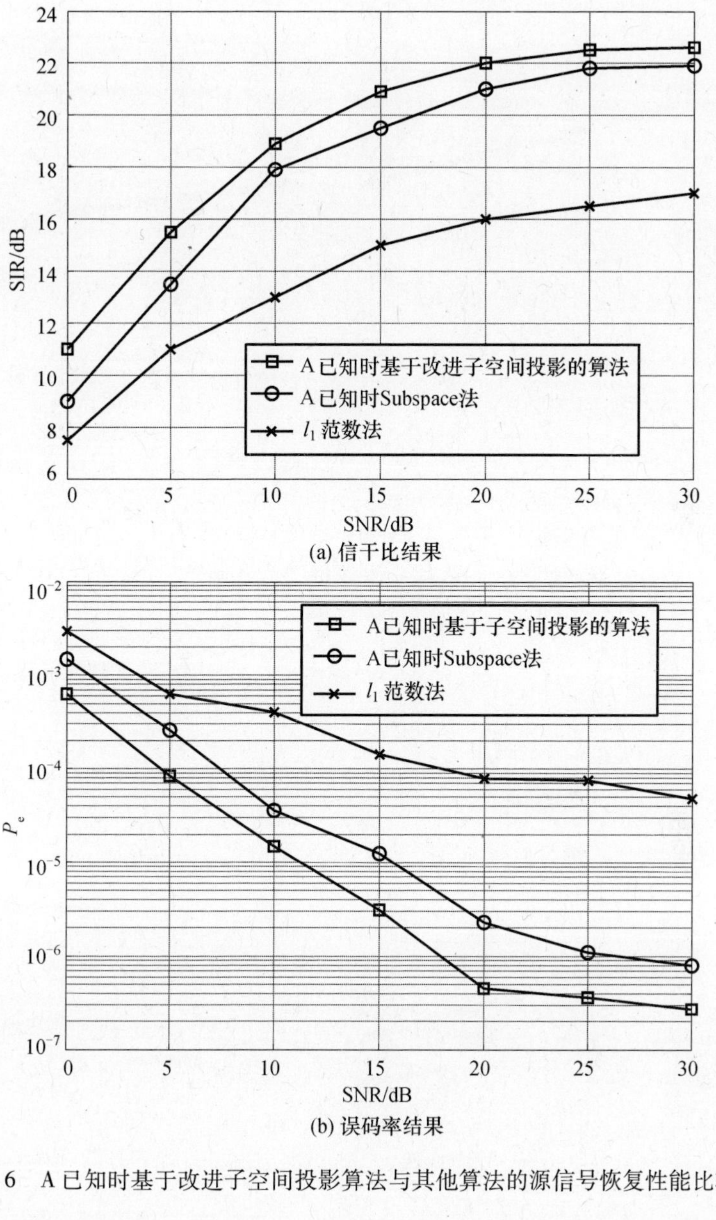


图5.6 A已知时基于改进子空间投影算法与其他算法的源信号恢复性能比较

噪比等于10dB。从图中可以看出基于改进子空间投影算法能够很好地从混合信号中分离出源信号。

图5.10为阵元数目$M$分别为2、3和4时,基于改进子空间投影算法的估计性能随信噪比变化曲线。从图中可以看出,当阵元数$M$为3时分离出的源信号的平均信干比能够达到20dB,随着阵元数$M$的增加估计性能也随之提高。

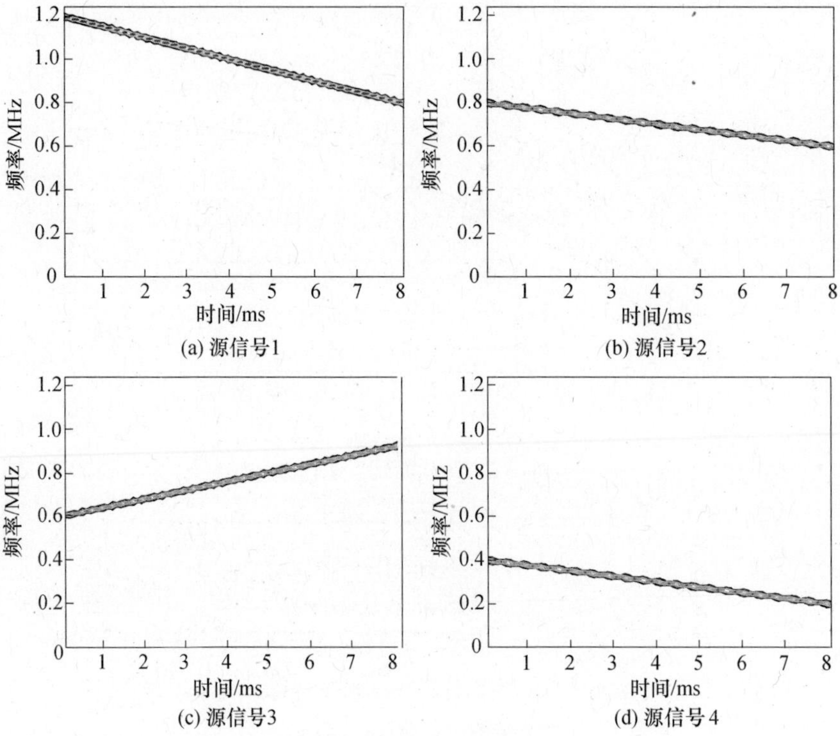


图 5.7　4 个线性调频源信号的时频图(见彩图)

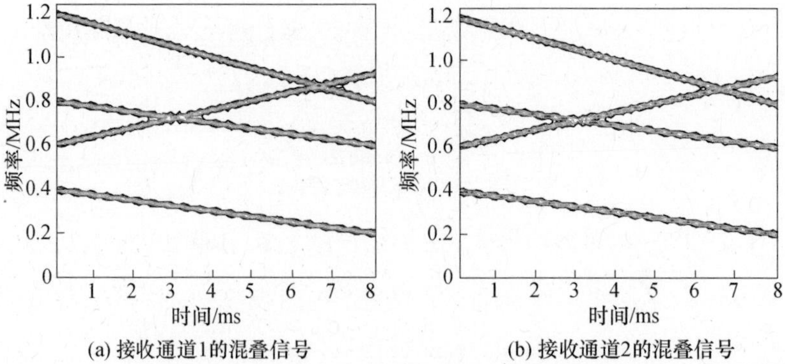


图 5.8　2 个阵元接收到的混叠信号的时频图(见彩图)

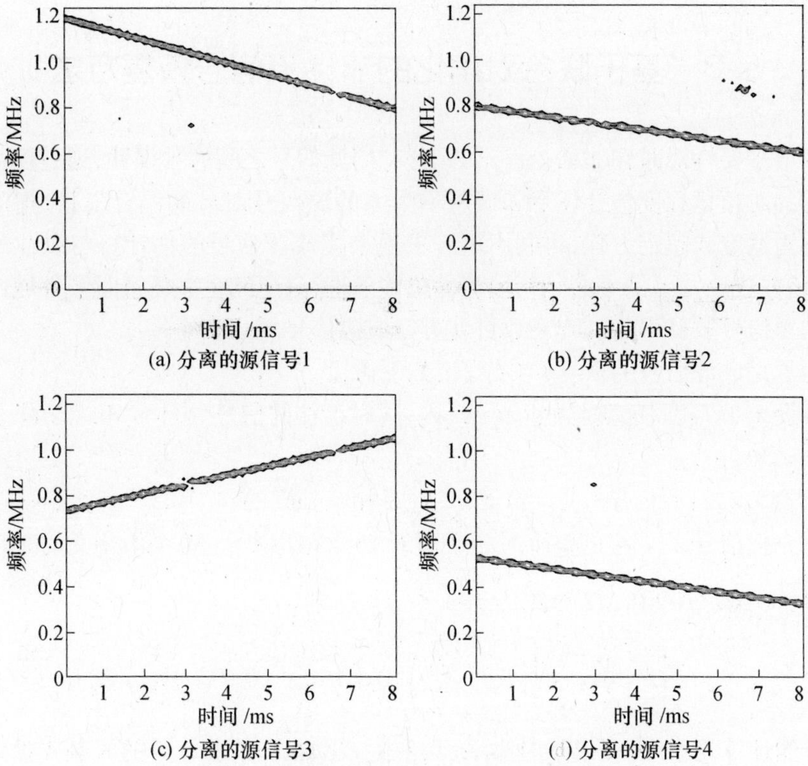


图 5.9　分离后的源信号的时频图(见彩图)

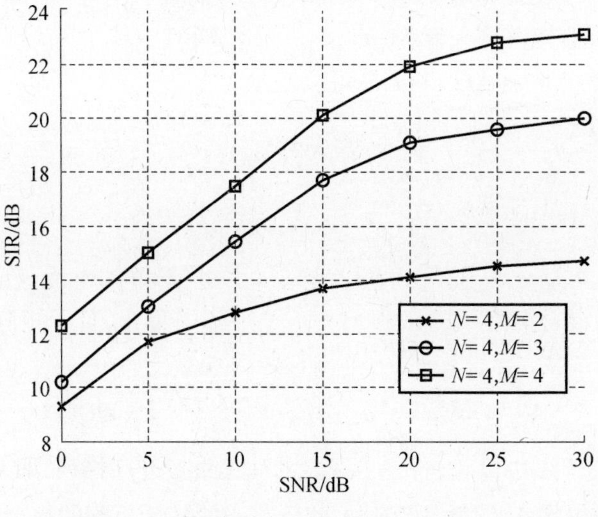


图 5.10　改进子空间投影算法在不同接收阵元数的条件下的估计性能

## 5.3 基于联合对角化的非稀疏信号恢复方法

本节主要针对时频非稀疏信号,充分利用源信号之间的独立性,通过度量协方差矩阵的对角化程度估计任意邻域内不为零的源信号对应的混合矢量,把欠定方程转化为适定或超定方程,再利用矩阵求逆来完成源信号的估计。与以往的算法相比,该方法放宽了信号在时频域的稀疏性条件,只要满足在任意时频邻域内同时存在的源信号数目不超过阵元数目就可完成源信号的盲恢复。

为了完成源信号的恢复,本节作出如下假设:

假设5.3.1:在任意时频邻域 $\Delta\Omega_i$ 内,同时存在的信号数目 $m$ 不大于阵元数目 $M$ 即 $m\leqslant M$。

假设5.3.2:源信号 $\{s_i(t)\mid 1\leqslant i\leqslant N\}$ 是相互独立的。

首先把信号 $\boldsymbol{X}(t,f)$ 的整个时频平面 $\Omega$ 划分为 $L(L>>N)$ 个不相交的时频邻域 $\Delta\Omega_i,\Omega=\bigcup_{i=1}^{L}\Delta\Omega_i,\Delta\Omega_i\cap\Delta\Omega_j=\varnothing,i\neq j,\ 1\leqslant i,j\leqslant L$,即

$$\Delta\Omega_i=\left\{\left(t_i+k_1T,f_i+\frac{k_2}{T}\right)\mid 0\leqslant k_1<K_1,0\leqslant k_2<K_2\right\} \tag{5.18}$$

为了降低计算复杂度,可以从时频平面 $\Omega$ 中找出混合信号 $\boldsymbol{x}(t)$ 的时频支撑域 $\Omega_x$,具体方法参见3.3.1.1小节。

设在任意时频支撑邻域 $\Delta\Omega_i(i=1,2,\cdots,L)$ 内,同时存在的源信号数目为 $m$,源信号对应的混合矩阵列矢量为 $\{\boldsymbol{a}_{l_1},\boldsymbol{a}_{l_2},\cdots,\boldsymbol{a}_{l_m}\}$,其中 $\{l_1,\cdots,l_m\}\subset\{1,\cdots,N\}$,则对于任意时频点 $(t,f)\in\Delta\Omega_i,\boldsymbol{X}(t,f)$ 可以表示为

$$\begin{aligned}\boldsymbol{X}(t,f)&=\sum_{i=1}^{m}\boldsymbol{a}_{l_i l_i}(t,f)\\&=\boldsymbol{A}_m\boldsymbol{S}_m(t,f)\end{aligned} \tag{5.19}$$

式中:$\boldsymbol{A}_m=[\boldsymbol{a}_{l_1},\boldsymbol{a}_{l_2},\cdots,\boldsymbol{a}_{l_m}]$,$\boldsymbol{S}_m(t,f)=[S_{l_1}(t,f),S_{l_2}(t,f),\cdots,S_{l_m}(t,f)]^{\mathrm{T}}$。

定义 $\boldsymbol{A}_{\mathrm{set}}$ 为混合矩阵 $A$ 的任意 $M\times M$ 子矩阵的集合,且子矩阵的列矢量按升序排列,即

$$\boldsymbol{A}_{\mathrm{set}}=\{\boldsymbol{A}_M^{(k)}=[\boldsymbol{a}_{k_1},\boldsymbol{a}_{k_2},\cdots,\boldsymbol{a}_{k_M}]\mid 1\leqslant k\leqslant C_N^M\} \tag{5.20}$$

式中:$\{k_1,k_2,\cdots,k_M\}\subset\{1,2,\cdots,N\}$,$\boldsymbol{A}_M^{(k)}$ 的列矢量按升序排列,即 $k_1<k_2\cdots<k_M$。

定义 $\boldsymbol{A}_{\mathrm{set}}^M$ 为包含 $\boldsymbol{A}_m$ 的混合矩阵 $\boldsymbol{A}$ 的任意 $M\times M$ 子矩阵的集合,且子矩阵的列矢量按升序排列,即

$$\boldsymbol{A}_{\text{set}}^{M}=\{\boldsymbol{A}_{M}^{(h)}=[\boldsymbol{a}_{h_1},\boldsymbol{a}_{h_2},\cdots,\boldsymbol{a}_{h_M}]\,|\,1\leqslant \boldsymbol{h}\leqslant \boldsymbol{C}_{N-m}^{M-m}\}\subset\boldsymbol{A}_{\text{set}} \tag{5.21}$$

式中：$\{l_1,l_2\cdots,l_m\}\subset\{h_1,h_2,\cdots,h_M\}\subset\{1,2,\cdots,N\}$，$\boldsymbol{A}_M^{(h)}$的列矢量按升序排列。令$\boldsymbol{A}_M^{(k)}$为$\boldsymbol{A}$的任意$M\times M$子矩阵，即$\boldsymbol{A}_M^{(k)}\in\boldsymbol{A}_{\text{set}}$，通过对$\boldsymbol{A}_M^{(k)}$求逆，得到源信号$\boldsymbol{S}_m(t,f)$的估计

$$\begin{aligned}\hat{\boldsymbol{S}}_M(t,f)&=(\boldsymbol{A}_M^{(k)})^{-1}\boldsymbol{X}(t,f)\\&=(\boldsymbol{A}_M^{(k)})^{-1}\boldsymbol{A}_m\boldsymbol{S}_m(t,f)\end{aligned} \tag{5.22}$$

计算$\hat{\boldsymbol{S}}_M(t,f)$在时频邻域$\Delta\Omega_i$内的协方差矩阵，可得

$$\begin{aligned}\boldsymbol{R}_k&=\mathrm{E}[\hat{\boldsymbol{S}}_m(t,f)\hat{\boldsymbol{S}}_m(t,f)^{\mathrm{H}}]\\&=(\boldsymbol{A}_M^{(k)})^{-1}\boldsymbol{A}_m\mathrm{E}[\boldsymbol{S}_m(t,f)\boldsymbol{S}_m(t,f)^{\mathrm{H}}]\boldsymbol{A}_m^{\mathrm{H}}(\boldsymbol{A}_M^{(k)})^{-\mathrm{H}}\end{aligned} \tag{5.23}$$

根据假设5.4.2，源信号$S_{l_i}(t,f)(1\leqslant i\leqslant m)$是不相关的，则

$$\mathrm{E}[\boldsymbol{S}_m(t,f)\boldsymbol{S}_m(t,f)^{\mathrm{H}}]=\boldsymbol{\Lambda}_m \tag{5.24}$$

式中：$\boldsymbol{\Lambda}_m=\mathrm{diag}[\mathrm{E}[|S_{l_1}(t,f)|^2],\cdots,\mathrm{E}[|S_{l_m}(t,f)|^2]]$，把式(5.24)代入式(5.23)可得

$$\boldsymbol{R}_k=(\boldsymbol{A}_M^{(k)})^{-1}\boldsymbol{A}_m\boldsymbol{\Lambda}_m\boldsymbol{A}_m^{\mathrm{H}}(\boldsymbol{A}_M^{(k)})^{-\mathrm{H}} \tag{5.25}$$

协方差矩阵$\boldsymbol{R}_k$的第$(i,j)$个元素记作$[\boldsymbol{R}_k]_{ij}$，定义度量矩阵对角化程度的检测量$H_k$为

$$H_k=\frac{\sum_{i=1}^{M}|[\boldsymbol{R}_k]_{ii}|^2}{\|\boldsymbol{R}_k\|_F^2} \tag{5.26}$$

式中：$[\boldsymbol{R}_k]_{ii}$为矩阵$\boldsymbol{R}_k$对角线上的元素；$\|\cdot\|_F^2$表示矩阵弗罗贝尼乌斯范数的平方。则容易得出

$$H_k\leqslant 1 \tag{5.27}$$

下面通过证明得出定理5.3.1和定理5.3.2。

定理5.3.1：当$m=M$时，$H_k=\dfrac{\sum_{i=1}^{m}|[\boldsymbol{R}_k]_{ii}|^2}{\|\boldsymbol{R}_k\|_F^2}=1$的充要条件是$\boldsymbol{A}_M^{(k)}=\boldsymbol{A}_m$。

证明：

充分性：当$\boldsymbol{A}_M^{(k)}=\boldsymbol{A}_m$时，估计出的源信号$\hat{\boldsymbol{S}}_m(t,f)$的协方差矩阵为

$$\boldsymbol{R}_k=\mathrm{E}[\hat{\boldsymbol{S}}_m(t,f)\hat{\boldsymbol{S}}_m(t,f)^{\mathrm{H}}]$$

$$=\mathrm{E}[\boldsymbol{S}_m(t,f)\boldsymbol{S}_m(t,f)^{\mathrm{H}}]$$
$$=\boldsymbol{\Lambda}_m \tag{5.28}$$

由假设条件 5.3.2 可知,$\boldsymbol{\Lambda}_m$为对角矩阵,则 $H_k=1$。

必要性:为简化证明,不妨令 $\boldsymbol{A}_m=[\boldsymbol{a}_1,\boldsymbol{a}_2,\cdots,\boldsymbol{a}_m]$,对于任意 $\boldsymbol{A}_M^{(k)}=[\boldsymbol{a}_{k_1},\boldsymbol{a}_{k_2},\cdots,\boldsymbol{a}_{k_M}]\in\boldsymbol{A}_{\mathrm{set}}$,$\boldsymbol{A}_M^{(k)}$可以表示为

$$\boldsymbol{A}_M^{(k)}=\boldsymbol{A}_m\boldsymbol{D} \tag{5.29}$$

其中,$\boldsymbol{D}$ 为 $M\times M$ 的满秩矩阵,则

$$\boldsymbol{R}_k=\boldsymbol{D}^{-1}\boldsymbol{\Lambda}_m\boldsymbol{D}^{-\mathrm{H}} \tag{5.30}$$

令 $\boldsymbol{\Lambda}_m=\mathrm{diag}(\lambda_1,\lambda_2,\cdots,\lambda_M)$,$\boldsymbol{D}^{-1}=[\boldsymbol{d}_1,\boldsymbol{d}_2,\cdots,\boldsymbol{d}_M]$,其中,$\lambda_i=\mathrm{E}[|S_i(t,f)|^2]$,上式可以简化为

$$\boldsymbol{R}_k=\sum_{i=1}^{M}\boldsymbol{d}_i\boldsymbol{d}_i^{\mathrm{H}}\lambda_i \tag{5.31}$$

由于 $H_k=1$, 则 $\boldsymbol{R}_k$为对角矩阵。$\lambda_i$是与信号相关的随机变量,要使 $\boldsymbol{R}_k$恒为对角矩阵,则 $\boldsymbol{d}_i\boldsymbol{d}_i^{\mathrm{H}}(1\leqslant i\leqslant M)$为对角阵,因此 $\boldsymbol{d}_i$是除了第 $\boldsymbol{h}_i$个元素外,其余都为零的 $\boldsymbol{M}$ 维列矢量,即

$$\boldsymbol{d}_i=[0,\cdots,d_{\boldsymbol{h}_i},0,\cdots,0]^{\mathrm{T}}\quad(1\leqslant \boldsymbol{i}\leqslant \boldsymbol{M},\quad 1\leqslant \boldsymbol{h}_i\leqslant \boldsymbol{M}) \tag{5.32}$$

由于 $\boldsymbol{D}^{-1}$是满秩矩阵,则$\{h_1,h_2,\cdots,h_M\}=\{1,2,\cdots,M\}$。因此,$\boldsymbol{D}^{-1}$可以表示为对角矩阵 $\tilde{\boldsymbol{D}}$ 与矩阵 $\boldsymbol{U}$ 相乘,$\boldsymbol{U}$ 为交换矩阵行或列矢量位置的初等变换矩阵,使

$$\boldsymbol{D}^{-1}=\tilde{\boldsymbol{D}}\boldsymbol{U} \tag{5.33}$$

式中:$\tilde{\boldsymbol{D}}=\mathrm{diag}(d_1,d_2,\cdots,d_M)$,则矩阵 $\boldsymbol{D}$ 可以表示为

$$\boldsymbol{D}=\boldsymbol{U}^{-1}\tilde{\boldsymbol{D}}^{-1}=\boldsymbol{U}\tilde{\boldsymbol{D}}^{-1} \tag{5.34}$$

式中:$\tilde{\boldsymbol{D}}^{-1}=\mathrm{diag}\left(\frac{1}{d_1},\frac{1}{d_2},\cdots,\frac{1}{d_M}\right)$,把式(5.34)代入式(5.29)可得

$$\boldsymbol{A}_M^{(k)}=\boldsymbol{A}_m\boldsymbol{U}\tilde{\boldsymbol{D}}^{-1} \tag{5.35}$$

由于 $\boldsymbol{A}_m=[\boldsymbol{a}_1,\boldsymbol{a}_2,\cdots,\boldsymbol{a}_m]$,$\boldsymbol{A}_m\boldsymbol{U}=[\boldsymbol{a}_{l_1},\boldsymbol{a}_{l_2},\cdots,\boldsymbol{a}_{l_m}]$,其中$\{1,2,\cdots,m\}=\{l_1,l_2,\cdots,l_m\}$,则

$$\boldsymbol{A}_M^{(k)}=[\boldsymbol{a}_{k_1},\boldsymbol{a}_{k_2},\cdots,\boldsymbol{a}_{k_M}]$$
$$=\left[\frac{1}{d_1}\boldsymbol{a}_{l_1},\frac{1}{d_2}\boldsymbol{a}_{l_2},\cdots,\frac{1}{d_M}\boldsymbol{a}_{l_M}\right] \tag{5.36}$$

如果存在 $d_i \neq 1\ (1 \leqslant i \leqslant M)$，$\boldsymbol{a}_{k_i} = \dfrac{1}{d_i}\boldsymbol{a}_{l_i}\quad (1 \leqslant k_i \leqslant N, 1 \leqslant l_i \leqslant m)$，则列矢量 $\boldsymbol{a}_{k_i}$ 与 $\boldsymbol{a}_{l_i}$ 是线性相关的，与1.2.3小节中的假设条件1.2.1（混叠矩阵 $\boldsymbol{A}(\boldsymbol{\theta}) \in \mathbb{C}^{M \times N}$ 的任意 $M \times M$ 的子矩阵是非奇异的）矛盾，因此 $d_1 = d_2 \cdots. = d_M = 1$。式(5.36)可以化简为

$$\boldsymbol{A}_M^{(k)} = [\boldsymbol{a}_{l_1}, \boldsymbol{a}_{l_2}, \cdots, \boldsymbol{a}_{l_M}] \tag{5.37}$$

由于 $\boldsymbol{A}_M^{(k)} \in \boldsymbol{A}_{\text{set}}$，$l_1, l_2, \cdots, l_m$ 按升序排列，且 $\{1, 2, \cdots, m\} = \{l_1, l_2, \cdots, l_m\}$，则

$$\boldsymbol{A}_M^{(k)} = [\boldsymbol{a}_1, \boldsymbol{a}_2, \cdots, \boldsymbol{a}_M] \tag{5.38}$$

即 $\boldsymbol{A}_M^{(k)} = \boldsymbol{A}_m$。

定理5.3.1证毕。

定理5.3.2：当 $m < M$ 时，$H_k = \dfrac{\sum_{i=1}^{m} |[\boldsymbol{R}_k]_{ii}|^2}{\|\boldsymbol{R}_k\|_F^2} = 1$ 的充要条件是：$\boldsymbol{A}_M^{(k)} \in \boldsymbol{A}_{\text{set}}^M$。

证明：

为了简化证明，不妨令 $m$ 个不为零的源信号对应的混合矩阵 $\boldsymbol{A}_m = [\boldsymbol{a}_1, \boldsymbol{a}_2, \cdots, \boldsymbol{a}_m]$。

充分性：任意 $\boldsymbol{A}_M^{(k)} \in \boldsymbol{A}_{\text{set}}^M$，则

$$\boldsymbol{A}_M^{(k)} = [\boldsymbol{a}_1, \boldsymbol{a}_2, \cdots, \boldsymbol{a}_m, \boldsymbol{a}_{k_{m+1}}, \cdots, \boldsymbol{a}_{k_M}] \tag{5.39}$$

令 $\boldsymbol{S}_M(t,f) = [S_1(t,f), \cdots, S_m(t,f), 0, \cdots, 0]^{\mathrm{T}} \in \mathbb{C}^{M \times 1}$，则

$$\boldsymbol{X}(t,f) = \boldsymbol{A}_m \boldsymbol{S}_m(t,f) = \boldsymbol{A}_M^{(k)} \boldsymbol{S}_M(t,f) \tag{5.40}$$

则信号矢量 $\boldsymbol{S}_M(t,f)$ 的估计为

$$\hat{\boldsymbol{S}}_M(t,f) = (\boldsymbol{A}_M^{(k)})^{-1} \boldsymbol{X}(t,f) = \boldsymbol{S}_M(t,f) \tag{5.41}$$

$\boldsymbol{S}_M(t,f)$ 的协方差矩阵 $\boldsymbol{R}_k$ 可以表示为

$$\begin{aligned} \boldsymbol{R}_k &= \mathrm{E}[\hat{\boldsymbol{S}}_M(t,f)\hat{\boldsymbol{S}}_M(t,f)^{\mathrm{H}}] \\ &= \mathrm{E}[\boldsymbol{S}_M(t,f)\boldsymbol{S}_M(t,f)^{\mathrm{H}}] \\ &= \boldsymbol{\Lambda}_M \end{aligned} \tag{5.42}$$

式中：$\boldsymbol{\Lambda}_M = \mathrm{diag}(\lambda_1, \cdots, \lambda_m, 0, \cdots, 0)$，$\lambda_i = \mathrm{E}[|S_i(t,f)|^2]$，则 $H_k = 1$。

必要性：

令 $\boldsymbol{A}_M^{(1)} = [\boldsymbol{a}_1, \cdots, \boldsymbol{a}_m, \cdots, \boldsymbol{a}_M]_{M \times M} \in \boldsymbol{A}_{\text{set}}^M$，则对于任意 $\boldsymbol{A}_M^{(k)} \in \boldsymbol{A}_{\text{set}}$，$\boldsymbol{A}_M^{(k)}$ 可以表示为

$$\boldsymbol{A}_M^{(k)} = \boldsymbol{A}_M^{(1)}\boldsymbol{D} \tag{5.43}$$

式中：$\boldsymbol{D}$ 为 $M\times M$ 的满秩矩阵。令 $\boldsymbol{S}_M(t,f)=[S_1(t,f),\cdots,S_m(t,f),0,\cdots,0]^{\mathrm{T}}\in\mathbb{C}^{M\times 1}$，则

$$\boldsymbol{X}(t,f) = \boldsymbol{A}_m\boldsymbol{S}_m(t,f) = \boldsymbol{A}_M^{(k)}\boldsymbol{S}_M(t,f) \tag{5.44}$$

则协方差矩阵 $\boldsymbol{R}_k$ 为

$$\begin{aligned}\boldsymbol{R}_k &= \mathrm{E}[\hat{\boldsymbol{S}}_M(t,f)\hat{\boldsymbol{S}}_M(t,f)^{\mathrm{H}}]\\ &= \boldsymbol{D}^{-1}\mathrm{E}[\boldsymbol{S}_M(t,f)\boldsymbol{S}_M(t,f)^{\mathrm{H}}]\boldsymbol{D}^{-\mathrm{H}}\\ &= \boldsymbol{D}^{-1}\boldsymbol{\Lambda}_M\boldsymbol{D}^{-\mathrm{H}}\end{aligned} \tag{5.45}$$

式中：$\boldsymbol{\Lambda}_M=\mathrm{diag}(\lambda_1,\lambda_2,\cdots,\lambda_m,0,\cdots,0)\in\boldsymbol{C}^{M\times M}$，其中 $\lambda_i=\mathrm{E}[\,|S_i(t,f)|^2]$。

令 $\boldsymbol{D}^{-1}=[\boldsymbol{d}_1,\cdots,\boldsymbol{d}_M]$，则上式可以简化为

$$\boldsymbol{R}_k = \sum_{i=1}^{M}\boldsymbol{d}_i\boldsymbol{d}_i^{\mathrm{H}}\lambda_i = \sum_{i=1}^{m}\boldsymbol{d}_i\boldsymbol{d}_i^{\mathrm{H}}\lambda_i \tag{5.46}$$

由于 $H_k=1$，则 $\boldsymbol{R}_k$ 为对角矩阵。由于 $\lambda_i$ 是与信号相关的随机变量，要使 $\boldsymbol{R}_k$ 恒为对角矩阵，则 $\boldsymbol{d}_i\boldsymbol{d}_i^{\mathrm{H}}(1\leqslant i\leqslant m)$ 为对角阵，因此 $\boldsymbol{d}_i$ 为除了第 $h_i$ 个元素外，其余元素都为零的 $M$ 维列矢量，即

$$\boldsymbol{d}_i = [0,\cdots,d_{h_i},0,\cdots 0]^{\mathrm{T}}\in\mathbb{C}^{M\times 1}\qquad 1\leqslant i\leqslant m,\qquad 1\leqslant h_i\leqslant M \tag{5.47}$$

由于 $\boldsymbol{D}^{-1}$ 是满秩矩阵，则当 $i\neq j$ 时，$h_i\neq h_j$。$\boldsymbol{D}^{-1}$ 可以表示为矩阵 $\tilde{\boldsymbol{D}}$ 与矩阵 $\boldsymbol{U}\in\mathbb{R}^{M\times M}$ 相乘，$\boldsymbol{U}$ 为交换矩阵行或列矢量位置的初等变换矩阵，则

$$\boldsymbol{D}^{-1} = \boldsymbol{U}\tilde{\boldsymbol{D}} \tag{5.48}$$

式中：$\tilde{\boldsymbol{D}}=\begin{bmatrix}\boldsymbol{D}_{11} & \boldsymbol{D}_{12}\\ 0 & \boldsymbol{D}_{22}\end{bmatrix}\in\mathbb{C}^{M\times M}$，$\boldsymbol{D}_{11}=\mathrm{diag}(d_1,d_2,\cdots,d_m)$，$\boldsymbol{D}_{12}\in\mathbb{C}^{m\times(M-m)}$，$\boldsymbol{D}_{22}\in\mathbb{C}^{(M-m)\times(M-m)}$，则矩阵 $\boldsymbol{D}$ 可以表示为

$$\boldsymbol{D} = \tilde{\boldsymbol{D}}^{-1}\boldsymbol{U}^{-1} = \tilde{\boldsymbol{D}}^{-1}\boldsymbol{U} = \begin{bmatrix}\boldsymbol{D}_{11}^{-1} & -\boldsymbol{D}_{22}^{-1}\boldsymbol{D}_{12}\boldsymbol{D}_{11}^{-1}\\ 0 & \boldsymbol{D}_{22}^{-1}\end{bmatrix}\boldsymbol{U} \tag{5.49}$$

式中：$\boldsymbol{D}_{11}^{-1}=\mathrm{diag}\left(\dfrac{1}{d_1},\dfrac{1}{d_2},\cdots,\dfrac{1}{d_m}\right)$，由于 $\boldsymbol{D}$ 是非奇异的，则 $\boldsymbol{D}_{11}$ 和 $\boldsymbol{D}_{22}$ 是非奇异的，因此，$\begin{bmatrix}-\boldsymbol{D}_{22}^{-1}\boldsymbol{D}_{12}\boldsymbol{D}_{11}^{-1}\\ \boldsymbol{D}_{22}^{-1}\end{bmatrix}\in\mathbb{C}^{M\times(M-m)}$ 是列满秩的。把式(5.49)代入式(5.43)可得

$$\boldsymbol{A}_M^{(k)} = \boldsymbol{A}_M^{(1)}\begin{bmatrix}\boldsymbol{D}_{11}^{-1} & -\boldsymbol{D}_{22}^{-1}\boldsymbol{D}_{12}\boldsymbol{D}_{11}^{-1}\\ 0 & \boldsymbol{D}_{22}^{-1}\end{bmatrix}\boldsymbol{U}$$

$$= [\tilde{\boldsymbol{A}}_m \ \tilde{\boldsymbol{A}}_{M-m}]\boldsymbol{U} \tag{5.50}$$

其中

$$\tilde{\boldsymbol{A}}_m = [\boldsymbol{a}_{k_1}, \boldsymbol{a}_{k_2}, \cdots, \boldsymbol{a}_{k_m}] = \left[\frac{1}{d_1}\boldsymbol{a}_1, \frac{1}{\boldsymbol{d}_2}\boldsymbol{a}_2, \cdots, \frac{1}{\boldsymbol{d}_m}\boldsymbol{a}_m\right] \in \mathbb{C}^{M\times m}$$

$$\tilde{\boldsymbol{A}}_{M-m} = [\boldsymbol{a}_{k_{m+1}}, \cdots, \boldsymbol{a}_{k_M}] = \boldsymbol{A}_M^{(1)}\begin{bmatrix}-\boldsymbol{D}_{22}^{-1}\boldsymbol{D}_{12}\boldsymbol{D}_{11}^{-1}\\ \boldsymbol{D}_{22}^{-1}\end{bmatrix} \in \mathbb{C}^{M\times(M-m)} \tag{5.51}$$

由于混合矩阵 $\boldsymbol{A}$ 的任意两个列矢量都是不相关的，则 $d_1 = d_2 \cdots = d_m = 1$。因此，$\boldsymbol{A}_M^{(k)}$ 可以简化为

$$\boldsymbol{A}_M^{(k)} = [\boldsymbol{a}_1, \boldsymbol{a}_2, \cdots, \boldsymbol{a}_m, \boldsymbol{a}_{k_{m+1}}, \cdots, \boldsymbol{a}_{k_M}]U \tag{5.52}$$

又因为 $\boldsymbol{A}_M^{(k)} \in \boldsymbol{A}_{\text{set}}$，列矢量是按升序排列的，则 $\boldsymbol{U} = \begin{bmatrix}\boldsymbol{U}_{11} & 0\\ 0 & \boldsymbol{U}_{22}\end{bmatrix}_{M\times M}$，其中 $\boldsymbol{U}_{11}$ 为 $m\times m$ 的单位矩阵，$\boldsymbol{U}_{22}$ 为 $(M-m)\times(M-m)$ 的交换列或行矢量位置的初等变换矩阵。则式(5.52)可以简化为

$$\boldsymbol{A}_M^{(k)} = [\boldsymbol{A}_m, \tilde{\boldsymbol{A}}_{M-m}\boldsymbol{U}_{22}] \tag{5.53}$$

由式(5.53)易知 $\boldsymbol{A}_M^{(k)} \in \boldsymbol{A}_{\text{set}}^M$。

定理 5.3.2 证毕。

由定理 5.3.1 和定理 5.3.2 可知，只要估计出混合矩阵 $\boldsymbol{A}_M^{(k)}$，再对 $\boldsymbol{A}_M^{(k)}$ 求逆就可以完成源信号的估计，即

$$\hat{\boldsymbol{S}}_M = \begin{cases}\boldsymbol{S}_m(t,f) & m = M\\ (\boldsymbol{A}_M^{(k)})^{-1}\boldsymbol{A}_M^{(k)}\boldsymbol{S}_M(t,f) = \boldsymbol{S}_M & m < M\end{cases} \tag{5.54}$$

式中：$\boldsymbol{S}_M(t,f) = [S_{l_1}(t,f), \cdots, S_{l_m}(t,f), 0, \cdots, 0]^{\mathrm{T}}$。

因此，假设任意时频邻域 $\Delta\Omega_i$ 内同时存在的源信号的数目为 $M$，则 $H_k = 1$ 时对应的混合 $\boldsymbol{A}_M^{(k)}$ 就是不为零的源信号对应的混合矩阵，考虑到噪声的影响，通过式(5.55)来估计 $\boldsymbol{A}_M^{(k)}$，即

$$\boldsymbol{A}_M^{(k)} = \arg\max_{1\leqslant i\leqslant C_N^M}\{H_i \mid \boldsymbol{A}_M^{(i)} \in \boldsymbol{A}_{\text{set}}\} \tag{5.55}$$

如果时频邻域 $\Delta\Omega_i = \{(t_1, f_1), \cdots, (t_P, f_P)\}$，则式(5.19)可以写成矩阵形式

$$X = A_m S_m \tag{5.56}$$

式中：$X = [X(t_1,f_1),\cdots,X(t_P,f_P)] \in \mathbb{C}^{M\times P}$，$S_m = [S_m(t_1,f_1),\cdots,S_m(t_P,f_P)] \in \mathbb{C}^{m\times P}$。

由式(5.54)可知，通过对 $A_M^{(k)}$ 求逆，就可以完成任意时频邻域 $\Delta\Omega_i$ 内 $M$ 个源信号的估计，即

$$\hat{S}_M = (A_M^{(k)})^{-1} X \tag{5.57}$$

对 $\hat{S}_M$ 进行逆短时傅里叶变换(ISTFT)，就可以得到源信号 $s(t)$ 在 $\Delta\Omega_i$ 内的估计结果 $\hat{s}(t)$。

在实际中可以用集合平均逼近统计平均，通过式(5.58)得到协方差矩阵 $R_k$ 的估计 $\hat{R}_k$，即

$$\hat{R}_k = \frac{1}{|\Delta\Omega_i|}\iint_{(t,f)\in\Delta\Omega_i}(A_M^{(k)})^{-1}X(t,f)X(t,f)^{\mathrm{H}}(A_M^{(k)})^{-\mathrm{H}}\mathrm{d}t\mathrm{d}f \tag{5.58}$$

综上所述，基于联合对角化的非稀疏信号恢复算法具体步骤如表5.2所列。

表5.2 基于联合对角化的非稀疏信号恢复算法

| |
|---|
| Step1：利用式(3.1)对观测信号进行短时傅里叶变换得到 $X(t,f)$； |
| Step2：通过式(3.6)把整个时频平面 $\Omega$ 划分成 $F$ 个不相交的时频邻域，并通过式(3.7)找出信号的时频支撑域 $\Omega_x$； |
| Step3：根据式(5.23)估计矩阵集合 $\{A_M^{(i)} \mid 1\leqslant i\leqslant C_N^M\}$ 对应的源信号在任意时频邻域 $\Delta\Omega_l$ 上的协方差矩阵的集合 $\{\hat{R}_i \mid 1\leqslant i\leqslant C_N^M\}$； |
| Step4：根据式(5.55)估计出任意时频邻域 $\Delta\Omega_l$ 内不为零的源信号对应的混合矩阵 $A_M^{(k)}$； |
| Step5：根据式(5.57)估计出任意时频邻域 $\Delta\Omega_l$ 内的源信号 $\hat{S}_M$，最后通过逆变换估计出源信号的时域波形 |

下面对基于联合对角化的源信号恢复算法进行性能仿真与分析。为了验证信号在时频上严重混叠时源信号的分离性能，设置第四个源信号与第三个源信号的频率相同，都为 $2\Delta f$，其余仿真条件与4.3.5.1小节中的仿真实验4.3.1相同。噪声为加性高斯白噪声，信噪比变化范围为5～35dB，在不同信噪比条件下分别进行500次蒙特卡洛仿真。

在下面的仿真实验中采用的基于联合对角化的算法是指先用CSOBIUM方法估计出混合矩阵 $A$，然后在混合矩阵已知的条件下通过基于矩阵对角化的方法恢复出源信号；Subspace算法是指用CSOBIUM方法估计出混合矩阵的条件下采用子空间算法估计出源信号。

图5.11～图5.13分别为信噪比为20dB时源信号、混合信号和分离后的源信号的时频图。其中，图5.11(a)～(d)分别为四个源信号的时频图，图5.12(a)～

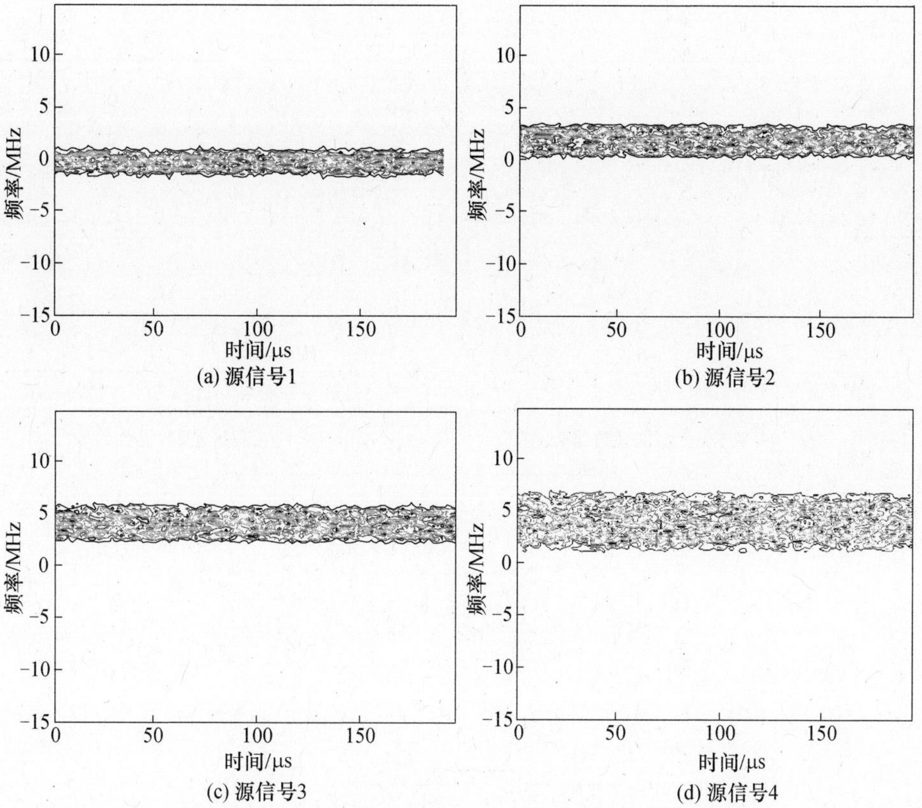


图5.11 4个BPSK调制的源信号的时频图(见彩图)

(c)分别为三个阵元接收到的混叠信号的时频图,从图中可以看出四个源信号在时频域上是相互混叠的;图5.13(a)~(d)分别为恢复出的四个源信号的时频图,从图中可以看出基于联合对角化的算法能够从混合信号中很好地恢复出源信号。

表5.3列出信噪比分别为10dB、20dB、30dB,频偏系数 Ceoffi = 0.4时,每个分离后的源信号的信干比 $SIR_i$ 以及平均信干比SIR,从表中可以看出分离后的每个源信号的信干比不相同,源信号2的分离性能最好,这取决于源信号在时频域上的混叠程度。

表5.3 每个源信号的信干比及平均信干比(单位:dB)

| 信噪比 SNR | SIR | $SIR_1$ | $SIR_2$ | $SIR_3$ | $SIR_4$ |
| --- | --- | --- | --- | --- | --- |
| 10 | 13.8 | 12.7 | 14.6 | 13.6 | 14.4 |
| 20 | 16 | 14 | 17.9 | 15.4 | 16.6 |
| 30 | 17 | 15.3 | 19 | 16.2 | 17.6 |

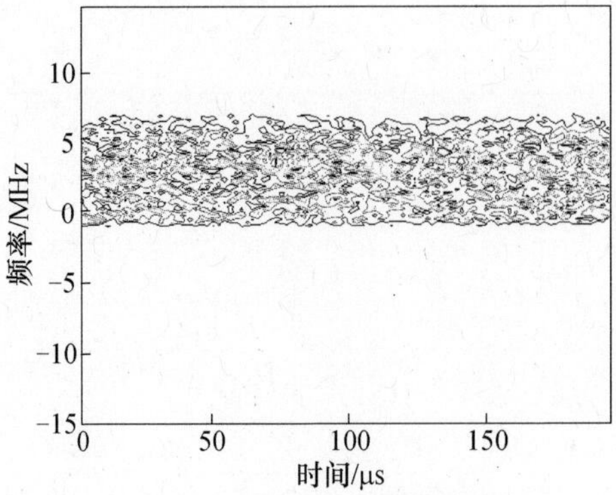


(a) 接收通道1的混叠信号

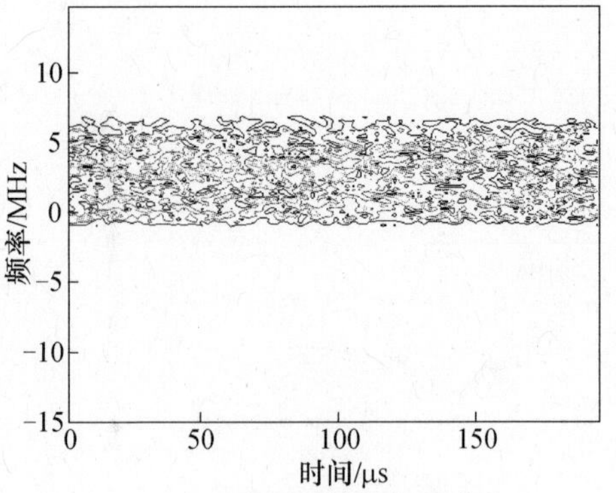


(b) 接收通道2的混叠信号

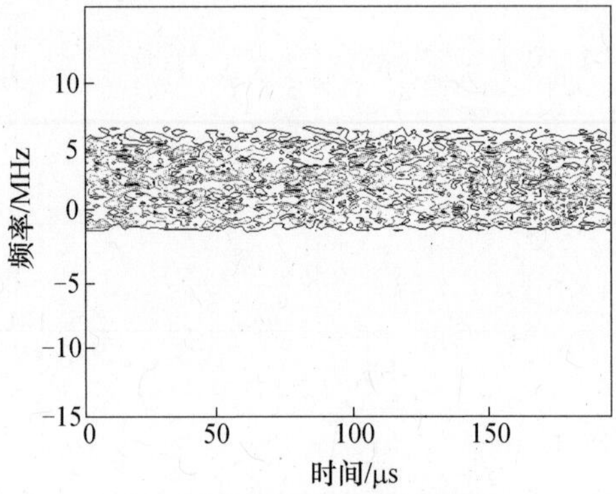


(c) 接收通道3的混叠信号

图 5.12　3 个阵元接收到的混叠信号的时频图(见彩图)

图 5.14 为基于联合对角化的算法、Subspace 算法[2]以及 DUET 算法[5]的估计性能随信噪比变化曲线。由于基于联合对角化的算法对信号的稀疏性要求最低,只需要同时存在的源信号数目不大于阵元数目 $M$,而 Subspace 算法假设在任意时频点同时存在的源信号数目小于阵元数,DUET 算法假设源信号在时频域上是不混叠的,因此源信号在时频上混叠严重的情况下,基于联合对角化的算法估计性能应该是最优的,Subspace 算法次之,DUET 算法的性能最差,这与图 3.5 的仿真结果一致。从图中可以看出基于联合对角化算法的估计性能随信噪比的增加而提高,估计出的源信号的平均信干比能够达到 17dB,比 Subspace 算法分离性能高约 8dB。

图 5.15 为信噪比等于 20dB 时,不同频偏系数条件下基于联合对角化的算法、Subspace 算法以及 DEUT 算法的估计性能,当频偏系数 Coeffi 小于 0.5 时,许多时

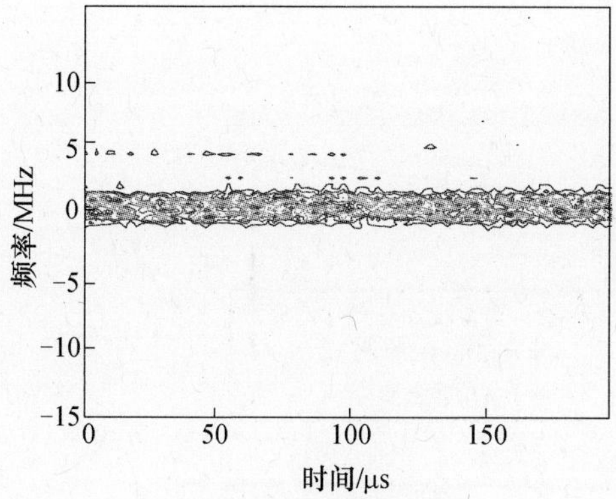


(a) 分离的源信号1

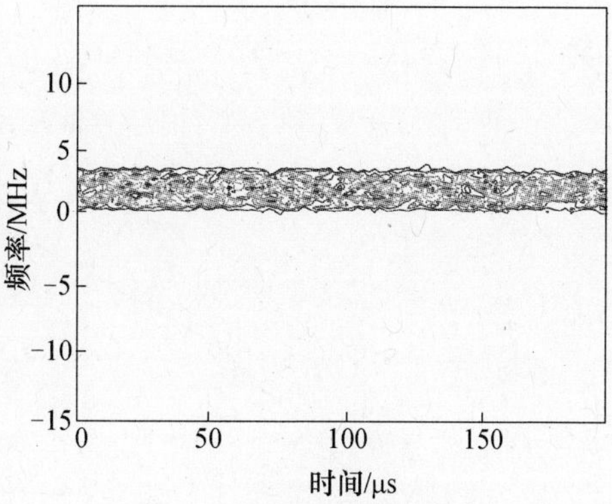


(b)分离的源信号2

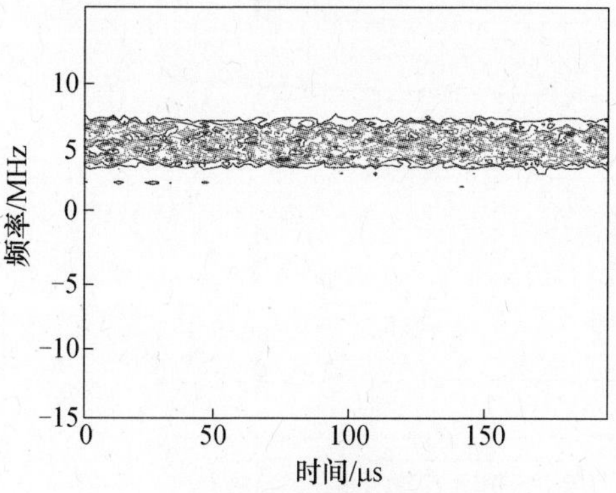


(c) 分离的源信号3

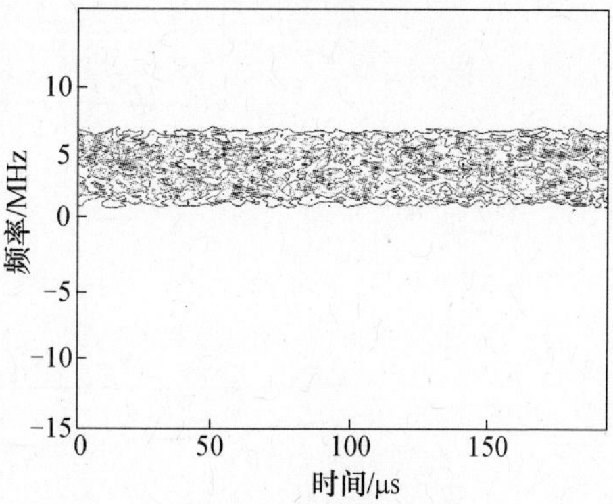


(d) 分离的源信号4

图 5. 13　分离后的源信号的时频图(见彩图)

频点上同时存在的源信号数目等于阵元数目,不满足 Subspace 算法和 DEUT 对混合信号稀疏性的假设条件,此时 Coeffi 增大,Subspace 算法对信号稀疏性要求也逐渐能够满足,性能也随之提高,此时基于联合对角化的算法估计性能略高于 Subspace 算法。由于仿真条件中,源信号 3 与源信号 4 的频率相同,频偏系数 Coeffi 的增加也不能满足假设条件,因此估计性能最差。

图 5. 16 为假设混合矩阵 $\boldsymbol{A}$ 已知,接收阵元数目 $M$ 分别为 2 和 3,信号的频偏系数 Coeffi ＝ 0. 8,信噪比为 5 ～ 35dB 时,基于联合对角化的算法的估计性能。图 5. 16(a)和(b)分别给出信干比和误码率曲线。由于当 Coeffi ＝ 0. 8 时任意时频点上同时存在的源信号数最多为 2,因此在阵元数目为 2 时,基于联合对角化的算法也能达到很好的分离性能,另外,随着阵元数目的增加源信号的分离性能也得到了显著提高。

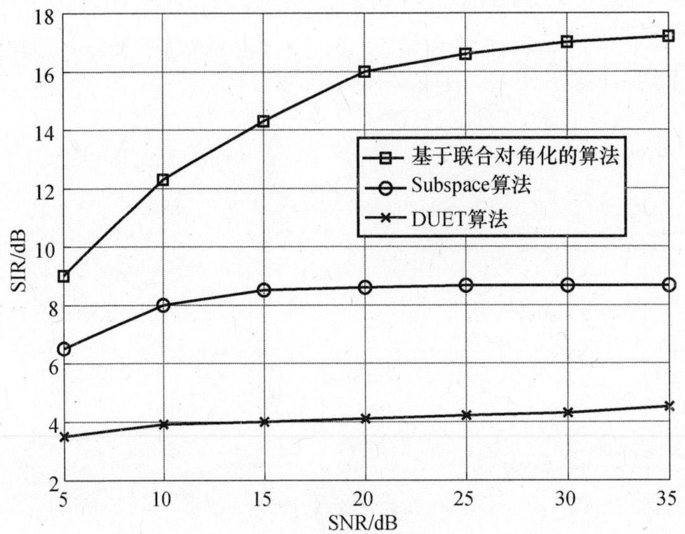


(a) 信干比结果

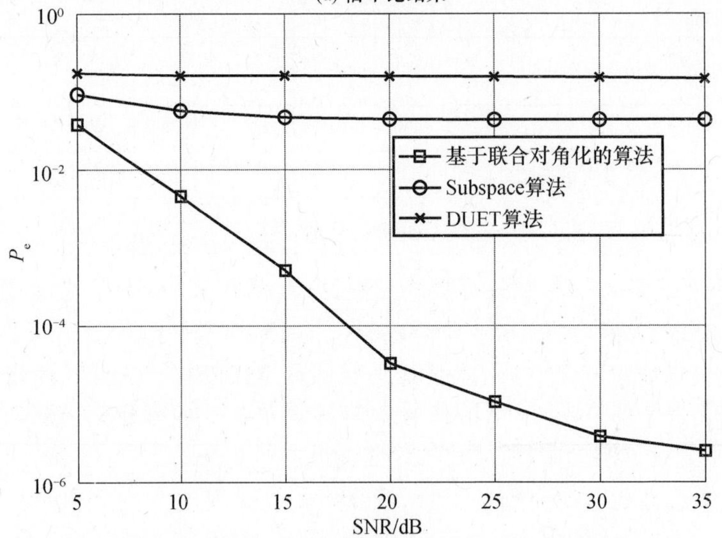


(b) 误码率结果

图 5.14　不同算法的源信号恢复性能随信噪比变化曲线

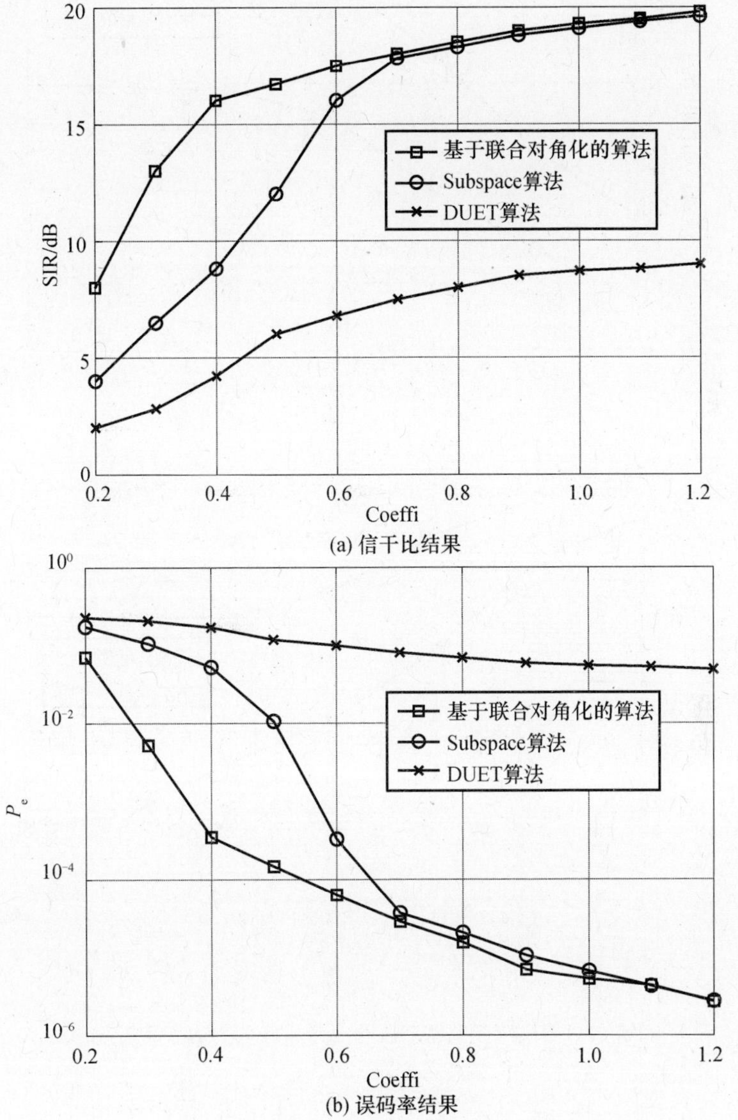


图 5.15　不同算法的源信号恢复性能随频偏系数的变化曲线

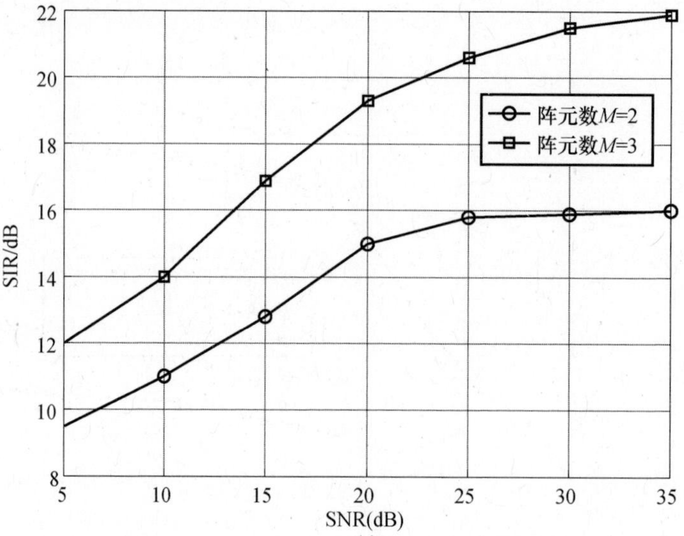

(a)

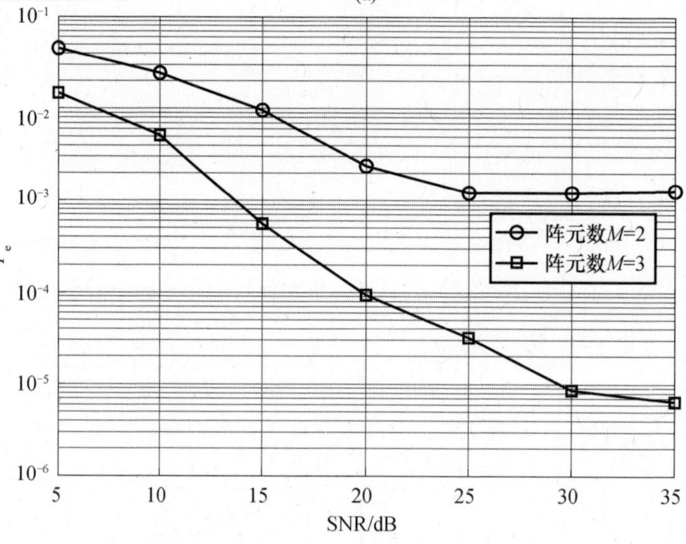

(b)

图 5.16　不同阵元时基于联合对角化算法的估计性能比较

## 5.4　基于空间时频分布的非稀疏信号恢复方法

本节主要讨论时频非稀疏信号的源信号恢复问题,作出如下假设。

假设 5.4.1:在时频平面上信号的自源时频点与互源时频点几乎是不混叠的。

首先根据式(2.29)和式(2.30)可知,计算观测信号矢量 $\boldsymbol{x}(t)$ 的 STFD

$$\boldsymbol{D}_{\boldsymbol{xx}}(t,f) = \iiint \boldsymbol{x}(u+\tau/2)\boldsymbol{x}^{\mathrm{H}}(u-\tau/2)\phi(\tau,v)\mathrm{e}^{-\mathrm{j}2\pi(tv+\tau f-uv)}\mathrm{d}u\mathrm{d}v\mathrm{d}\tau \quad (5.59)$$

源信号 $\boldsymbol{s}(t)$ 的 STFD 可以表示为

$$\boldsymbol{D}_{\boldsymbol{ss}}(t,f) = \iiint \boldsymbol{s}(u+\tau/2)\boldsymbol{s}^{\mathrm{H}}(u-\tau/2)\phi(\tau,v)\mathrm{e}^{-\mathrm{j}2\pi(tv+\tau f-uv)}\mathrm{d}u\mathrm{d}v\mathrm{d}\tau \quad (5.60)$$

根据 4.2.2 小节的分析可知

$$\boldsymbol{D}_{\boldsymbol{xx}}(t,f) = \boldsymbol{A}\overline{\boldsymbol{D}}_{\boldsymbol{ss}}(t,f)\boldsymbol{A}^{\mathrm{H}} \quad (5.61)$$

由于信号 $x_i(t)$ $(1\leqslant i\leqslant M)$ 是 $N$ 个源信号 $s_i(t)$ $(1\leqslant i\leqslant N)$ 的线性组合,则根据式(2.32)可知,$x_i(t)$ 的时频分布中除了每个源信号的时频分布,即自源点,还有不同源信号之间相互交叉产生的互时频分布(交叉项),即互源点。首先根据 4.2.2 小节中的方法检测自源点。不妨令集合 $\Omega_s$ 中包含 $L$ 个自源时频点,即 $\Omega_s = \{(t,f)_k \mid 1\leqslant k\leqslant L\}$,根据 4.2.2 小节分析可知

$$\boldsymbol{C} = (\boldsymbol{A}\odot\boldsymbol{A}^*)\boldsymbol{D}^{\mathrm{T}} \quad (5.62)$$

式中:$\boldsymbol{D}$ 的第 $(k,r)$ 个元素 $d_{kr} = [\overline{\boldsymbol{D}}_{\boldsymbol{ss}}(t,f)_k]_{rr} = D_{s_rs_r}(t,f)_k$ 表示信号 $s_r(t)$ 的第 $k(1\leqslant k\leqslant L)$ 个自源点。因此,矩阵 $\boldsymbol{D}^{\mathrm{T}}$ 的列矢量对应 $N$ 个源信号的时频分布,$\boldsymbol{A}\odot\boldsymbol{A}^* = [\boldsymbol{a}_1\otimes\boldsymbol{a}_1^*,\cdots,\boldsymbol{a}_N\otimes\boldsymbol{a}_N^*] \in M^2\times N$。由于矩阵 $\boldsymbol{A}\odot\boldsymbol{A}^*$ 是列满秩的,则通过求 $\boldsymbol{A}\odot\boldsymbol{A}^*$ 的伪逆矩阵就能估计出每个源信号的时频分布 $\{D_{s_rs_r}(t,f)_k \mid 1\leqslant r\leqslant N, 1\leqslant k\leqslant L\}$,即

$$\boldsymbol{D}^{\mathrm{T}} = (\boldsymbol{A}\odot\boldsymbol{A}^*)^{\#}\boldsymbol{C} \quad (5.63)$$

式中:符号 $(\cdot)^{\#}$ 表示矩阵的伪逆。因此,通过上式可以估计出每个源信号的自源点的时频分布及 $\{D_{s_rs_r}(t,f)_k \mid 1\leqslant r\leqslant N, 1\leqslant k\leqslant L\}$。对 $\{D_{s_rs_r}(t,f)_k \mid 1\leqslant r\leqslant N, 1\leqslant k\leqslant L\}$ 进行时频综合就能够恢复出源信号的时域波形[6,7]。不妨假设源信号 $s_r(t)$ 的采样长度为 $2P+1$,则信号的离散 WVD 定义为

$$D_{s_rs_r}(n,k) = 2\sum_{m=-P}^{P} s_r(n+m)s_r^*(n-m)\mathrm{e}^{-\mathrm{j}4\pi km/N} \quad (5.64)$$

对上式两边进行离散傅里叶反变换,并作变量代换 $n=\dfrac{n_1+n_2}{2}$ 和 $m=\dfrac{n_1-n_2}{2}$,则有

$$\frac{1}{2}\sum_{k=-P}^{P} D_{s_rs_r}\left(\frac{n_1+n_2}{2},k\right)\mathrm{e}^{\mathrm{j}2\pi(n_1-n_2)k/N} = s_r(n_1)s_r^*(n_2) \quad (5.65)$$

当 $n_1=n_2=n$ 时,式(5.65)简化为

$$\frac{1}{2}\sum_{k=-P}^{P} D_{s_r s_r}(n,k) = |s_r(n)|^2 \tag{5.66}$$

若取 $n_1 = 2n, n_2 = 0$，式(5.65)可以简化为

$$\frac{1}{2}\sum_{k=-P}^{P} D_{s_r s_r}(n,k)\mathrm{e}^{\mathrm{j}4\pi kn/N} = s_r(2n)s_r^*(0) \tag{5.67}$$

这表明，偶数序号的采样信号 $s_r(2n)$ 可以由离散 WVD 分布 $D_{s_r s_r}(n,k)$ 唯一重构，至多相差复系数 $s_r^*(0)$。类似的如果令 $n_1 = 2n-1$、$n_2 = 1$，式(5.65)可以简化为

$$\frac{1}{2}\sum_{k=-P}^{P} D_{s_r}(n,k)\mathrm{e}^{\mathrm{j}4\pi(n-1)k/N} = s_r(2n-1)s_r^*(1) \tag{5.68}$$

式(5.67)和式(5.68)表明，离散魏格纳分布的逆问题可以分解为两个较小的逆问题：求偶数序号的样本和求奇数序号的样本，即如果已知离散采样信号 $s_i(n)$ 的离散魏格纳分布，则偶数序号和奇数序号的采样信号可以分别在下列复指数常数倍数范围内唯一恢复为

$$\frac{s_r^*(0)}{|s_r(0)|} = \mathrm{e}^{\mathrm{j}\phi_e} \tag{5.69}$$

$$\frac{s_r^*(1)}{|s_r(1)|} = \mathrm{e}^{\mathrm{j}\phi_o} \tag{5.70}$$

式中：$\phi_e$ 和 $\phi_o$ 分别为一个常系数。

通过上式可知，如果已知源信号 $s_r(n)$ 的相邻的两个样本的取值，则可以实现源信号的准确重构。由于盲源分离问题中，源信号存在固有的幅度模糊，因此，在信号重构过程中产生的系数模糊并不影响源信号的分离。

综上所述，基于空间时频分布的非稀疏信号恢复算法具体步骤如表 5.4 所列。

表 5.4　基于空间时频分布的非稀疏信号恢复算法

| |
|---|
| Step1：根据式(2.29)计算出观测信号 $\boldsymbol{x}(t)$ 的时频分布矩阵 $\boldsymbol{D}_{\boldsymbol{xx}}(t,f)$； |
| Step2：根据式(4.27)或式(4.30)找出信号的自源时频点的集合 $\Omega_s$； |
| Step3：把 $L$ 个自源时频点对应的 $M\times M$ 的空间时频分布矩阵 $\{\boldsymbol{D}_{\boldsymbol{xx}}(t,f)_l \mid 1\leqslant l\leqslant L\}$ 根据式(5.62)表示成 $M^2\times L$ 矩阵的矩阵 $\boldsymbol{C}$ 的形式； |
| Step4：根据式(5.63)计算矩阵 $(\boldsymbol{A}\odot\boldsymbol{A}^*)$ 的伪逆分离出每个源信号的时频分布 $\{D_{s_r s_r}(t,f)_k \mid 1\leqslant r\leqslant N, 1\leqslant k\leqslant L\}$； |
| Step5：通过式(5.65)～式(5.67)对每个源信号进行时频综合从而恢复出源信号的时域波形 $\{s_r(t) \mid 1\leqslant r\leqslant N\}$ |

下面对基于空间时频分布的源信号恢复算法进行性能仿真与分析。源信号为 4 个 LFM 信号，接收天线为阵元数目 $M$ 为 3、半径为 1/2 波长的均匀圆阵，接收到

的中频信号参数以及入射角、方位角见表 4. 8 所列。

图 5. 17 ~ 图 5. 19 分别为信噪比为 10dB 时,源信号、混合信号与分离后的源信号的时频分布。从图 4. 5 可以看出混合信号的时频分布中除了源信号自身的时频分布还有不同源信号之间的互时频分布。比较图 5. 17 和图 5. 19 可以看出基于空间时频分布的算法能够从混合信号中很好地恢复出源信号。

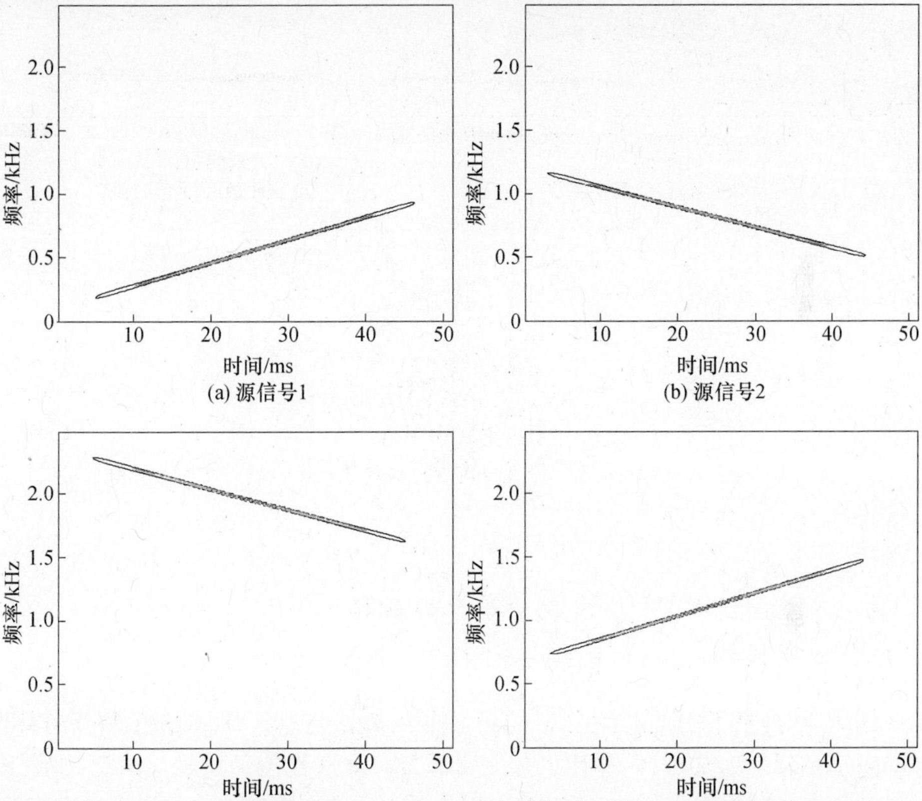


(a) 源信号1　(b) 源信号2　(c) 源信号3　(d) 源信号4

图 5. 17　4 个 LFM 源信号的时频图(见彩图)

表 5. 5 为信噪比分别为 5dB、10dB、20dB 时,每个源信号的信干比 $SIR_i$ 以及平均信干比 SIR,从表中可以看出每个估计出的源信号的信干比相差不大。

表 5. 5　每个源信号的信干比及平均信干比(单位:dB)

| 信噪比 SNR | $SIR_1$ | $SIR_2$ | $SIR_3$ | $SIR_4$ | SIR |
|---|---|---|---|---|---|
| 5 | 17. 6 | 18. 1 | 17. 8 | 18. 5 | 18 |
| 10 | 19. 8 | 20. 5 | 20. 2 | 19. 9 | 20. 1 |
| 20 | 20. 9 | 21. 6 | 21. 3 | 21. 4 | 21. 3 |

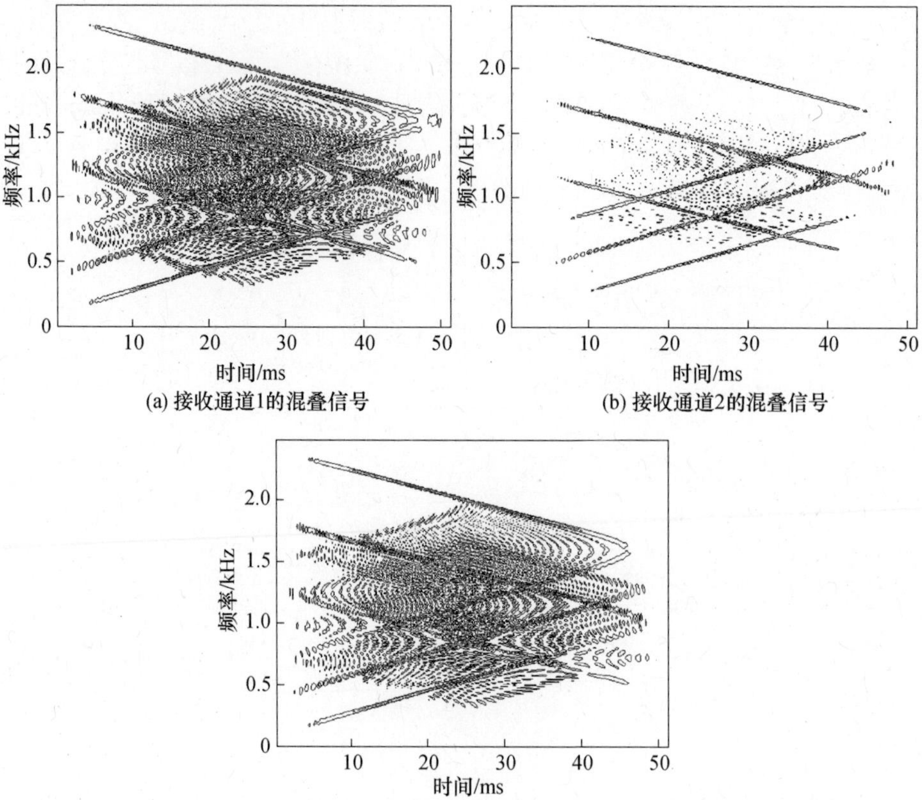


(a) 接收通道1的混叠信号

(b) 接收通道2的混叠信号

(c) 接收通道3的混叠信号

图 5.18　3 个阵元接收到的 LFM 混叠信号的时频图(见彩图)

图 5.20 为基于空间时频分布的盲源分离算法与基于聚类的盲源分离算法(Cluster-based)[8]、文献[9]提出的欠定盲源分离算法性能的比较。由于文献[9]的算法不能估计出混合矩阵,所以首先用表 4.2 和表 4.6 的方法估计出混合矩阵,然后在混合矩阵已知的条件下用文献[9]的算法恢复出源信号。从图中可以看出,基于空间时频分布算法的估计性能明显优于其他两种算法,当信噪比低于 20dB 时,基于空间时频分布算法的估计性能比其他两种算法高 4 ~ 6dB。

图 5.21 为接收阵元数目 $M = 4$,源信号数目 $N$ 分别为 4、5、6 时,基于空间时频分布算法的估计性能随信噪比变化曲线。仿真条件与仿真实验 4.3.2 相同。从图中可以看出,当源信号数目 $N$ 为 6 时,基于空间时频分布算法具有很好的分离性能,分离后源信号的平均信干比能够达到 18dB。此外,在接收阵元数目一定的条件下,随着源信号数目的增加,分离性能也会随之下降。

本章主要研究讨论欠定盲源分离的第二步,即混合矩阵已知或者估计条件下

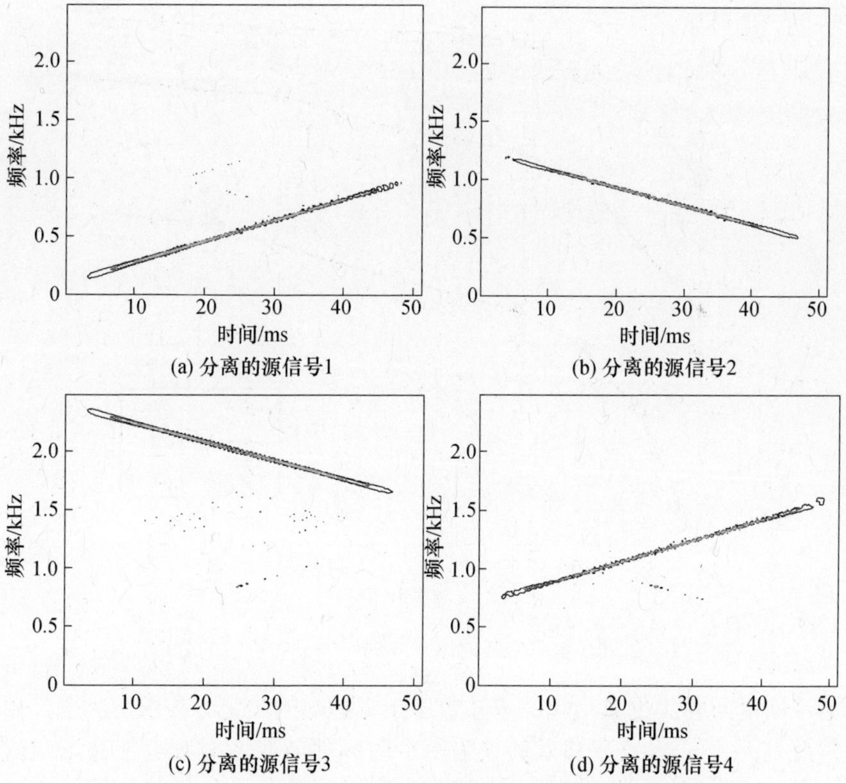


图 5.19　分离后的 4 个 LFM 源信号的时频图(见彩图)

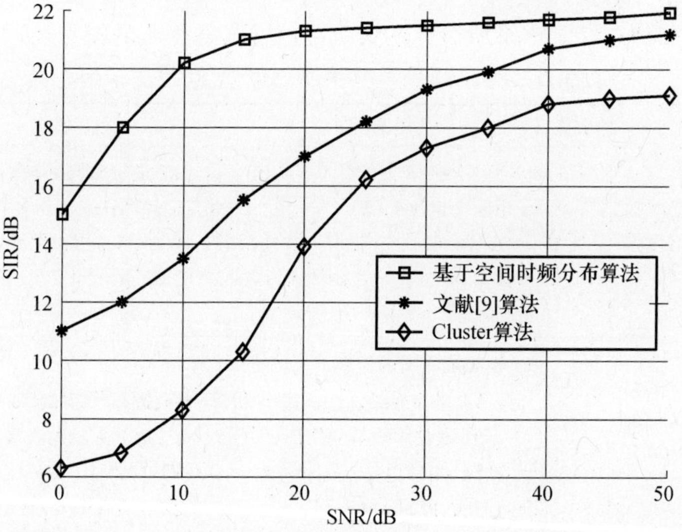


图 5.20　基于空间时频分布算法与其他算法的源信号恢复性能比较

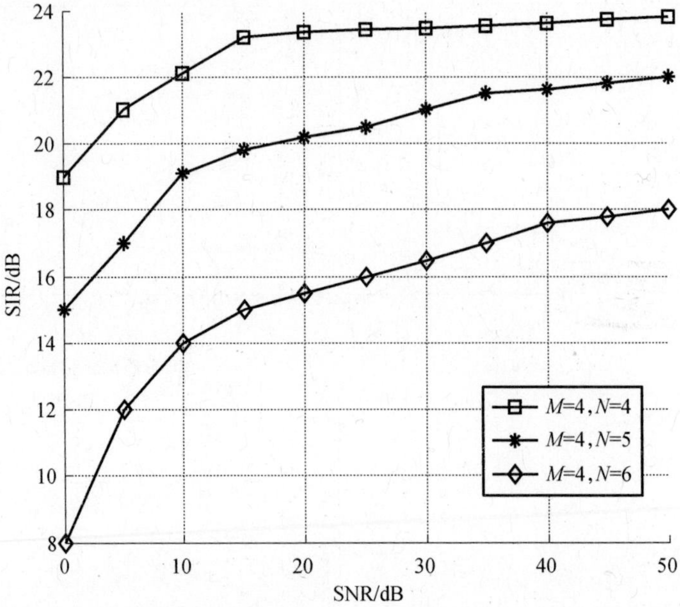


图5.21　不同源信号数目时基于空间时频分布算法的分离性能

的源信号恢复问题。也就是解决未知数多于方程数的欠定方程求解问题。由于欠定方程具有无穷多解,必须将其转换为每个时频邻域或者时频点上超定或适定方程组的求解,再对所有时频邻域或者时频点上的源信号进行拼接从而完成整个时频平面内源信号的估计。

表5.6归纳总结了本章所研究的欠定源信号恢复算法的特点及适用条件。

表5.6　欠定源信号恢复算法特点及适用条件

| 算法名称 | 过程 | 适用条件 | 特点 |
|---|---|---|---|
| 基于改进子空间投影的欠定源信号恢复算法 | 表5.1 | 1）混叠矩阵 $\boldsymbol{A}$ 的任意 $M\times M$ 的子矩阵是非奇异的；<br>2）在任意时频点同时存在的信号数目 $m$ 小于阵元数目 $M$，即 $m<M$ | 1）无需进行时频邻域划分，在每个时频点上计算；<br>2）每个时频点上必须满足超定条件；<br>3）能够应用于超定/适定情况 |
| 基于联合对角化的欠定源信号恢复算法 | 表5.2 | 1）混叠矩阵 $\boldsymbol{A}$ 的任意 $M\times M$ 的子矩阵是非奇异的；<br>2）在任意时频邻域 $\Delta\Omega_i$ 内，同时存在的信号数目 $m$ 不大于阵元数目 $M$，即 $m\leqslant M$；<br>3）源信号相互独立 | 1）需要进行时频邻域划分；<br>2）每个时频邻域内满足超定或者适定条件即可，放宽了稀疏性；<br>3）能够应用于超定/适定情况 |

（续）

| 算法名称 | 过程 | 适用条件 | 特点 |
|---|---|---|---|
| 基于空间时频分布的欠定源信号恢复算法 | 表 5.4 | 1）混叠矩阵 $\boldsymbol{A}$ 的任意 $M\times M$ 的子矩阵是非奇异的；<br>2）信号的自源时频点与互源时频点几乎是不混叠的 | 1）条件 3 不是必须满足的，如果不满足算法退化成 SOBIUM；<br>2）循环相关计算量较大；<br>3）能够应用于超定/适定情况 |

## 参考文献


[1] 张贤达. 矩阵分析[M]. 北京：清华大学出版社，2008.

[2] AISSA-EL-BEY A, LINH-TRUNG N, et al. Underdetermined blind separation of nondisjoint sources in the time-frequency domain[J]. IEEE Trans. on Signal Processing, 2007, 55(3): 897 – 907.

[3] ABRARD F, DEVILLE Y. A time-frequency blind signal separation method applicable to underdetermined mixtures of dependent sources[J]. Signal Processing, 2005, 85:1389 – 1403.

[4] DONOHO D L, ELAD M. Maximal sparsity representation via $l_1$ minimization[J]. Proceedings of National Academy Science, 2003, 100: 2197 – 2202.

[5] YILMZA Ö, RICKARD S. Blind separation of speech mixtures via time-frequency masking[J]. IEEE Trans. on Signal Processing, 2004, 52(7):1830 – 1847.

[6] BOUDREAUX-BARTELS G F, PARKS T W. Time-varying filtering and signal estimation using wigner distribution synthesis techniques[J]. IEEE Trans. on Acoustics, Speech and Signal Processing, 1986, 34(3): 442 – 451.

[7] FRANCOS A, PORAT M. Analysis and synthesis of multicomponent signals using positive time-frequency distributions[J]. IEEE Trans. on Signal Processing, 1999, 47: 493 – 504.

[8] NGUYEN L T, BELOUCHRANI A, ABED-MERAIM K. Separating more sources than sensors using Time-Frequency distributions[C]. Kuala Lumpur, Malaysia: International Symposium on Signal Processing and its Applications (ISSPA) 13 – 16 August, 2001: 583 – 586.

[9] PENG D Z, XIANG Y. Underdetermined blind source separation based on relaxed sparsity condition of sources[J]. IEEE Trans. on Signal Processing, 2009, 57(2): 809 – 813.

# 第6章 基于循环频域滤波及正交对消的单通道盲源分离方法

前面章节主要研究观测通道数目大于2的欠定盲源分离问题。而在实际中，源信号数目常常未知且可能动态变化，所需的多通道接收设备的数目难以确定。仅需要一个接收通道的单通道盲源分离由于设备简单，成本低，便于安装在各种平台，引起了越来越多的重视。

对于单通道频域不重叠的源信号，可以通过带通滤波器进行频域滤波从而逐个分离；对于单通道时域不重叠的源信号，可以通过特殊的时变滤波器（类似于短时开关）进行时域滤波从而逐个提取。然而实际中，对于单通道接收到的时频混叠信号，传统的时域频域滤波法已经失效。R. H. James 等[1]进一步推广了时域频域理想滤波的概念，提出了广义谱域的概念，并指出，如果存在一个广义谱域，且源信号相互不重叠，通过构造广义谱域上的线性时变维纳滤波器（广义理想带通滤波器）就能完成不同源信号的分离。因此，单通道时频重叠信号的分离问题可以转换为寻找一个新的变换域，并构造该域上的理想滤波器来完成。

大多数雷达、通信信号表现了很强的循环平稳特性，在源信号时频重叠的情况下，其循环频域仍然可能不发生重叠。已有的循环频域滤波方法主要是将经典的频移滤波器用于扩频通信中的干扰抑制[2-4]，但是频移滤波器需要利用感兴趣信号（SOI）的循环频率作为先验信息。实际中，除了 SOI，其余信号的循环频率未必事先已知，无法通过多次滤波逐个提取。针对这种情况，可以考虑对观测信号进行消源提取剩余源信号。A. Cichocki 等[5]提出一种基于非线性代价函数的消源法，可以从观测信号中消去已提取出的信号，但是该算法需要迭代运算，计算过程复杂，而且受初值影响大，容易陷入局部极值；章晋龙等[6]改进了消源过程，提出了正交去相关法，但该算法需要计算累积量，而且主要针对生物医学、图像等实信号，而雷达通信类无线电信号一般以复信号为处理对象。

本章针对单通道接收两个时频混叠源信号的情况展开分析。虽然源信号在时频域上是混叠的，但是对于不同的雷达通信等电磁辐射源，由于其工作参数和调制方式不同,循环频率往往是不同的,即其在循环频域上是不重叠的。可以在循环频域构建对应的维纳滤波器实现对源信号的分离。在此基础上,利用 Schmidt 正交化方法实现剩余源信号的对消提取。

本章的安排如下:6.1 节从循环频域理想滤波的角度出发,分析循环频域滤波用于单通道盲源分离的可行性;6.2 节利用经典的频移滤波器及 Schmidt 正交化方法逐次分离出两个源信号,并通过仿真分析算法的性能以及不同因素对算法的影响等。

## 6.1　循环频域滤波可行性分析

混合信号模型如式(1.16)所示。本章只针对两个源信号的情况进行分析。此时,式(1.16)可以简化为

$$x(t) = a_1 s_1(t) + a_2 s_2(t) \tag{6.1}$$

R. H. James 等在文献[1]中指出,只要找到一个新的变换域,各个源信号在该域上是不重叠的,就可以通过构造该域上的广义维纳滤波器实现各个源信号的提取,这既是对单通道盲源分离的可行性分析,也为解决这个问题提供了一个本质思路。循环频域即可以视作这样一个新的变换域,对于时频重叠的多个信号,如果源信号在循环频域上是分开的,那么通过循环频域的理想滤波就能实现各个源信号的提取。

假设模型(6.1)右边的 $s_1(t)$、$s_2(t)$ 均为循环平稳信号,$s_1(t)$ 的循环频率集为 $A_1$,$s_2(t)$ 的循环频率集为 $A_2$。循环平稳信号的特征是离散分布在循环频率轴上的,当不同的源信号特征在时域上或者功率谱上相互掩盖时,只要循环频率不同,各个源信号在循环频域的意义上仍可以清晰地辨识。即如果 $A_1 \cap A_2 = \{\varnothing\}$,则可以认为 $s_1(t)$ 和 $s_2(t)$ 在循环频域上是分开的,其满足

$$\begin{aligned} &\forall \alpha_i \in A_1, S_{s_2}^{\alpha_i}(f) = 0 \\ &\forall \alpha_i \in A_2, S_{s_1}^{\alpha_i}(f) = 0 \end{aligned} \tag{6.2}$$

文献[7]已经证明,在信号分量彼此独立的情况下,混合信号的谱相关函数等效于多信号分量的谱相关函数之和。对式(6.1)两边同时求循环频率为 $\alpha$ 时的循环谱,须

$$S_x^{\alpha}(f) = S_{s_1}^{\alpha}(f) + S_{s_2}^{\alpha}(f) \tag{6.3}$$

将式(6.2)代入式(6.3),得

$$\forall \alpha_i \in A_1, S_x^{\alpha_i} = S_{s_1}^{\alpha_i}(f)$$

$$\forall \alpha_i \in A_2, S_x^{\alpha_i} = S_{s_2}^{\alpha_i}(f) \tag{6.4}$$

因此,不同的源信号可以通过在循环频域上构建理想滤波来获取,即

$$\begin{aligned} S_{s_1}^{\alpha}(f) &= H_{s_1}(f) S_x^{\alpha}(f) = \sum_i H_{s_1}^{\alpha_i}(f) S_x^{\alpha_i}(f) \\ S_{s_2}^{\alpha}(f) &= H_{s_2}(f) S_x^{\alpha}(f) = \sum_i H_{s_2}^{\alpha_i}(f) S_x^{\alpha_i}(f) \end{aligned} \tag{6.5}$$

式中

$$H_{s_1}^{\alpha_i}(f) = \begin{cases} 1 & \alpha_i \in A_1 \\ 0 & \alpha_i \in A_2 \end{cases}, \quad H_{s_2}^{\alpha_i}(f) = \begin{cases} 1 & \alpha_i \in A_2 \\ 0 & \alpha_i \in A_1 \end{cases} \tag{6.6}$$

下面通过一个例子验证上述分析。假设源信号为两个 BPSK 信号,频率分别为 $f_1 = 9.8\text{MHz}$ 和 $f_2 = 12.456\text{MHz}$,码速率分别为 $R_1 = 5.115$ 兆符号/s 和 $R_2 = 0.8$ 兆符号/s,采样频率为 50MHz,显然,其在时频域是相互重叠的。根据文献[8,9]分析,$s_1(t)$ 的循环频率为 $\{\pm kR_1, \pm 2f_1, 2f_1 \pm kR_1\} \quad k = 1,2,\cdots$,$s_2(t)$ 的循环频率为 $\{\pm kR_2, \pm 2f_2, 2f_2 \pm kR_2\} \quad k = 1,2,\cdots$。

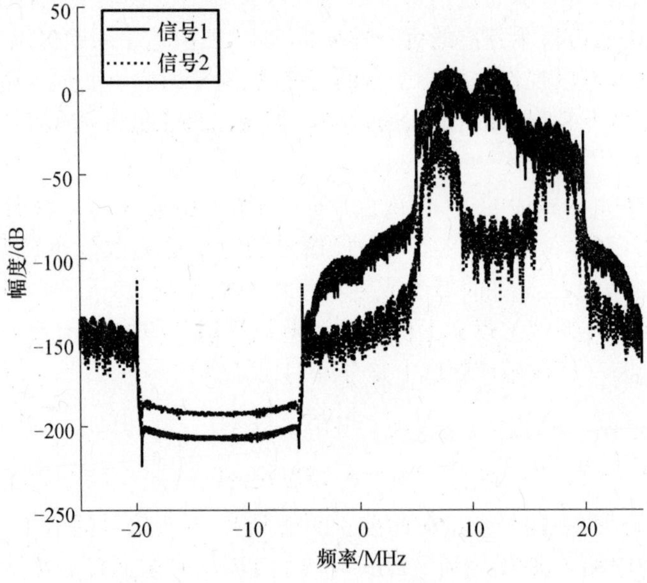


图 6.1　源信号 $s_1, s_2$ 在 $R_1$ 处的循环谱

图 6.1 和图 6.2 分别显示了 $s_2(t)$ 在 $s_1(t)$ 的循环频率 $R_1$ 和 $2f_1$ 处的循环谱。从图中可以看出,$s_2(t)$ 在 $s_1(t)$ 的循环频率处的循环谱主瓣的峰值较信号 1 低了 20dB 以上。

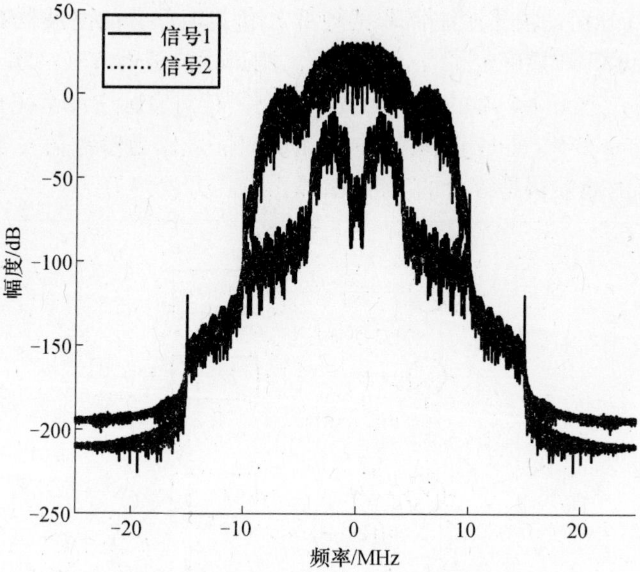


图 6.2　源信号 $s_1, s_2$ 在 $2f_1$ 处的循环谱

## 6.2　基于频移滤波和 Schmidt 正交对消的信号分离方法

为了完成源信号的分离，本节作出如下假设：

假设条件 6.2.1：不同源信号是相互独立的。

假设条件 6.2.2：源信号均值为 0，方差为 1，即 $E\{s_i(t)\}=0$，$\mathrm{var}\{s_i(t)\}=E\{s_i^2(t)\}=1$。

假设条件 6.2.3：$s_1(t)$ 和 $s_2(t)$ 具有不同的循环频率。

由于信号时域和循环谱的变换不是可逆变换，无法通过循环频域滤波结果的逆变换求解源信号的时域波形。W. A. Gardner 教授研究了基于循环平稳特性的最优滤波方法，提出了线性共轭线性－频移（LCL-FRESH）滤波器[8]，其原理是利用信号的不同频率搬移成分的滤波结果进行加权和以增强感兴趣的频移成分分量同时减弱干扰部分的频移成分分量，既利用了时域相关性，又利用了频域相关性。设 $d(t)$ 是 $x(t)$ 进行 LCL-FRESH 滤波的结果，则有

$$d(t) = \sum_{i=1}^{N} h^{\alpha_i}(t) * x_{\alpha_i}(t) + \sum_{i=1}^{M} h^{\beta_i}(t) * x_{\beta_i}^{*}(t) \tag{6.7}$$

式中：$x_{\alpha_i}(t)=x(t)\mathrm{e}^{\mathrm{j}2\pi\alpha_i t}$，$x_{\beta_i}^*(t)=x^*(t)\mathrm{e}^{\mathrm{j}2\pi\beta_i t}$，$*$ 表示卷积。$\{\alpha_i\}_N$ 和 $\{\beta_i\}_M$ 及 $h^{\alpha_i}(t)$ 和 $h^{\beta_i}(t)$ 分别是频移滤波器非共轭部分和共轭部分的滤波器系数。具体结构如图 6.3 所示。如果确定了 $\{\alpha_i\}_N$、$\{\beta_i\}_M$，则最优滤波器 $h^{\alpha_i}(t)$ 和 $h^{\beta_i}(t)$ 的求解就等价于求解一个 $M+N$ 维的维纳滤波器问题。针对实际中没有完整的期望信号的情况，J. Zhang 等[10] 证明了，采用输入的观测信号作为参考信号实质上与采用期望信号求解的滤波器是等价的。因此，输出的均方误差为

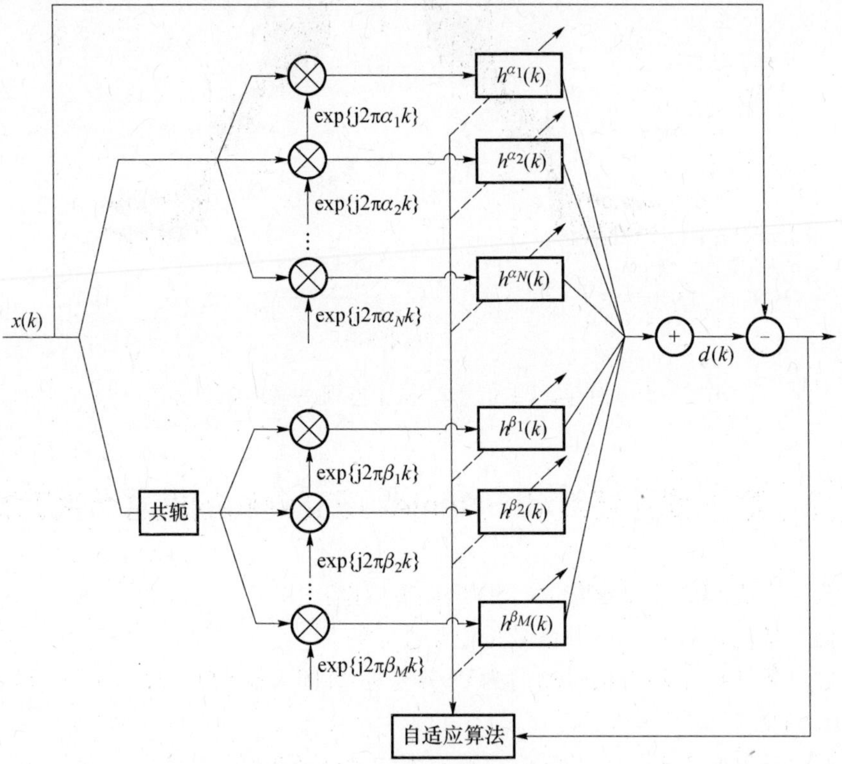


图 6.3　LCL-FRESH 滤波器结构

$$
\begin{aligned}
J &= E\{[x(t)-d(t)]^2\} \\
&= E\left\{\left[x(t)-\sum_{i=1}^{N}h^{\alpha_i}(t)*x_{\alpha_i}(t)-\sum_{i=1}^{M}h^{\beta_i}(t)\odot x_{\beta_i}^*(t)\right]^2\right\}
\end{aligned}
\tag{6.8}
$$

根据最小均方误差准则，最优滤波器响应可表示为

$$
\boldsymbol{h}_{\mathrm{opt}}=\arg\min_{\boldsymbol{h}(t)}E\left\{\left[x(t)-\sum_{i=1}^{N}h^{\alpha_i}(t)*x_{\alpha_i}(t)-\sum_{i=1}^{M}h^{\beta_i}(t)*x_{\beta_i}^*(t)\right]^2\right\}=\boldsymbol{R}^{-1}\cdot\boldsymbol{\rho}
\tag{6.9}
$$

式中：$\boldsymbol{R}=\mathrm{E}\{\hat{\boldsymbol{x}}(t)\hat{\boldsymbol{x}}^{\mathrm{H}}(t)\}$；$\boldsymbol{\rho}=\mathrm{E}\{\hat{\boldsymbol{x}}(t)x^{*}(t)\}$，$\hat{\boldsymbol{x}}(t)=[\hat{\boldsymbol{x}}_1^{\mathrm{T}}(t),\cdots,\hat{\boldsymbol{x}}_N^{\mathrm{T}}(t),\hat{\boldsymbol{x}}_{N+1}^{\mathrm{T}}(t),\cdots,\hat{\boldsymbol{x}}_{M+N}^{\mathrm{T}}(t)]^{\mathrm{T}}$，$\hat{\boldsymbol{x}}_i(t)=[x(t-L+1)\mathrm{e}^{\mathrm{j}2\pi\alpha_i(t-L+1)},\cdots,x(t)\mathrm{e}^{\mathrm{j}2\pi\alpha_i t}]^{\mathrm{T}}\quad i=1,2,\cdots,N$，$\hat{\boldsymbol{x}}_{i+N}(t)=[x^{*}(t-L+1)\mathrm{e}^{\mathrm{j}2\pi\beta_i(t-L+1)},\cdots,x^{*}(t)\mathrm{e}^{\mathrm{j}2\pi\beta_i t}]^{\mathrm{T}}\quad i=1,2,\cdots,M$，$\boldsymbol{h}_{\mathrm{opt}}=[\boldsymbol{h}_1^{\mathrm{T}},\cdots,\boldsymbol{h}_{M+N}^{\mathrm{T}}]^{\mathrm{T}}$，$\boldsymbol{h}_i=[h_i(0),\cdots,h_i(L-1)]^{\mathrm{T}}\quad i=1,2,\cdots,M+N$，$L$ 表示滤波器阶数。

因此，根据假设 6.2.3，利用 $s_1(t)$ 的频率和符号速率就能设计出对应 $s_1(t)$ 的 LCL-FRESH 的滤波器 $h_{\mathrm{opts}_1(t)}$，从混合信号中提取 $s_1(t)$。设 $\hat{s}_1(t)$ 表示 LCL-FRESH 滤波器提取的 $s_1(t)$ 的估计，则有

$$\hat{s}_1(t)=\hat{\boldsymbol{x}}(t)*\boldsymbol{h}_{\mathrm{opt}\,s_1(t)}\approx s_1(t) \tag{6.10}$$

虽然重复上述的滤波过程就可以提取另外一个源信号，但是由于源信号的循环频率和调制样式之间存在差异，所以需要重新设置 LCL-FRESH 滤波器的结构和参数。而在实际应用中，并非所有的源信号参数都是已知的。如果能从观测信号中消除 LCL-FRESH 滤波器提取的源信号，则剩余信号即为另一个源信号。根据假设条件 6.2.3，将 $\hat{s}_1(t)$ 进行标准化，可以得到

$$\hat{s}_1(t)=\frac{(\hat{s}_1(t)-E\{\hat{s}_1(t)\})}{\mathrm{var}(\hat{s}_1(t))}\approx s_1(t) \tag{6.11}$$

因此，从观测信号 $x(t)$ 中消去 $\hat{s}_1(t)$ 即可得到源信号 $s_2(t)$ 的估计 $\hat{s}_2(t)$，即

$$\hat{s}_2(t)\approx x(t)-a_1\hat{s}_1(t) \tag{6.12}$$

此时，等式(6.12)就转变为对混合系数 $a_1$ 的估计。$x(t)$ 和 $\hat{s}_1(t)$ 的内积为

$$\begin{aligned}\langle x(t),\hat{s}_1(t)\rangle &= \sum_{t=1}^{n}[(a_1s_1(t)+a_2s_2(t))\hat{s}_1^{*}(t)]\\ &= \sum_{t=1}^{n}a_1s_1(t)\hat{s}_1^{*}(t)+\sum_{k=1}^{n}a_2s_2(t)\hat{s}_1^{*}(t)\end{aligned} \tag{6.13}$$

式中：$n$ 为信号采样点数。根据假设条件 6.2.1 和假设条件 6.2.2，易知 $\sum_{t=1}^{n}s_2(t)\hat{s}_1^{*}(t)=\langle s_2(t),\hat{s}_1(t)\rangle\approx 0$，$\sum_{t=1}^{n}s_1(t)\hat{s}_1^{*}(t)=\langle s_1(t),\hat{s}_1(t)\rangle\approx 1$，因此有

$$a_1\approx\langle x(t),\hat{s}_1(t)\rangle \tag{6.14}$$

将式(6.14)代入式(6.12)可求得 $s_2(t)$ 的估计，即

$$\begin{aligned}\hat{s}_2(t)&\approx x(t)-\langle x(t),\hat{s}_1(t)\rangle\hat{s}_1(t)\\ &\triangleq x(t)-\frac{\langle x(t),\hat{s}_1(t)\rangle}{\langle\hat{s}_1(t),\hat{s}_1(t)\rangle}\hat{s}_1(t)\end{aligned} \tag{6.15}$$

易知，式(6.15)正是 Schmidt 正交化公式。

综上所述，基于循环频域滤波和 Schmidt 正交对消的单通道盲源分离方法具

体步骤如表6.1所列。

表6.1 基于循环频域滤波和Schmidt正交对消的单通道盲源分离方法

| |
|---|
| Step1：根据其中一个源信号 $s_1(t)$ 的循环频率，确定非共轭部分频率 $\{\alpha_i\}_N$ 和共轭部分频率 $\{\beta_i\}_M$； |
| Step2：根据式(6.9)求LCL-FRESH滤波器系数； |
| Step3：根据式(6.7)对观测信号 $x(t)$ 进行LCL-FRESH滤波，得到 $s_1(t)$ 的估计 $\hat{s}_1(t)$； |
| Step4：对 $\hat{s}_1(t)$ 进行标准化，即 $\hat{s}_1(t)=(\hat{s}_1(t)-\mathrm{E}\{\hat{s}_1(t)\})/\mathrm{var}(\hat{s}_1(t))$； |
| Step5：利用Schmidt正交化公式从观测信号中消去 $\hat{s}_1(t)$，以求得另一个源信号，即 $\hat{s}_2(t)=x(t)-\langle x(t),\hat{s}_1(t)\rangle\hat{s}_1(t)$。 |

下面对本章算法进行性能仿真与分析。假设 $s_1(t)$ 是频率为9.8MHz、符号速率为5.115兆符号/s的BPSK通信信号，$s_2(t)$ 是起始频率5MHz，带宽为2MHz的线性调频信号(LFM)。LCL-FRESH滤波器阶数取10，非共轭循环频率和共轭循环频率分别取 $\boldsymbol{\alpha}=\{0,R_1,-R_1\}$ 和 $\boldsymbol{\beta}=\{2f_1,-2f_1,2f_1-R_1,2f_1+R_1\}$。

设置源信号之间的能量比变化范围为-10~6dB，在不同能量比条件下(LFM信号能量与BPSK信号能量之比定义为能量比)分别进行50次蒙特卡洛仿真，比较LCL-FRESH滤波与维纳滤波的分离性能。

图6.4显示了BPSK信号和LFM信号的功率谱和时频图，可以看出此时两个信号在时频域上完全重叠，传统的维纳滤波方法无法实现有用信号的提取和干扰抑制；图6.5显示了FRESH滤波与维纳滤波在不同能量比条件下的分离性能，从图中可以看出FRESH滤波可以在频谱完全重叠的条件下(循环频域未重叠)实现信号分离，相比维纳滤波方法，输出BPSK信号的信干比提高了10dB以上。

设置信噪比变化范围为-10~40dB，分别针对干信比为0、2、3、5dB时，仿真不同信噪比条件下LCL-FRESH滤波的分离性能，蒙特卡洛仿真次数为50。图6.6显示了不同信噪比条件下FRESH滤波的分离性能，从图中可以看出，信噪比越高，分离效果越好。

图6.7~图6.9分别给出了源信号能量比为20dB、15dB以及5dB条件下采用本章Schmidt对消方法分离的LFM信号的功率谱和时频图，从图中可以看出本章算法可以有效地从混合信号中分离出源信号。

LCL-FRESH滤波器采用的循环频率数目可以无限增加。为了比较不同循环频率对分离效果的影响，分别采用下列不同的循环频率族。

(1) 只采用非共轭循环频率，$\boldsymbol{\alpha}=\{0,R_1,-R_1\}$，记为N-CF；

(2) 只采用共轭循环频率，$\boldsymbol{\alpha}=\{0\}$ 和 $\boldsymbol{\beta}=\{2f_1,-2f_1\}$，记为C-CF；

(3) 同时采用非共轭循环频率和共轭循环频率，$\boldsymbol{\alpha}=\{0,R_1,-R_1\}$ 和 $\boldsymbol{\beta}=\{2f_1,-2f_1,2f_1-R_1,2f_1+R_1\}$，记为MC1；

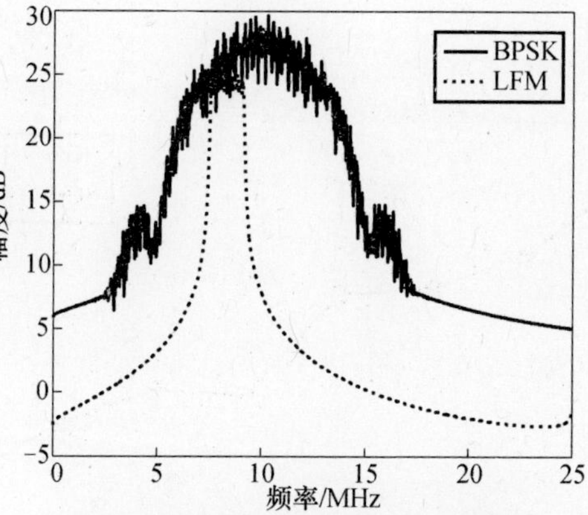


(a) 两个信号同时存在的功率谱

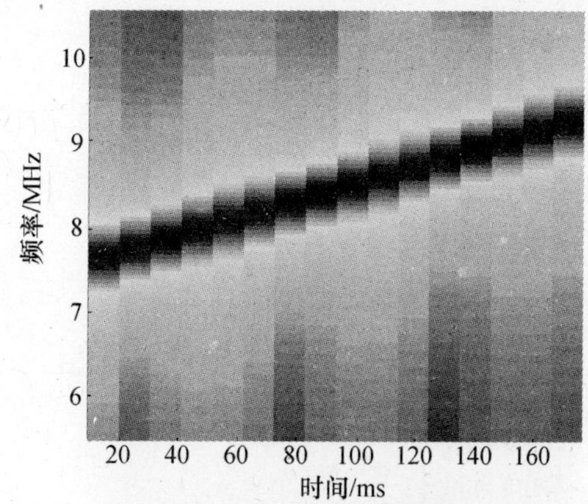


(b) LFM信号时频图

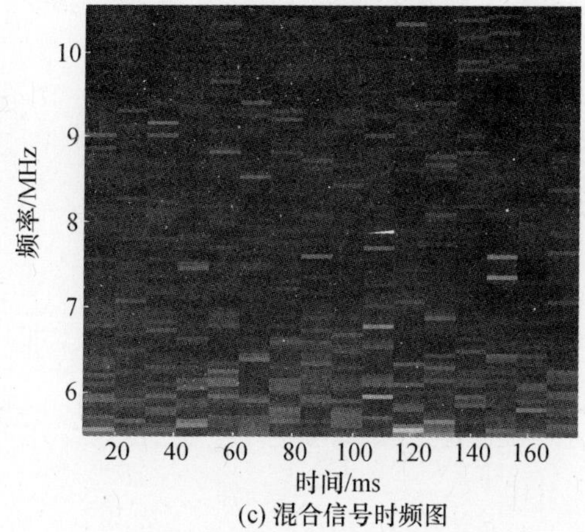


(c) 混合信号时频图

图 6.4　BPSK 通信信号和 LFM 信号功率谱和时频图

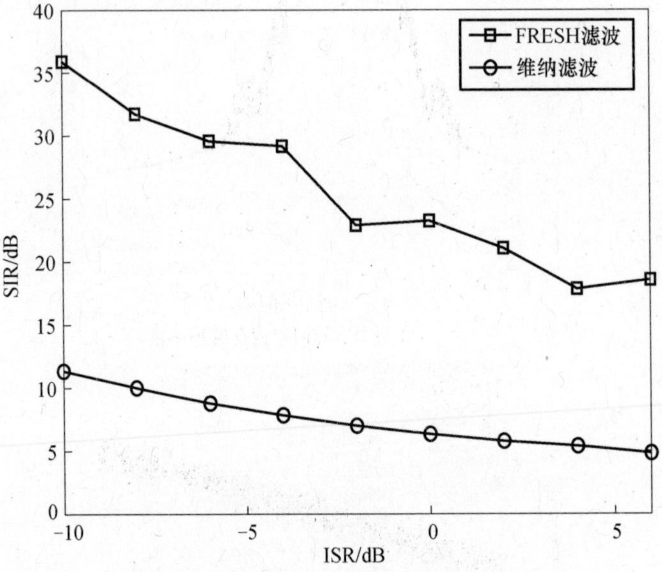


图 6.5　FRESH 滤波与维纳滤波比较

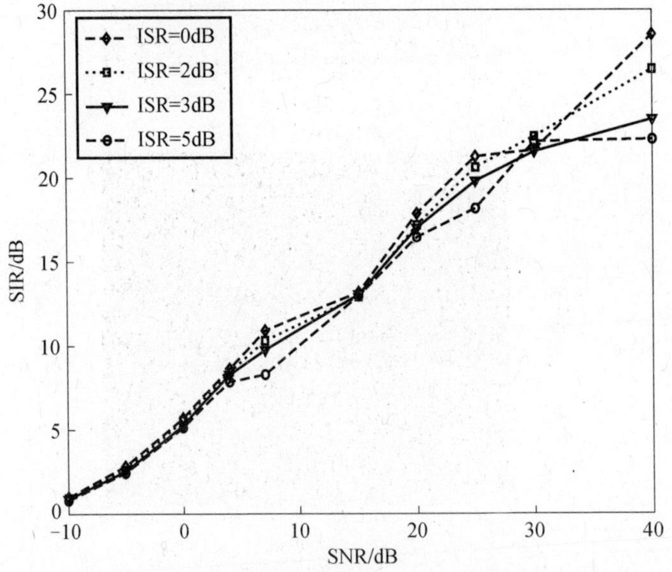


图 6.6　分离效果随信噪比变化结果

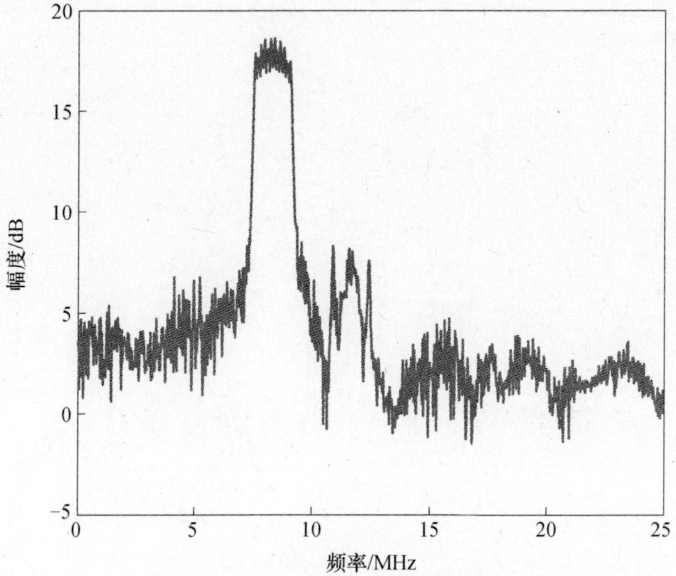


(a) 对消后信号功率谱

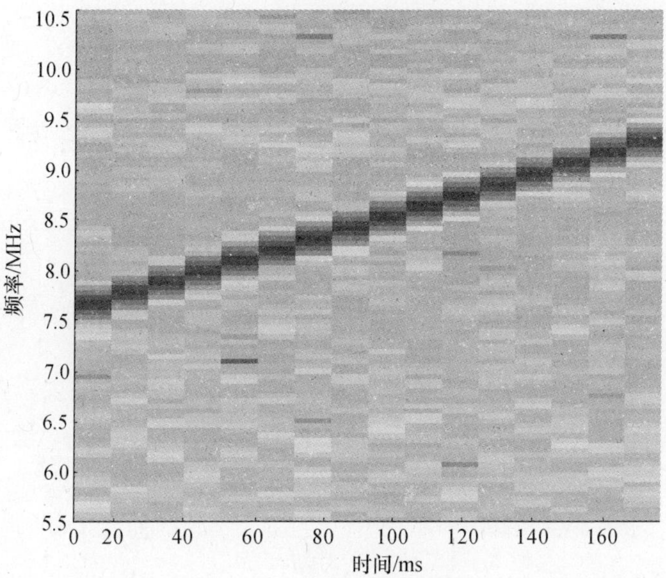


(b) 对消后信号时频图

图 6.7　能量比为 20dB 时的分离效果(见彩图)

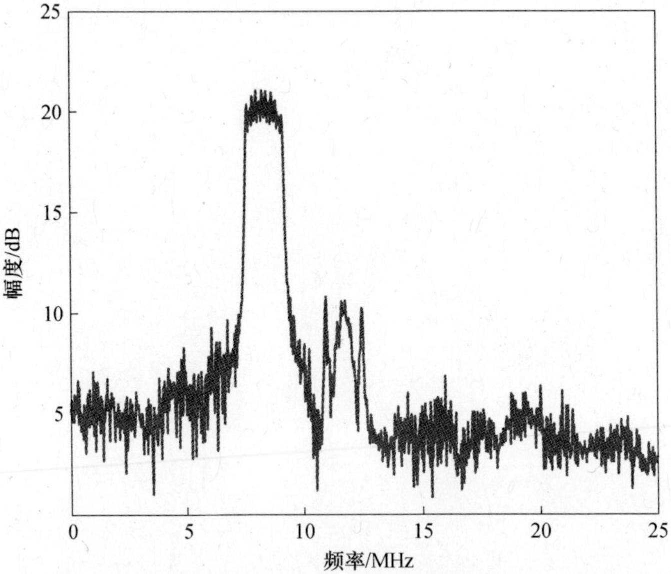


(a) 对消后信号功率谱

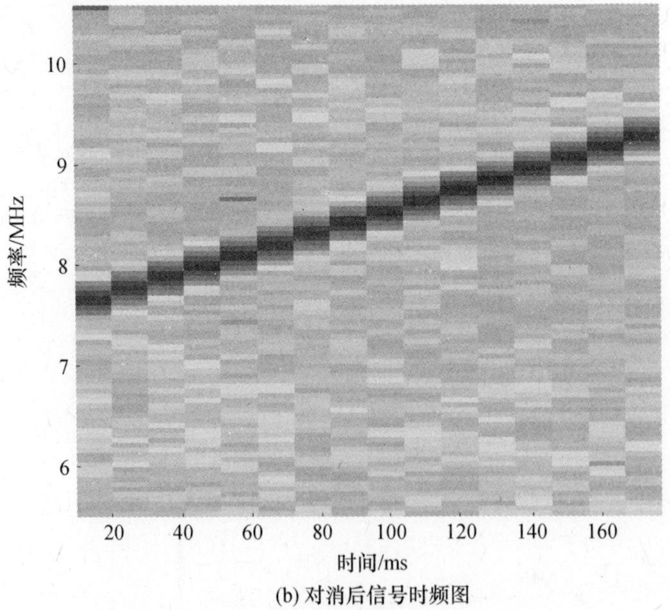


(b) 对消后信号时频图

图 6.8　能量比为 15dB 时的分离效果(见彩图)

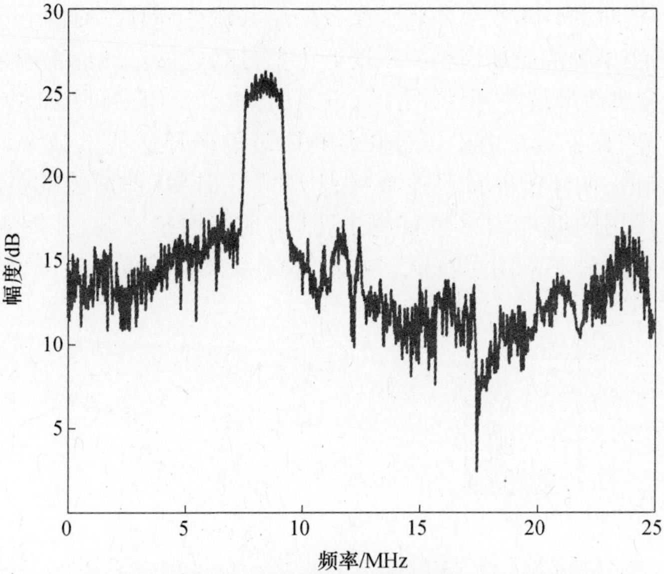

(a) 对消后信号功率谱

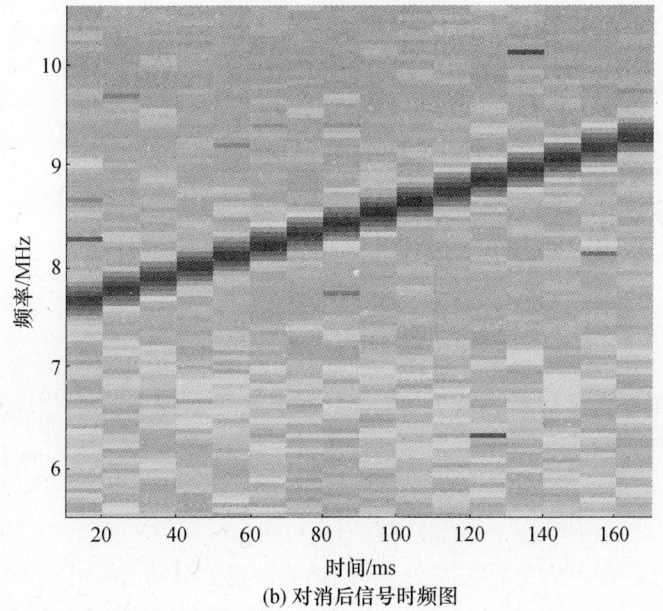

(b) 对消后信号时频图

图 6.9 能量比为 5dB 时的分离效果(见彩图)

(4) 同时采用非共轭循环频率和共轭循环频率,$\boldsymbol{\alpha}=\{0,R_1,-R_1\}$ 和 $\boldsymbol{\beta}=\{2f_1,-2f_1,2f_1-R_1,-2f_1-R_1,2f_1+R_1,-2f_1+R_1\}$,记为 MC2。

图 6.10 给出了分别采用不同循环频率族进行分离后的信干比。结果显示,采

用共轭循环频率时的分离效果要优于没有采用共轭循环频率时的分离效果,这是因为信号在码速率处的循环谱相关程度低于信号载频处。理论上说,采用循环频率数目越多,分离效果越好,但从图中可以看出,相比 C-CF,MC2 和 MC3 对分离效果的改善并不明显。这是由于信号在载频附近的循环谱能量最大,而随着循环频率远离载频值,循环谱能量迅速下降,其对于 FRESH 滤波器的贡献也迅速下降。实际中,采用的循环频率数目越多,其实现结构越复杂,从图 6.10 可以看出,在应用中并不需要采用尽可能多的循环频率,C-CF 结构就可以实现信号的有效分离。

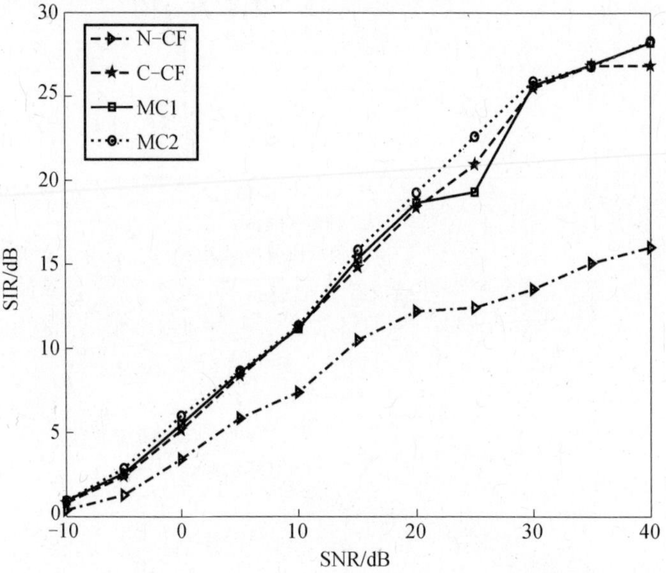


图 6.10　不同循环频率对分离效果的影响

设循环频率误差变化范围为 0 ~ 0.1% ,在不同误差条件下分别进行 50 次蒙特卡洛仿真,仿真 LCL-FRESH 滤波的分离效果。

图 6.11 给出了循环频率误差条件下采用 LCL-FRESH 滤波的分离效果。从图中可以看出,当循环频率误差超过 0.01% 时,分离性能就下降 10dB 以上。这是由于源信号在具有误差的循环频率处,其谱相关性迅速减弱,从而导致频移成分无法重构源信号。可见,LCL-FRESH 对于待分离信号的循环频率的估计精度要求非常高,这也是制约算法推广和运用的一个约束条件。需要考虑在实现 LCL-FRESH 滤波的过程中实时校正循环频率估计结果。

综上所述,本章主要研究讨论循环频域最优滤波器(频移滤波器)在单通道通信雷达信号盲源分离中的可行性,提出了一种基于循环频域 LCL-FRESH 滤波和

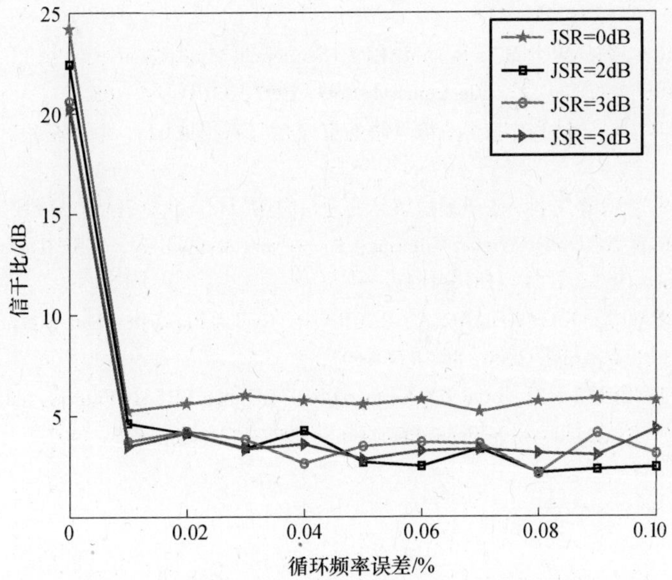


图 6.11　循环频率误差对分离效果的影响(见彩图)

Schmidt 正交化对消的信号分离算法。在利用 LCL-FRESH 滤波提取有先验信息的一个源信号之后,通过 Schmidt 正交化对消法从观测信号中提取出剩余的源信号。仿真结果表明,在满足循环频域不重叠的条件下,FRESH 滤波可以有效实现单通道时频重叠信号的分离,其分离效果明显优于传统的维纳滤波法。此外,基于 Schmidt 正交化对消方法仅利用观测信号和已经提取的源信号,就能实现混合系数和剩余源信号的估计。此外,该方法对于待分离源信号的循环频率已知或者被精确估计,较小的误差就会导致算法的性能急剧恶化,需要进一步研究能够实时校正循环频率误差的 LCL-FRESH 滤波方法,利于算法更好地推广。

## 参考文献

[1] JAMES R H, PETER J W, RAYNER. Single Channel Nonstationary Stochastic Signal Separation Using Linear Time-Varying Filters[J]. IEEE Trans. on Signal Processing, 2003, 51(7):1739 - 1752

[2] 李晓欢. 基于信号循环平稳特性的信号分离技术研究与实现[D]. 桂林电子科技大学硕士学位论文, 2004.

[3] 付海涛. 基于循环平稳的单信道时频重叠信号分析[D]. 成都:电子科技大学硕士学位论文, 2008.

[4] 刘云,郭洁,叶芝慧,等. 频谱重叠信号分离的循环平稳算法[J]. 东南大学学报(自然科学

版), 2005, 35(3):333 - 337.

[5] CICHOCKI A, THAWONMAS R, AMARI S. Sequential blind signal extraction in order specified by stochastic properties[J]. Electronics Letters, 1997, 33(1):64 - 65.

[6] 章晋龙,何昭水,谢胜利. 基于遗传算法的有序信号盲提取[J]. 电子学报, 2004, 32(4): 616 - 619.

[7] 黄知涛,周一宇,姜文利. 循环平稳信号处理与应用[M]. 北京:科学出版社, 2006.

[8] GARDNER W A. Cyclic Wiener Filtering: Theory and Method[J]. IEEE Transaction on Communications, 1993. 41(1):151 - 163.

[9] GARDNER W A, NAPOLITANO A, PAURA L. Cyclostationarity: half a century of research [J]. Signal processing, 2006, 86: 639 - 697.

[10] ZHANG J, WONG K M, LUO Z Q, et al. Blind Adaptive FRESH Filtering for Sigal Extraction [J]. IEEE Transactions on Signal Processing, 1999, 47 (5):1397 - 1402.

第 7 章

# 欠定盲源分离未来发展

雷达通信类信号欠定盲源分离是信号处理领域的前沿研究方向,其中仍有许多问题值得进一步深入研究,作者认为主要包括以下几个方面:

1) 实际因素对分离算法性能的影响

欠定盲源分离算法在实际应用中受到多方面因素的影响,主要包括两类:一是信号环境、辐射源特性等外在因素;二是接收阵列空间位置、特性等内在因素。面对日益复杂的电磁环境,必须深入研究各类实际因素与分离算法性能的关系,找出其中存在的规律,从而可以了解如何设计接收多通道以取得更好的分离效果并适应更恶劣的噪声环境。以均匀线阵为例,假设混合矢量在观测时间内是恒定的,则可以进一步表示为

$$\begin{aligned}\boldsymbol{a}_i(t) &= \boldsymbol{a}_i(\theta_i,\varphi_i,\lambda_i) = [1, a_{i2}(\theta_i,\varphi_i,\lambda_i), \cdots, a_{iP}(\theta_i,\varphi_i,\lambda_i)]^{\mathrm{T}} \\ &= \exp\left\{\frac{\mathrm{j}2\pi[x\cdot\cos(\theta_i)\cos(\varphi_i)+y\cdot\sin(\theta_i)\cdot\cos(\varphi_i)+z\cdot\sin(\varphi_i)]}{\lambda_i}\right\}\end{aligned} \tag{7.1}$$

式中:$\theta_i$,$\varphi_i$分别为源信号 $i$ 的入射方位角及俯仰角;$\lambda_i$为对应源 $i$ 载频的波长 $\lambda_i = c/f_i$,$c$ 为电磁波传播速度;$(x,y,z)$为阵元在空间位置中的坐标。从式(7.1)中可以看出,源信号的入射角、频率、观测阵元的空间位置都会影响混合矢量。而当混合矩阵奇异时,从观测信号中就无法分离出源信号。可见,上述因素将直接影响分离问题的可解性,非常关键。目前这方面的工作总体而言较少,需要进一步深入研究。

2) 雷达通信类信号特性运用

盲源分离方法需要利用源信号之间的差异性,主要包括源信号的独立性、时频稀疏性、循环平稳特性等。如何进一步挖掘雷达通信类无线电辐射源信号的其他本质特性,是提高盲源分离性能以及适应能力的基础和关键。例如,如果能够估计到雷达通信信号的近似概率分布,就可以直接利用贝叶斯方法完成混合矩阵和源

信号的估计。假设源信号的概率密度函数为 $p(\boldsymbol{s}) = \prod_t \prod_j p(s_j(t))$，混合矩阵服从概率密度函数 $p(\boldsymbol{A}) = \prod_i \prod_j p(a_{ij})$。不妨设噪声服从高斯分布 $N(0,\sigma_\varepsilon^2\boldsymbol{I})$，则源信号和混合矩阵的联合后验概率密度分布函数为

$$p(\boldsymbol{A},\boldsymbol{s}\,|\,\boldsymbol{x}) \propto \prod_t N(\boldsymbol{x}(t) - \boldsymbol{A}\boldsymbol{s}(t),\sigma_\xi^2\boldsymbol{I})p(\boldsymbol{A}) \tag{7.2}$$

则混合矩阵和源信号可以通过式(7.3)求解

$$(\hat{\boldsymbol{A}},\hat{\boldsymbol{s}}(t)) = \arg\max_{\boldsymbol{A},\boldsymbol{s}} p(\boldsymbol{s}\,|\,\boldsymbol{A},\boldsymbol{x}) \tag{7.3}$$

如果混合矩阵已知或者通过其他方法估计出来，则式(7.2)可以简化为源信号的后验概率密度分布函数

$$p(\boldsymbol{s}\,|\,\boldsymbol{A},\boldsymbol{x}) \propto p(\boldsymbol{x}\,|\,\boldsymbol{A},\boldsymbol{s})p(\boldsymbol{s}) \propto \prod_t N(\boldsymbol{x}(t) - \boldsymbol{A}\boldsymbol{s}(t),\sigma_\xi^2\boldsymbol{I}) \tag{7.4}$$

则源信号可以通过式(7.5)求解

$$\hat{\boldsymbol{s}}(t) = \arg\max_{\boldsymbol{s}} p(\boldsymbol{s}\,|\,\boldsymbol{A},\boldsymbol{x}) \tag{7.5}$$

可见，问题的核心变为对源信号以及混合矩阵概率密度的估计。

3）自适应稀疏变换

针对欠定盲源分离问题，稀疏分量分析是应用最广泛的理论和方法。混叠信号是否可分以及分离的效果取决于源信号的稀疏程度。目前常用的稀疏表示方法为时频变换，当源信号时频混叠严重时，现有的稀疏分量分析方法无法完成源信号的分离。换言之，在时频域差异性日渐缩小的情况下，如何充分利用信号的其他特性，研究基于雷达通信类辐射源数据的新的稀疏表示理论和方法，进一步提高信号的稀疏程度是一个值得深入研究的方向。

经典的时频变换、小波变换等均是人工定义和设置好的变换，不随数据的改变而改变，没有利用各数据自身的特性。近年来，兴起的以深度学习为代表的机器学习理论是一类全新的数据驱动型特征提取理论。深度学习作为机器学习的一个分支，它通过使用多层的神经网络实现对输入数据的逐层表示与抽象，最终输出能够有效区分不同目标的高级特征。因其优异的数据挖掘和特征表示能力，在各个研究领域（如语音识别，说话人识别，手写字符识别等）得到了广泛的应用，并且不断地突破传统基于人工定义和提取特征所达到的最优性能。从最新的研究成果和商业应用上看，经过深度学习得到的特征效果能够超越传统的经过人工精心设计的特征。因此，将深度学习技术引入盲源分离领域，特别是将学习的目标函数定义为数据稀疏性时，学习过程将收敛到新的稀疏基。由于机器学习方法直接利用输入数据的结构来发掘规律，因此对不同数据具有更好的适应性。这一领域的研究方

兴未艾，是未来盲源分离研究的重要方向之一。

4）宽带信号欠定盲源分离

随着各类宽带辐射源信号大量应用，源信号已不满足本书的窄带假设。对于宽带信号的混合问题，可以通过傅里叶变换将时域的线性延迟混合模型转换为频域的线性瞬时混合，但是此时的混合矩阵不是恒定的，而是随着频率变化的，如式(7.6)所示

$$\boldsymbol{X}(f)=\boldsymbol{A}(f)\boldsymbol{S}(f)+\boldsymbol{V}(f) \tag{7.6}$$

对于宽带信号欠定盲源分离，一般的思路是在频域分段完成信号分离，对于每一段可以认为是一个窄带盲源分离问题。对分离后的结果进行拼接即可恢复各个源信号。因此，问题的核心就转换为如何完成不同频带源信号的拼接。

5）时变条件欠定盲源分离

现有的欠定盲源分离一般只考虑源信号本身的非平稳特性，没有考虑混合过程的非平稳特性。在很多实际过程中混合过程是时变的，例如信号源在运动平台上、信号源个数时变等，这些因素都导致混合过程更加复杂。针对时变混合模型的欠定盲源分离问题，一般的思路是在时域上分段完成信号分离，对于每一段可以认为是一个平稳盲源分离问题。对每一段分离后的结果进行拼接即可恢复各个源信号。因此，问题的核心就转换为如何完成不同时间段源信号的拼接。

6）单通道盲源分离

相对于多通道欠定盲源分离技术，单通道盲源分离方法因其在实际应用中具有的独特优势而更加值得关注。一方面，实际中潜在的源信号数目往往是未知或者处于动态变化的，难以事先确定观测通道数目以满足多通道分离算法的要求，且如前所述，多通道算法在所基于的假设不成立时将会失效；另一方面，许多平台如卫星、飞机等，受体积、存储能力等条件限制，更多地采用单天线接收设备，其较多通道设备而言具有更好的隐蔽性及战场生存力。

由于单通道盲源分离问题的极度病态性，当前国内外对其尚未建立较为完善的理论体系，本书仅对利用信号的循环平稳构造循环频域上的维纳滤波的方法进行了初步探讨。和传统合作通信中的循环频域滤波不同，在非合作通信信号处理中，需要回答或解决以下三个问题：一是如何从混合信号中获取设计滤波器所需的循环频率；二是源信号循环频率的差异如何影响滤波性能？三是如何在循环频率误差条件下保证滤波性能？研究表明，当频谱重叠程度严重时，即使循环频率有差异，LCL-FRESH 滤波器依然无法有效完成源信号分离。但是已有的研究主要集中在定性分析和仿真验证上，需要从理论上深入分析循环频率差异性对滤波过程和信号估计误差的影响，以便于指导实际应用。解决误差条件下 LCL-FRESH 滤波的思路就是要保证多通道输出的尽可能同相叠加，其核心在于构造能够详细反映信

号估计误差与循环频率误差之间关系的约束函数，对生成 LCL-FRESH 滤波器抽头系数的目标函数进行约束，在优化学习过程中对循环频率的估计误差进行校正，从而才能实现循环平稳信号的有效分离。

另一方面，鉴于经典的多通道盲源分离方法能够较好地解决适定以及超定条件下的盲源分离问题，能否利用各种成熟的多通道盲源分离算法解决单通道问题成为国内外研究人员关注的重点之一。在多通道算法与单通道问题之间的桥梁就是寻找一种途径，将单通道观测数据转换为多通道数据。这个思路的核心问题是如何通过利用源信号尽可能多的信息保证转换后的多通道数据信息不冗余。

一种可行的思路是根据源信号在调制域的差异性，利用合适的混频器、滤波器等设备获取源信号的基带混合信号，利用多通道盲源分离方法获取源通信信号的基带信号。考虑存在两个源信号的情况，单多通道转换结构如图 7.1 所示。

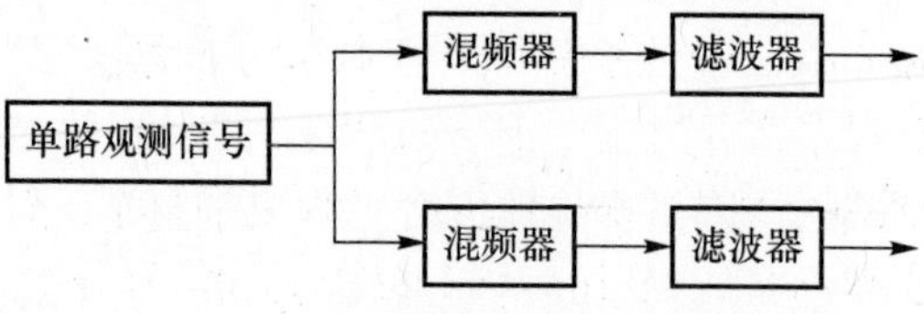


图 7.1　单多通道转换结构

从图 7.1 中可以看出，单通道观测数据分别经过不同频率的混频器进行下变频，再利用不同的滤波器选取下变频后的信号，就可以得到两路基带信号的混合信号。然而，这样的转换并不一定能够得到有效的多通道数据，这是因为多通道盲源分离问题实质是一个线性方程组的求解问题，其可解性是由线性方程组的系数矩阵（混合矩阵）决定的。因此，解决多通道转换有效性的思路就是要保证转换后的多通道混合系数矩阵是列满秩的。其核心在于利用信号的调制信息（成型滤波、调制样式及调制参数等）对不同通道选取合适的混频器以及滤波器。在非合作通信条件下，关于源信号的信息均是未知的，难点就在于如何自适应选择混频及滤波器，以实现对未知源信号的最佳匹配。

7）盲信号提取与盲源分离

盲源分离的目标是恢复所有源信号的波形。而在实际应用中，尽管有大量的传感器被应用，但是并不都需要分离出所有的源信号。例如，在合作通信的干扰抑制或目标检测中。如果只需要从观测的混合信号中提取出部分感兴趣信号，同时抑制其余“无关”的源信号，盲源分离问题就退化成一个盲信号提取问题。盲源分离和盲信号提取的最大区别就在于前者是从观测信号中恢复出所有源信号，而后者只是分离出部分源信号。特别地，当源信号数目较多时，而感兴趣的目标信号数目较少时，采用盲信号提取方法就具有相当的优越性，不仅会节省大量的时间和空间资源,还可以提高目标信号的分离精度。一方面,盲信号提取问题在合作/非合作通信信号处理领域具有广阔的应用前景。例如,在干扰抑制应用中,只需要提取一个或少数几个需要的源信号,其余源信号都可以视作干扰信号。另一方面,在不同的实际应用中,往往能够事先获取一些关于目标源信号的先验信息,对先验信息的充分利用就能有效实现目标信号的提取,而不需要分离出所有源信号。因此,如何充分利用先验信息或者某些特定假设,变"全盲"问题为"半盲"问题以更有效地解决盲信号提取问题,具有重要的现实意义。

# 附录 A

## 式(5.9)的证明

证明:

由式(5.7)和式(5.8)可知

$$\begin{cases}\bar{\boldsymbol{V}}(t,f)=(\boldsymbol{A}_L^{\mathrm{H}}\boldsymbol{A}_L)^{-1}\boldsymbol{A}_L^{\mathrm{H}}\boldsymbol{V}(t,f)\\ \tilde{\boldsymbol{V}}(t,f)=(\boldsymbol{A}_m^{\mathrm{H}}\boldsymbol{A}_m)^{-1}\boldsymbol{A}_m^{\mathrm{H}}\boldsymbol{V}(t,f)\end{cases}\tag{A.1}$$

式中:$\boldsymbol{A}_L=[\boldsymbol{a}_{\beta_1},\cdots,\boldsymbol{a}_{\beta_L}]$,$\boldsymbol{A}_m=[\boldsymbol{a}_{\beta_1},\cdots,\boldsymbol{a}_{\beta_m}]$,$\bar{\boldsymbol{V}}(t,f)=[\bar{V}_1(t,f),\cdots,\bar{V}_L(t,f)]^{\mathrm{T}}$,$\tilde{\boldsymbol{V}}(t,f)=[\tilde{V}_1(t,f),\tilde{V}_2(t,f),\cdots,\tilde{V}_m(t,f)]^{\mathrm{T}}$。令 $\boldsymbol{A}_{L-m}=[\boldsymbol{a}_{\beta_{m+1}},\boldsymbol{a}_{\beta_{m+2}},\cdots,\boldsymbol{a}_{\beta_L}]$,则 $\boldsymbol{A}_L=[\boldsymbol{A}_m,\boldsymbol{A}_{L-m}]$,矩阵 $(\boldsymbol{A}_L^{\mathrm{H}}\boldsymbol{A}_L)^{-1}\boldsymbol{A}_L^{\mathrm{H}}$ 可以表示为

$$\begin{aligned}(\boldsymbol{A}_L^{\mathrm{H}}\boldsymbol{A}_L)^{-1}\boldsymbol{A}_L^{\mathrm{H}}&=\left(\begin{bmatrix}\boldsymbol{A}_m^{\mathrm{H}}\\ \boldsymbol{A}_{L-m}^{\mathrm{H}}\end{bmatrix}[\boldsymbol{A}_m,\boldsymbol{A}_{L-m}]\right)^{-1}\begin{bmatrix}\boldsymbol{A}_m^{\mathrm{H}}\\ \boldsymbol{A}_{L-m}^{\mathrm{H}}\end{bmatrix}\\ &=\begin{bmatrix}\boldsymbol{A}_m^{\mathrm{H}}\boldsymbol{A}_m & \boldsymbol{A}_m^{\mathrm{H}}\boldsymbol{A}_{L-m}\\ \boldsymbol{A}_{L-m}^{\mathrm{H}}\boldsymbol{A}_m & \boldsymbol{A}_{L-m}^{\mathrm{H}}\boldsymbol{A}_{L-m}\end{bmatrix}^{-1}\begin{bmatrix}\boldsymbol{A}_m^{\mathrm{H}}\\ \boldsymbol{A}_{L-m}^{\mathrm{H}}\end{bmatrix}\end{aligned}\tag{A.2}$$

由于假设 $L$ 个混合矢量$\{\boldsymbol{a}_{\beta_1},\boldsymbol{a}_{\beta_2},\cdots,\boldsymbol{a}_{\beta_L}\}$是相互正交的(单位矢量),则

$$\begin{cases}\boldsymbol{A}_m^{\mathrm{H}}\boldsymbol{A}_m=\boldsymbol{I}_m,\ \boldsymbol{A}_{L-m}^{\mathrm{H}}\boldsymbol{A}_{L-m}=\boldsymbol{I}_{L-m}\\ \boldsymbol{A}_m^{\mathrm{H}}\boldsymbol{A}_{L-m}=0,\ \boldsymbol{A}_{L-m}^{\mathrm{H}}\boldsymbol{A}_m=\boldsymbol{0}\end{cases}\tag{A.3}$$

式中:$\boldsymbol{I}_m$ 为 $m\times m$ 的单位矩阵。把式(A.3)代入式(A.2)可得

$$(\boldsymbol{A}_L^{\mathrm{H}}\boldsymbol{A}_L)^{-1}\boldsymbol{A}_L^{\mathrm{H}}=\begin{bmatrix}\boldsymbol{I}_m & \boldsymbol{0}\\ \boldsymbol{0} & \boldsymbol{I}_{L-m}\end{bmatrix}^{-1}\begin{bmatrix}\boldsymbol{A}_m^{\mathrm{H}}\\ \boldsymbol{A}_{L-m}^{\mathrm{H}}\end{bmatrix}=\begin{bmatrix}\boldsymbol{A}_m^{\mathrm{H}}\\ \boldsymbol{A}_{L-m}^{\mathrm{H}}\end{bmatrix}\tag{A.4}$$

把式(A.4)代入式(A.1)可得

$$\bar{\boldsymbol{V}}(t,f)=\begin{bmatrix}\boldsymbol{A}_m^{\mathrm{H}}\boldsymbol{V}(t,f)\\ \boldsymbol{A}_{L-m}^{\mathrm{H}}\boldsymbol{V}(t,f)\end{bmatrix}\tag{A.5}$$

类似地，$\tilde{\boldsymbol{V}}(t,f)$可以简化为

$$\tilde{\boldsymbol{V}}(t,f)=\boldsymbol{A}_m^{\mathrm{H}}\boldsymbol{V}(t,f)\tag{A.6}$$

由式(A.5)和式(A.6)可知，式(5.9)成立，即 $\bar{V}_k(t,f)=\tilde{V}_k(t,f)(1\leqslant k\leqslant m)$。

证毕。

# 常用符号

| | |
|---|---|
| $\{\cdot\}^*$ | 共轭运算 |
| $\{\cdot\}^{\mathrm{T}}$ | 转置运算 |
| $\{\cdot\}^{\mathrm{H}}$ | Hermitian 转置 |
| $\{\cdot\}^{\dagger}$ | 矩阵伪逆运算 |
| $\{\cdot\}^{-1}$ | 矩阵求逆运算 |
| $\nabla\{\cdot\}$ | 梯度运算 |
| $\lambda_{\max}\{\cdot\}$ | 矩阵的最大特征值 |
| $\mathrm{E}\{\cdot\}$ | 期望运算 |
| $\otimes$ | Kronecker 积运算 |
| $(\cdot)^{\otimes l}$ | $\underbrace{(\cdot)\otimes(\cdot)\otimes\cdots\otimes(\cdot)}_{l-1}$ |
| $\odot$ | Khatri – Rao 积运算 |
| $\lfloor\cdot\rfloor$ | 向下求整运算 |
| $\mathrm{Tr}(\cdot)$ | 矩阵的迹运算 |
| $\mathrm{diag}(\cdot)$ | 对角矩阵 |
| $\|\cdot\|_{\mathrm{F}}$ | 弗罗贝尼乌斯范数 |
| $\|\cdot\|_{\mathrm{p}}$ | $p$ 范数运算 |
| $\lvert\cdot\rvert$ | 绝对值运算 |
| $\mathrm{Re}(\cdot)$ | 取实部 |
| $\mathrm{lm}(\cdot)$ | 取虚部 |
| $\mathrm{sgn}(\cdot)$ | 符号函数 |
| $\langle\cdot\rangle_n$ | 时间平均运算 |
| $\langle\cdot,\cdot\rangle$ | 内积运算 |
| $\mathrm{kurt}(\cdot)$ | 信号的峭度 |
| $\mathrm{vec}(\cdot)$ | 把矩阵排列成矢量 |

| | |
|---|---|
| SPEC( · ) | 信号的谱图 |
| rank( · ) | 矩阵的秩 |
| unvec( · ) | 把矢量排列成矩阵 |
| span( · ) | 矢量张成子空间 |
| * | 卷积运算 |

# 缩略语

| | | |
|---|---|---|
| AIC | Akaike Information Criterion | 赤池信息准则 |
| AIS | Automatic Identification System | (船舶)自动识别系统 |
| ALS | Alternating Least Squares | 迭代最小二乘 |
| AM | Amplitude Modulation | 调幅 |
| AR | Auto Regression | 自回归 |
| BER | Bit Error Rate | 比特误码率 |
| BP | Basis Pursuit | 基追踪 |
| BPSK | Binary Phase Shift Keying | 二进制相移键控 |
| BSE | Blind Signal Extraction | 盲信号提取 |
| BSS | Blind Source Separation | 盲源分离 |
| CAND | CANonical Decomposition | 正则分解 |
| CDMA | Code Division Multiple Access | 码分多址 |
| CPM | Continuous Phase Modulation | 连续相位调制 |
| CSOBIUM | Cyclic Second Order Blind Identification of Underdetermined Mixtures | 基于循环二阶统计量的欠定混合盲辨识 |
| DBSS | Determined Blind Source Separation | 适定盲源分离 |
| DCT | Discrete Cosine Transform | 离散余弦变换 |
| DOA | Direction-of-Arrival | 到达角 |

| | | |
|---|---|---|
| DS-CDMA | Direct Sequence-Code Division Multiple Access | 直接序列扩频码分多址 |
| DUET | Degenerate Unmixing Estimation Technique | 退化解混估计技术 |
| EFOBI | Extended Fourth-Order Blind Identification | 改进型四阶盲辨识 |
| ELS-ALS | Enhanced Linear Search-Alternating Least Squares | 改进型线性搜索迭代最小二乘 |
| EM | Expectation Maximization | 期望最大化 |
| FDMA | Frequency Division Multiple Access | 频分多址 |
| FOBIUM | Fourth-Order Blind Identification of Underdetermined Mixtures | 基于四阶累积量的欠定混合盲辨识 |
| FOCUSS | Focal Underdetermined System Solver | 欠定系统局灶解法 |
| FSK | Frequency Shift Keying | 频移键控 |
| GGD | Generalized Gaussian Distribution | 广义高斯分布 |
| GMM | Gaussian Mixture Model | 高斯混合模型 |
| GMSK | Gaussian Minimum Shift Keying | 高斯最小频移键控 |
| IAA-APES | Iterative Adaptive Approach for Amplitude and Phase Estimation | 非参数的自适应迭代 |
| ICA | Independent Component Analysis | 独立分量分析 |
| IRLS | Iterative Reweighted Least- Square | 迭代加权最小均方 |
| ISTFT | Inverse Short Time Fourier Transform | 逆短时傅里叶变换 |
| LC | Long-Code | 长码 |
| LCL-FRESH | Linear Conjugate Linear-Frequency Shift | 线性共轭线性－频移 |
| LFM | Linear Frequency Modulation | 线性调频 |
| LP | Linear Programming | 线性规划 |

| | | |
|---|---|---|
| LS | Least Square | 最小二乘法 |
| LS-ALS | Linear Search-Alternating Least Squares | 线性搜索迭代最小二乘 |
| MCMC | Markov Chain Monte Carlo | 马尔可夫链蒙特卡洛 |
| MDL | Minimum Description Length | 最小描述长度 |
| MIMO | Multiple Input Multiple Output | 多输入多输出 |
| MP | Match Pursuit | 匹配追踪 |
| MPSK | Mulitple Phase Shift Keying | M 进制相移键控 |
| MUSIC | Multiple Signal Classification | 多重信号分类 |
| OBSS | Overdetermined Blind Source Separation | 超定盲源分离 |
| OMP | Orthogonal Matching Pursuit | 正交匹配追踪 |
| PAM | Pulse Amplitude Modulation | 脉冲幅度编码 |
| PCMA | Paired Carrier Multiple Access | 成对载波多址 |
| PSK | Phase Shift Keying | 相移键控 |
| PSP | Per-Survivor Processing | 逐幸存路径处理 |
| PWVD | Pseudo Wigner-Ville Distribution | 伪魏格纳分布 |
| QPSK | Quadrature Phase Shift Keying | 四相相移键控 |
| RLS | Recursive Least Square | 递归最小二乘法 |
| RPS | Reconstruction of Phase Space | 相空间重构 |
| SAR | Sythetic Apeture Radar | 合成孔径雷达 |
| SBL | Sparse Bayesian Learning | 稀疏贝叶斯学习 |
| SC | Short-Code | 短码 |
| SCA | Sparse Component Analysis | 稀疏分量分析 |
| SCBSS | Single Channel Blind Source Separation | 单通道盲源分离 |

| | | |
|---|---|---|
| SCICA | Single Channel Independent Component Analysis | 单通道独立分量分析 |
| SIR | Signal to Interference Ration | 信干比 |
| SL0 | Smooth $l_0$ Norm | 平滑 $l_0$ 范数 |
| SNR | Signal to Noise Ratio | 信噪比 |
| SOBIUM | Second-Order Blind Identification of Underdetermined Mixtures | 基于二阶统计量的欠定混合盲辨识 |
| SOCP | Second-Order Cone Programming | 二次锥规划 |
| SOI | Signal of Interest | 感兴趣信号 |
| SOTDMA | Self-Organized Time Division Multiple Acess | 自组织时分多址接入 |
| SP | Spectrogram Picture | 谱图 |
| SPWVD | Smooth Pseudo Wigner-Ville Distribution | 平滑伪魏格纳分布 |
| SSA | Singular Spectrum Analysis | 奇异谱分析 |
| SSPBIUM | Single Source Point Blind Identification of Underdetermined Mixtures | 基于单源点检测的欠定混合盲辨识 |
| SSRBIUM | Single Source Region Blind Identification of Underdetermined Mixtures | 基于单源邻域检测的欠定混合盲辨识 |
| STFT | Short Time Fourier Transform | 短时傅里叶变换 |
| SVD | Singular to Inference Ration | 奇异值分解 |
| SVM | Support Vector Machine | 支持向量机 |
| TDMA | Time Division Multiple Access | 时分多址 |
| TFDBIUM | Time Frequency Distribution Blind Identification of Underdetermined Mixtures | 基于空间时频分布的欠定混合盲辨识 |
| TIFROM | Time-Frequency Ratio of Mixtures | 混合矢量时频比 |

| | | |
|---|---|---|
| UBSS | Underdetermined Blind Source Separation | 欠定盲源分离 |
| VS | Virtual Sensor | 虚拟阵元 |
| WVD | Wigner-Ville Distribution | 魏格纳分布 |

# 内 容 简 介

盲源分离是近20年来信号处理领域的热点和难点，对于提高现有电子信息系统应对复杂电磁环境的能力起着重要的支撑作用。本书系统介绍了观测传感器数目小于潜在源信号数目时欠定盲源分离的最新理论和技术，具体包括盲源分离特别是欠定盲源分离的基本概念和处理框架、时频稀疏信号的欠定混合矩阵估计理论、时频非稀疏信号的欠定混合矩阵估计理论、欠定源信号恢复理论以及单通道盲源分离技术等。

本书汇集了目前雷达通信类信号欠定盲源分离领域的最新研究成果，可供相关领域的研究生、工程师和学者阅读参考。

Due to the exciting possibility implied by the inspiring though challenging technique that the ability of existing electronic information systems to survive complex electromagnetic environment could be remarkably improved, the blind source separation has been a research hotspot in the field of signal processing for recent decades. In this book, we focus on the special situation where the number of sensors is less than that of latent sources, namely the underdetermined blind source separation problem. Starting from the fundamental concepts and paradigms, we include the mixing matrix estimation techniques for both time-frequency sparse /non-sparse sources, the theory for source recovery as well as emerging single channel blind source separation schemes in the aim of providing a systematic view.

In short, we attempt to bring together latest research progresses in the field of underdetermined blind source separation for radar and communication signals, with the hope that it can be of a little help in reference for researchers and engineers in related fields.

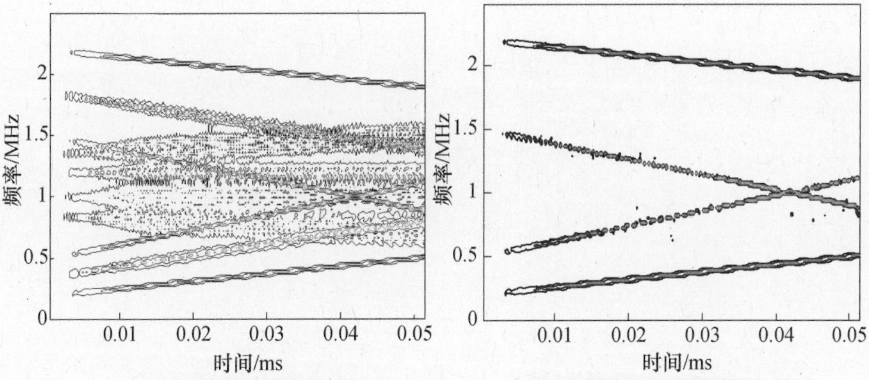


(a) 混合信号的时频分布图　　(b) 自源点选择后的时频分布图

图 4.4　混合信号自源点选择前后的时频分布

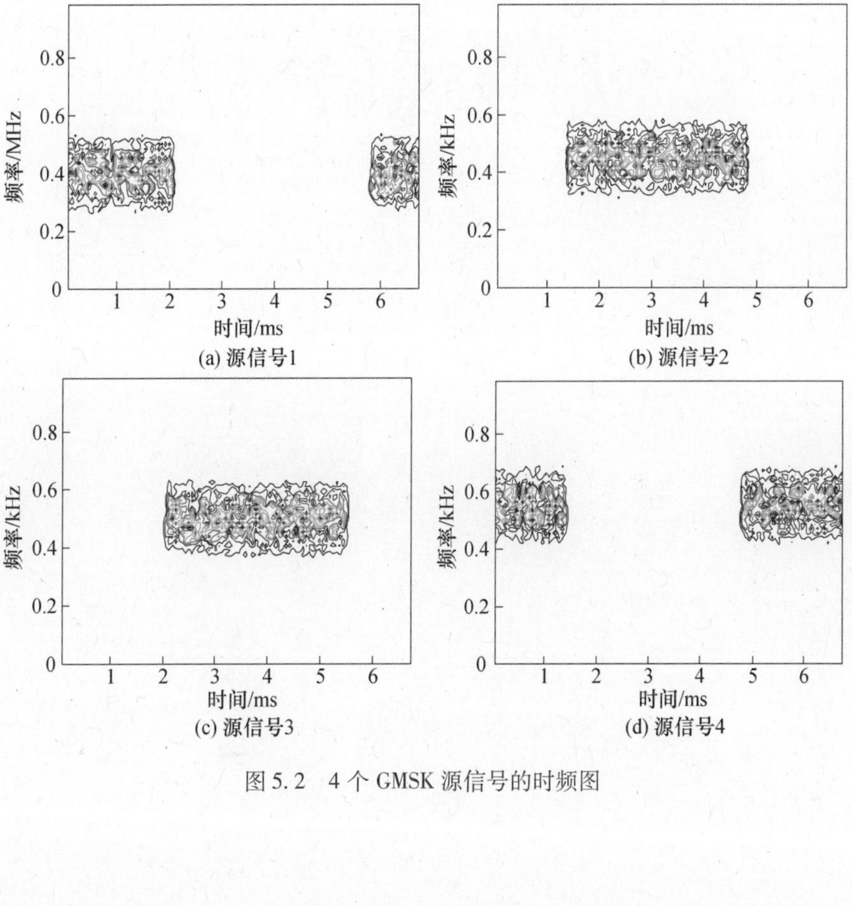


(a) 源信号1　　(b) 源信号2

(c) 源信号3　　(d) 源信号4

图 5.2　4 个 GMSK 源信号的时频图

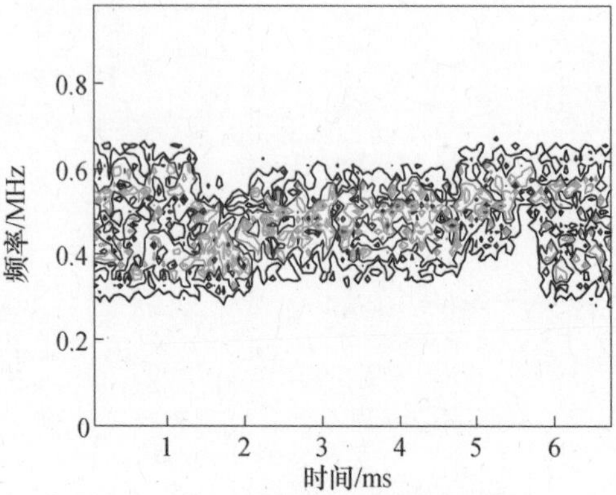


(a) 接收通道1的混叠信号

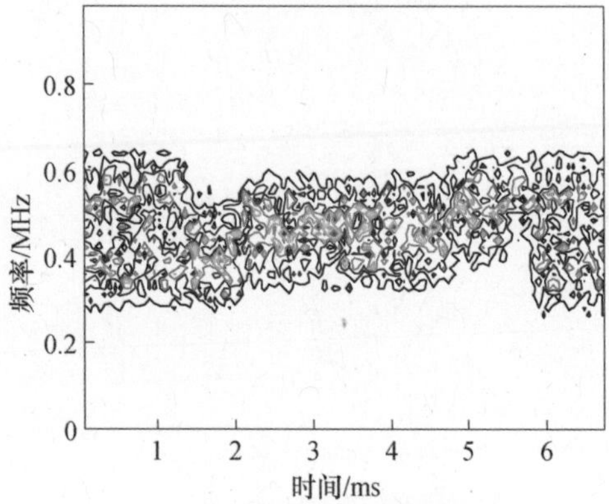


(b) 接收通道2的混叠信号

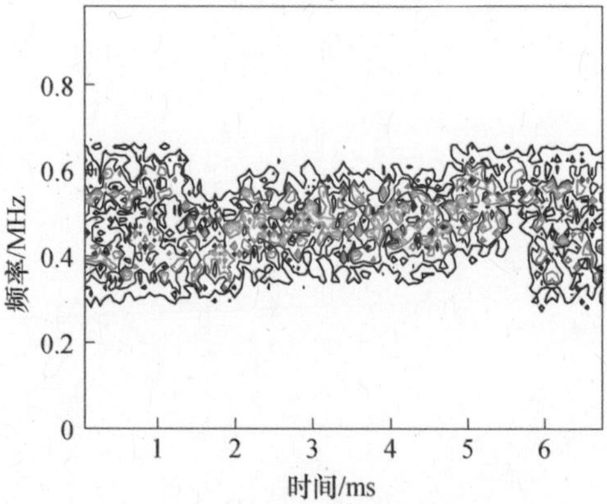


(c) 接收通道3的混叠信号

图 5.3　3 个阵元接收到的混叠信号的时频图

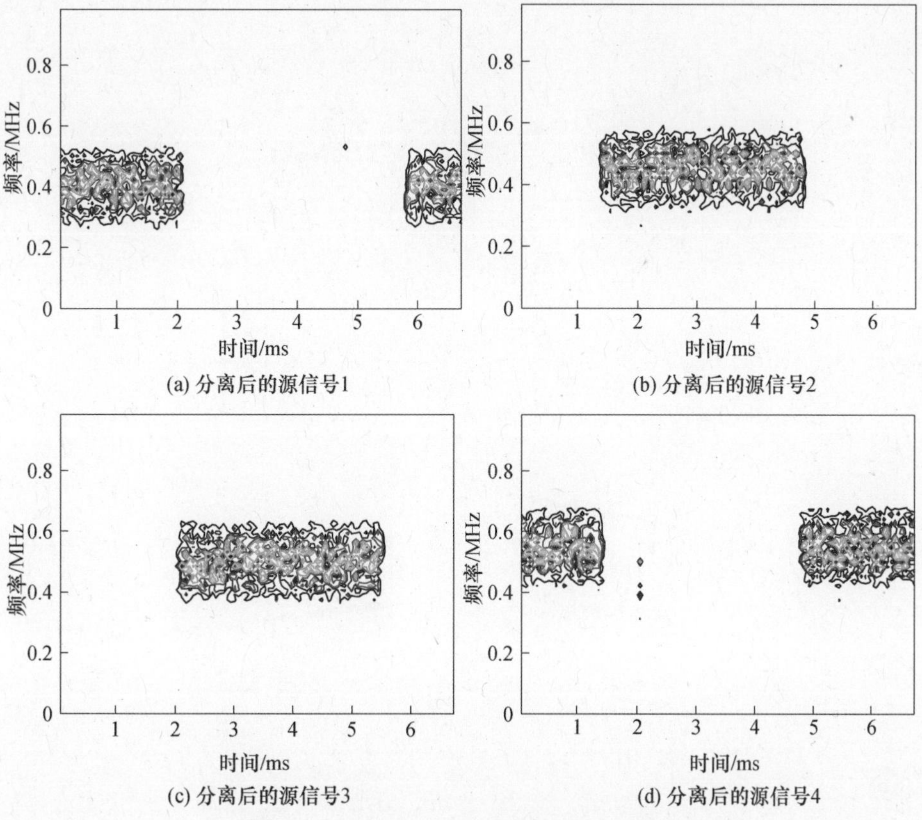


(a) 分离后的源信号1

(b) 分离后的源信号2

(c) 分离后的源信号3

(d) 分离后的源信号4

图 5.4　分离后的 4 个 GMSK 源信号的时频图

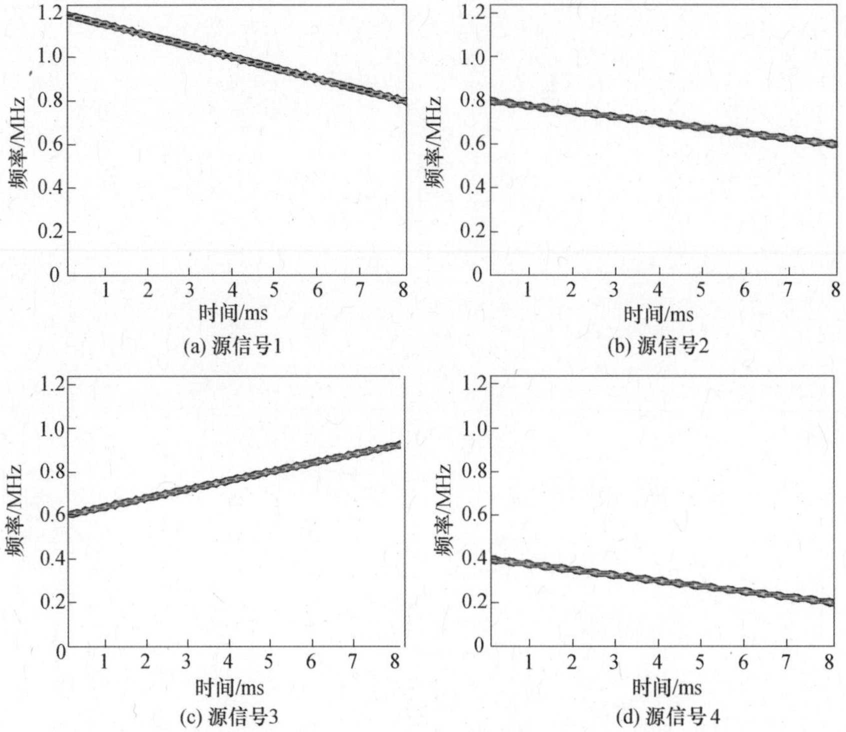


图 5.7　4 个线性调频源信号的时频图

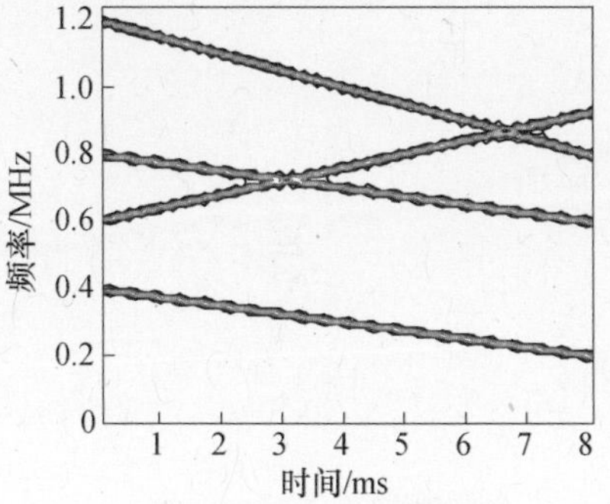


(a) 接收通道1的混叠信号

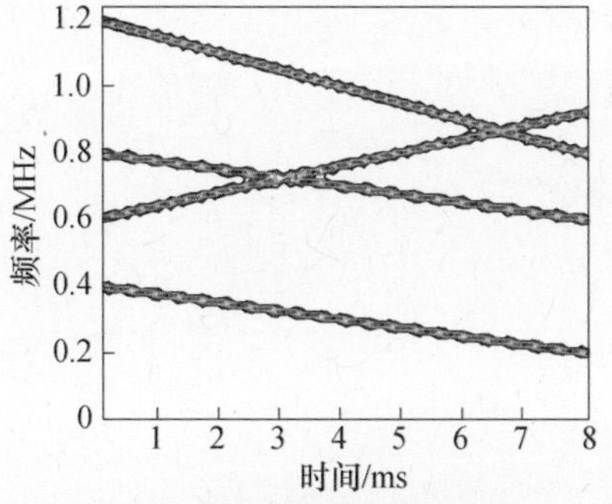


(b) 接收通道2的混叠信号

图 5.8　2 个阵元接收到的混叠信号的时频图

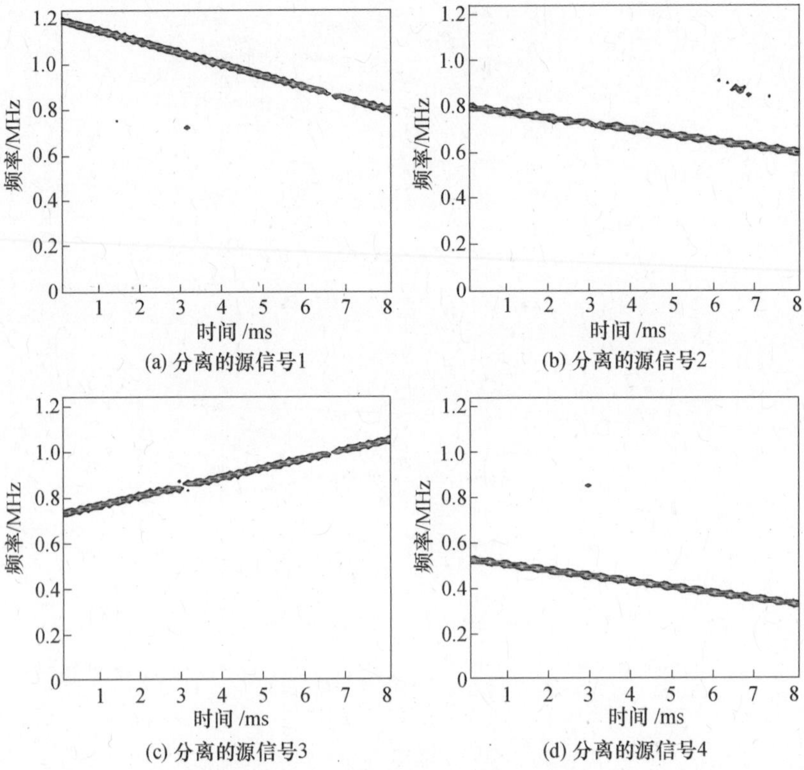


图 5.9　分离后的源信号的时频图

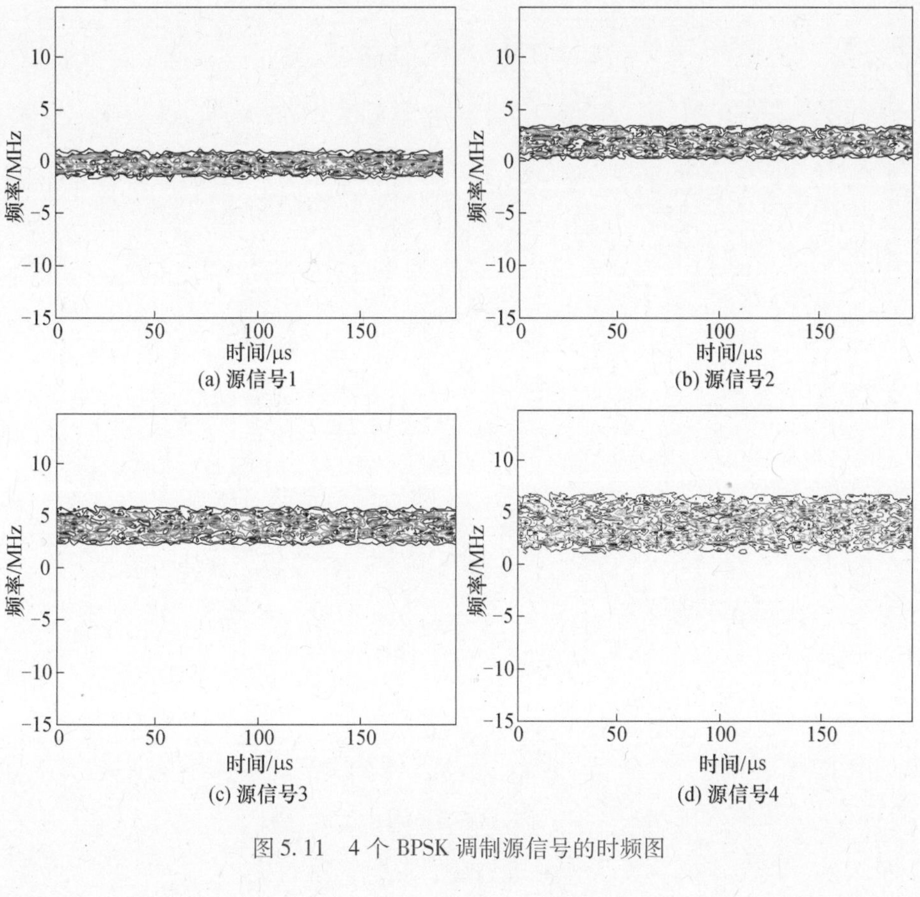


图 5.11　4 个 BPSK 调制源信号的时频图

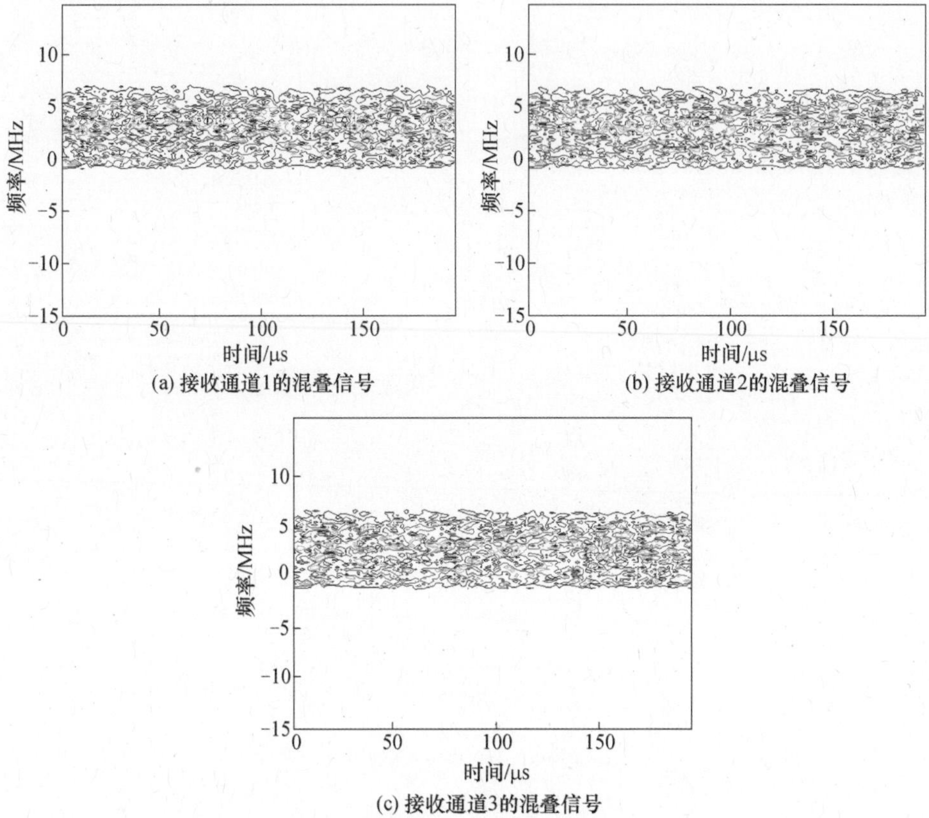


(a) 接收通道1的混叠信号

(b) 接收通道2的混叠信号

(c) 接收通道3的混叠信号

图 5.12　3 个阵元接收到的混叠信号的时频图

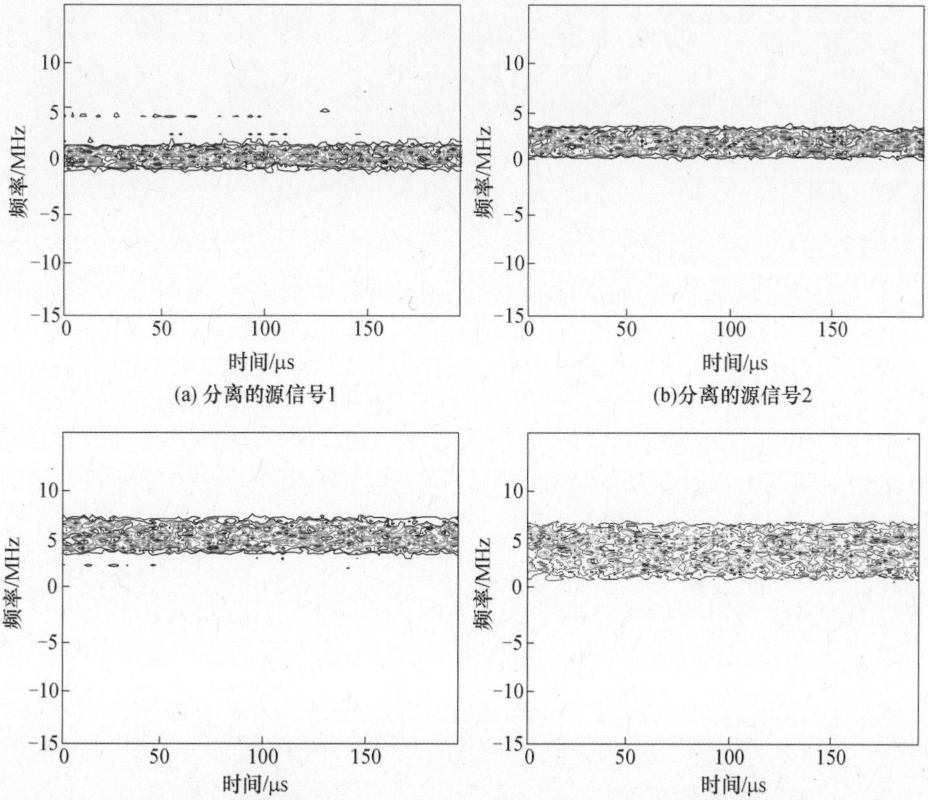


(a) 分离的源信号1

(b)分离的源信号2

(c) 分离的源信号3

(d) 分离的源信号4

图 5. 13　分离后的源信号的时频图

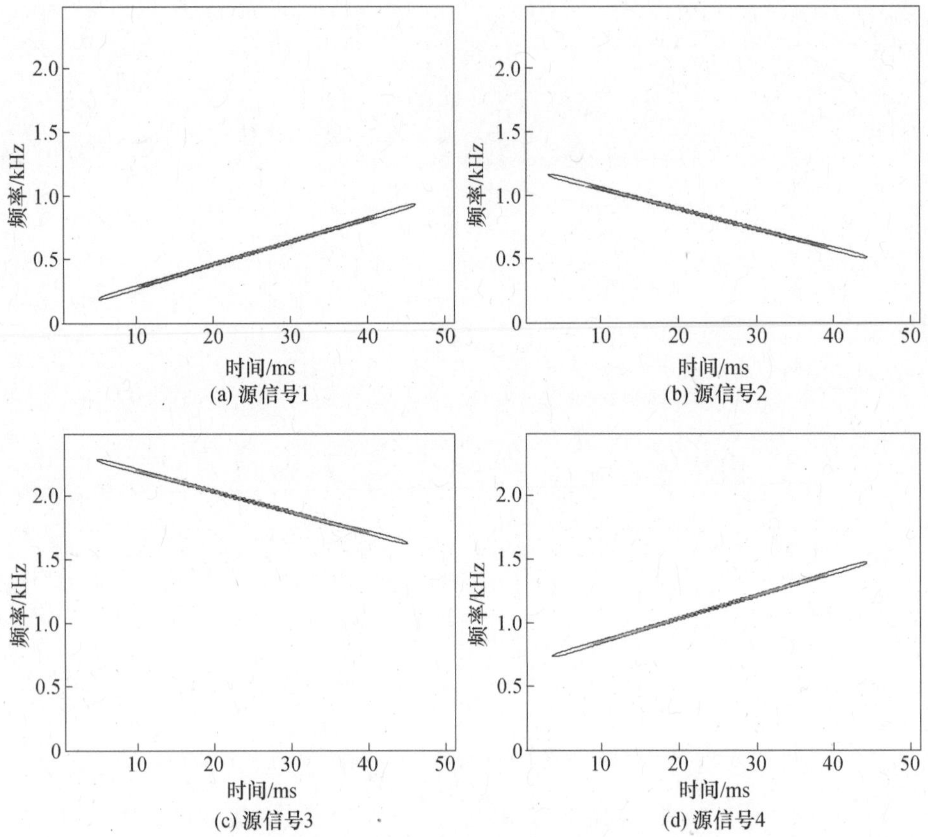


图 5.17　4 个 LFM 源信号的时频图

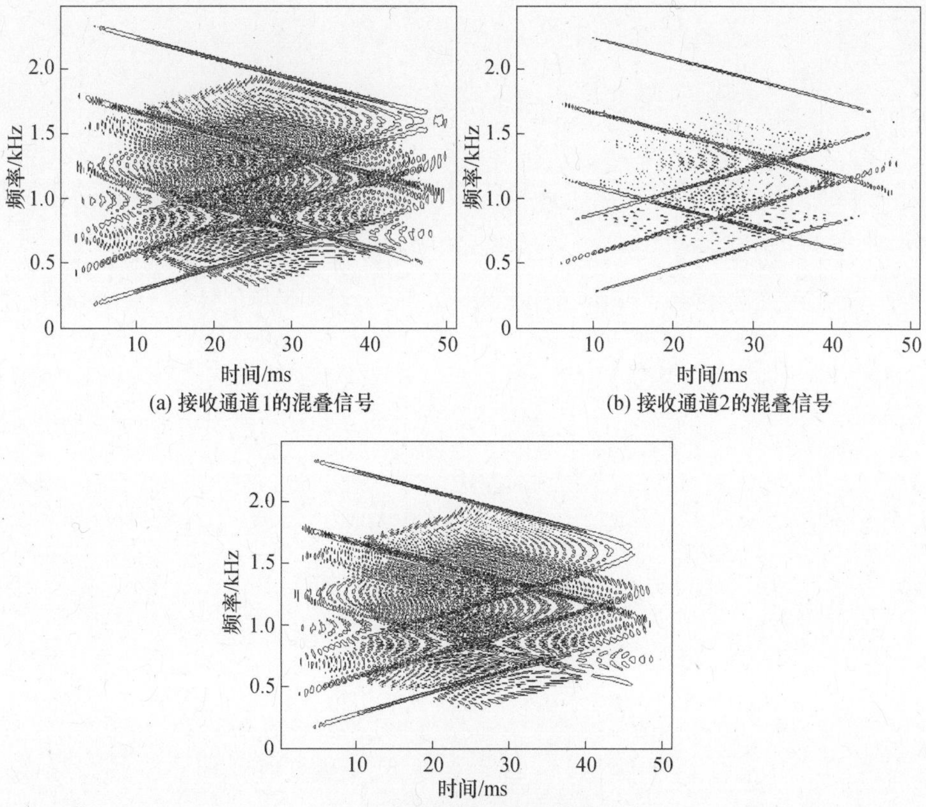


(a) 接收通道1的混叠信号

(b) 接收通道2的混叠信号

(c) 接收通道3的混叠信号

图 5. 18　3 个阵元接收到的 LFM 混叠信号的时频图

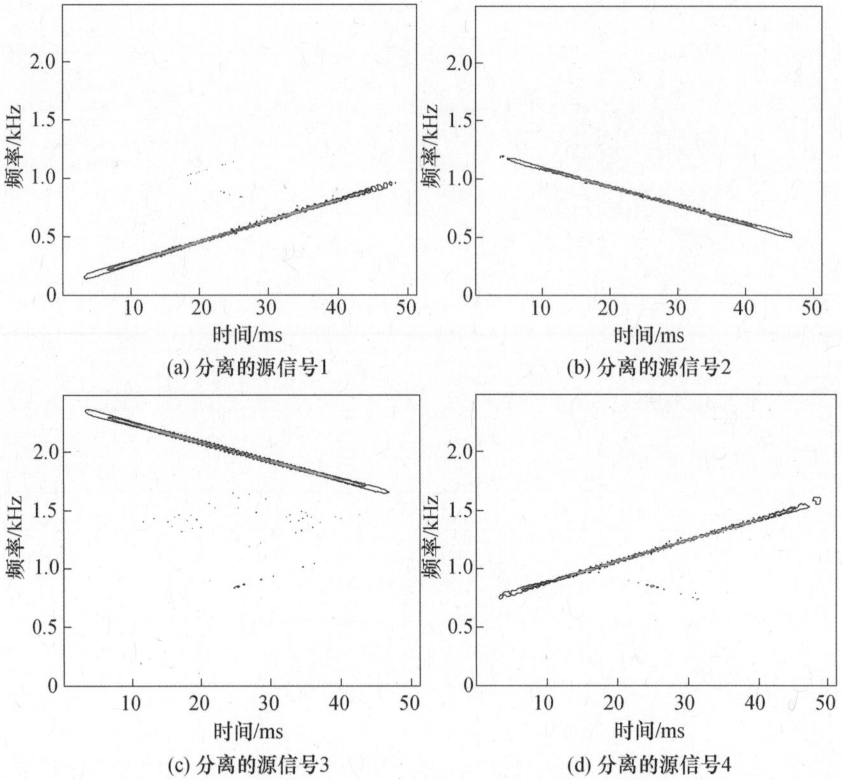


图 5.19　分离后的 4 个 LFM 源信号的时频图

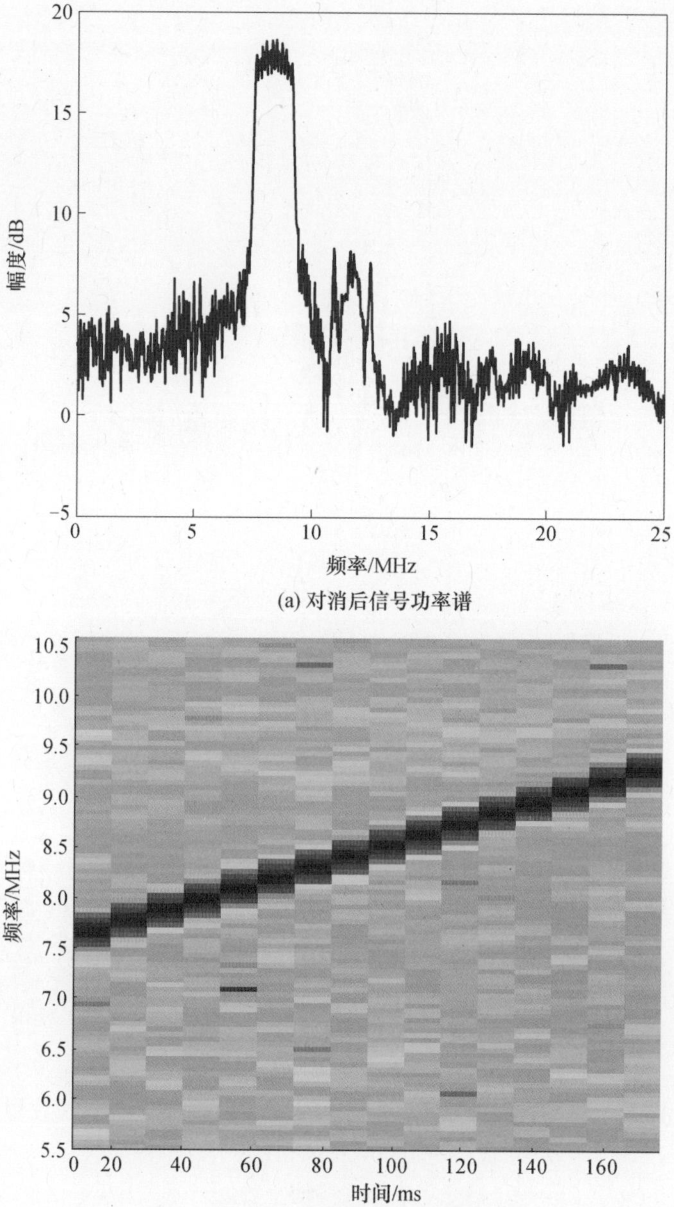


(a) 对消后信号功率谱



(b) 对消后信号时频图

图 6.7　能量比为 20dB 时的分离效果

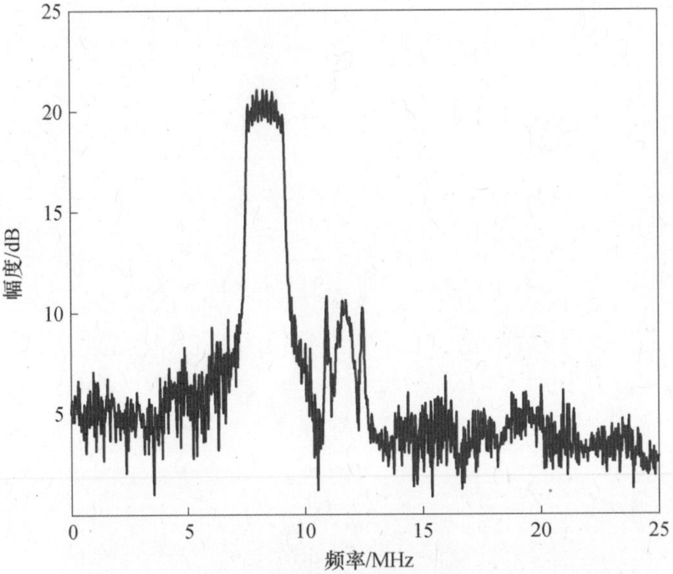


(a) 对消后信号功率谱

(b) 对消后信号时频图

图 6.8　能量比为 15dB 时的分离效果

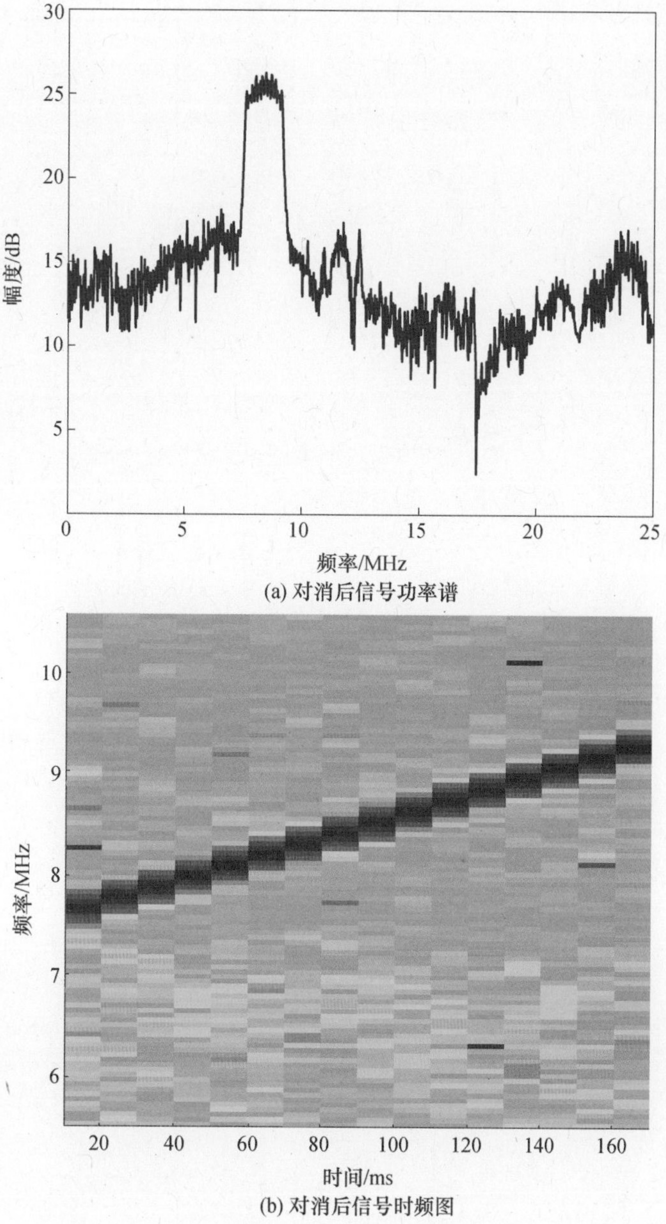


图 6.9　能量比为 5dB 时的分离效果

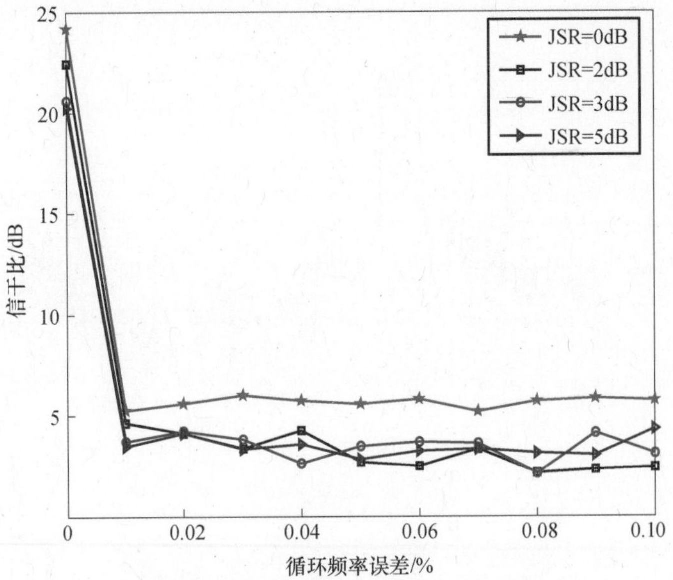


图 6.11 循环频率误差对分离效果的影响